高等职业教育财务会计类专业重构系列教材

大数据技术基础

BIG DATA TECHNOLOGY FUNDAMENTALS

主　编◎喻　竹　牛永芹　韩英锋

副主编◎李　洁　程熙瑞　弋兴飞　胡　磊　王　楠

主　审◎程淮中

立信会计出版社

LIXIN ACCOUNTING PUBLISHING HOUSE

图书在版编目(CIP)数据

大数据技术基础 / 喻竹，牛永芹，韩英锋主编. —
上海：立信会计出版社，2024.1
高等职业教育财务会计类专业重构系列教材
ISBN 978-7-5429-7171-5

Ⅰ. ①大… Ⅱ. ①喻… ②牛… ③韩… Ⅲ. ①数据处
理—高等职业教育—教材 Ⅳ. ①TP274

中国国家版本馆 CIP 数据核字(2023)第 242339 号

策划编辑　张巧玲
责任编辑　张巧玲
助理编辑　汤　晏
美术编辑　北京任燕飞工作室

大数据技术基础
DASHUJU JISHU JICHU

出版发行	立信会计出版社			
地　　址	上海市中山西路 2230 号	邮政编码	200235	
电　　话	(021)64411389	传　　真	(021)64411325	
网　　址	www.lixinaph.com	电子邮箱	lixinaph2019@126.com	
网上书店	http://lixin.jd.com		http://lxkjcbs.tmall.com	
经　　销	各地新华书店			

印　　刷	常熟市人民印刷有限公司		
开　　本	787 毫米×1092 毫米	1/16	
印　　张	19.5		
字　　数	405 千字		
版　　次	2024 年 1 月第 1 版		
印　　次	2024 年 1 月第 1 次		
书　　号	ISBN 978-7-5429-7171-5/TP		
定　　价	49.00 元		

如有印订差错，请与本社联系调换

前言 Preface

　　党的二十大报告明确提出:"加强企业主导的产学研深度融合,强化目标导向,提高科技成果转化和产业化水平。"今年 8 月,教育部发布了《2023 年职业教育优质教材建设指南》,进一步明确校企共同开发教材,充分体现协同育人,彰显职业化教材的特色。有鉴于此,我们紧跟行业发展、适应市场需要,为满足相关人员学习大数据相关技术的需求,精心组织并编写了本书。在本书的编写过程中,我们总结近几年(省)双高校大数据技术课程教学经验和项目成果,引入厦门科云信息科技有限公司大数据相关技术及应用案例,从理论结合实践的角度,将大数据基本概念与大数据技术相结合。本书是安徽省教育厅教研重点项目(2022jyxm499)和传统专业改造升级项目(2022zygzsj024)的阶段性成果。

　　本书有以下特点:

　　(1)聚焦传统课程的替代升级。本书可作为商科类专业计算机基础课程的升级版教材。本书着力于学生数据思维的培养,形成了完整的知识理论体系,授课老师可以适当加入计算机文化基础的部分知识作为补充。

　　(2)专注数据思维的整体培养。本书通过 10 个项目分步展示了数据思维的逻辑闭环,构建了数据思维的完整培养体系。从问题发现、数据收集、数据处理、数据分析、数据可视化到最终的决策和应用,每个项目都从实际问题入手,提供详细的操作步骤、案例分析和思维导图,帮助读者理解数据思维的本质和逻辑。

　　(3)围绕专业通识的人才培养。作为一本数据素养训练的通识类教材,本书设置的案例与实训内容操作性强、贴近生活和工作。本书旨在培养学生具备运用大数据技术解决实际问题的能力,提高他们在现实工作中的竞争力。在这一过程中,本书重视学生的自主思考能力和创新精神的培养,倡导开放性思维和跨学科交流,致力于培养既具备专业素养又具有人文情怀的复合型人才。

　　(4)专注工具软件的实际运用。本书没有完整讲述某一工具软件的全部应用方法,而是基于不同业务场景选择方便、易用的工具软件中的部分功能来解决具体问题,从而提升学生的实践能力。

　　本书由遵义职业技术学院喻竹、安徽商贸职业技术学院牛永芹、重庆航天职业技术学院韩英锋担任主编,负责全书内容的组织和编写,郑州铁道职业技术学院李洁、江苏食品药品职业技术学院程熙瑞、安徽商贸职业技术学院弋兴飞、遵义职业技术学院胡磊、遵义职业技术学院王楠担任副主编。原江苏财经职业技术学院教授,用友新道科技股份有限公司首席顾问程淮中对全书进行了审阅;厦门科云信息科技有限公司对本书的出版给予了大力支持和帮助。在此,一并表示衷心的感谢。在本书的编写过程中,参考了大量国内外教材、论文、技术论坛等相关文献,在此也向文献的作者表示感谢。

由于编者水平有限,本书难免存在不足之处,敬请广大读者批评指正。

编者

2023 年 12 月

目录 Contents

第一部分

财务大数据认知

项目一 财务大数据认知

学习目标

☆ 知识目标 ///

1. 了解财务大数据的概念及特点。
2. 了解财务大数据处理流程。
3. 了解财务大数据处理工具。
4. 了解 Python 语言的优势和应用场景。

☆ 技能目标 ///

1. 能够识别财务中的大数据。
2. 能够正确选择合适的财务大数据处理工具。

☆ 素养目标 ///

1. 培养财经商贸类专业学生的大数据素养和财务大数据思维。
2. 培养学生具备使用大数据技术解决财务问题的意识。

☆ 思政目标 ///

1. 通过财务大数据的相关概念的学习,学生应认识到数据的重要性,树立数据安全意识。
2. 通过财务大数据处理流程的学习,学生应认识到合法获取数据的必要性,自觉遵守大数据的相关法律,警惕和抵制非法收集和滥用个人信息的行为。

导入案例

　　大数据日益影响着人们的日常行为和工作方式,企业决策也逐渐由经验决策转变为基于数据分析的科学决策。元宇同学认识到,在大数据时代具备大数据素养,对自己的职业生涯有着举足轻重的影响。元宇同学决心学习大数据的相关技术,将财务知识与新技术相融合,做财务数字化转型时代的奋进者。

　　本项目将介绍财务大数据的相关概念及财务大数据的处理流程及处理工具。通过本项目的学习,同学们要掌握财务大数据的概念和财务大数据的处理流程,为后续学习打下良好的基础。

任务一 / 初识财务大数据

任务描述

　　本任务帮助学生了解什么是财务大数据及大数据时代对财务行业的影响。元宇同学明白,在大数据时代,只有建立财务大数据,企业才能将大量的内部和外部数据变成有价值的信息,提炼出辅助企业决策的情报,成为真正有价值的企业数字资产。

　　讨论　数字资产怎么核算?

任务实施

一、财务大数据的概念

　　财务大数据是指依托海量结构化、半结构化和非结构化的数据,利用大数据技术对数据进行分析,挖掘有助于企业管理层决策的信息,使数据成为真正的资产,提升企业财务管理效率和经营业绩的统称。

　　在大数据时代,企业需要更加注重内部和外部数据的深入分析与挖掘,对于企业财务部门而言,面临如下的挑战:

　　(1)大数据时代,物联网的广泛应用使企业数据量激增。财务部门面对的是大量的非结构化的业务数据、政治法律环境数据、经济环境数据、社会和文化环境数据及技术类数据等。

　　(2)大数据时代,面对海量的数据处理需求,对财务部门数据分析人员的反应时间、反应速度提出更高要求。

　　因此,在大数据时代,如何收集、整理、分析和挖掘数据,并将这些数据进行整合和资源配置,是目前企业财务部门主要解决的问题。

二、大数据对财务的影响

在大数据技术高速发展的背景下，各行各业实现了对海量的、杂乱的数据的处理和高效利用，创造了更多价值。对于企业而言，借助大数据及其关键技术形成财务大数据，赋能企业财务管理网络化、数字化和智能化。对于企业财务工作人员而言，利用大数据、云计算、人工智能等技术的支持，能够使预算、核算及决算工作更加快捷地实现，同时也有助于财务记录、审核以及财务档案等工作实现信息化，提升财务的工作效率。大数据技术对财务工作的作用主要体现在以下三个方面。

（一）提高财务工作效率

大数据时代，企业记录业务活动数据、数据维护和报告管理所需的数据的信息循环，通过管理信息系统可实时展现自动更新的财务分析报表，并可做到定时定向推送。在大数据背景下，基于云平台的财务信息系统会把海量信息集合，按照程序给企业提供全面的分析报告，大量的重复工作将由程序自动处理，数据的收集、处理、分析速度不断加快，工作效率大大提升。

（二）促进财务流程重组

面对激烈的市场竞争，降低传统财务运行成本是大势所趋，这促使财务部门进行流程再造，建立财务共享中心成为财务部门资源优化配置的趋势。大数据背景下，企业可以共享强大的数据库，使用大数据技术对数据进行提取、挖掘、加工、分析、展示，输出内部报告和外部报告，自助灵活地完成数据处理。

在大数据技术的支持下，财务部门将更多的精力放在提供深入价值链的业务支持上，财务部门可以对数据进行分析，直观发现、剖析、预警数据中所隐藏的问题，及时应对业务中的风险，并发现增长点。

（三）提升财务决策支持能力

利用大数据和人工智能提升企业预测和决策的能力，是当前财务与会计领域的重要变革之一，数据智能将成为未来企业财务的核心。

财务主要依据数据、信息及资料的相关性进行分析和预测，预测的准确性主要受限于数据、信息及资料的丰富程度。而大数据技术恰恰弥补了这方面的不足，在大数据时代，人们已经不再受限于海量数据难以存储、全量数据难以运算的瓶颈，在财务分析和预测时可以全量数据代替样本数据，以数据挖掘、机器学习、深度学习等技术代替人脑分析，以客观分析结果代替主观经验判断，以可视化动态图表代替静态报表展示。大数据技术能够使财务人员更精准地制定预算管理，通过大数据事前预测、事中把控、事后分析全程参与业务,挖掘财务数据价值,为领导层提供决策依据。

在智能财务时代,建立财务自身的"大数据",可以帮助企业将业财数据管得更细、更全、更好,让隐藏的数据价值体现出来,让企业经营和决策看得懂、用得着,充分体现财务工作的价值,这样才能真正实现财务会计向管理会计的转型。

三、财务大数据的特征

大数据时代,财务数据呈现出以下三个方面的特征。

(一)财务数据更加清晰

在会计核算工作没有做到智能化、自动化的系统中,财务部门对于涉及较多原始单据和业务数据的情况,出于降低工作量的考虑往往会采用合并处理的方式进行会计核算,如零售电商的销售收入数据、企业集团员工大量的差旅报销单据等,一般都只记录一笔记账凭证,而不是逐笔编制会计分录和凭证。但是这样做只保留了核算的财务结果,而丢失了原有业务中的明细数据和信息,牺牲了数据的可追溯性和可分析性。

在大数据时代,智能化的财务系统能够快速处理大量的原始单据,自动生成凭证和报表,保留了数据的可追溯性和进一步分析挖掘数据价值的可能性。

(二)财务数据更加多维

在传统的会计信息系统中,财务部门一般会根据部门、人员、项目、供应商、客户等设置一些辅助核算项,来帮助记录业务数据的明细信息。但是,一个业务活动往往具有非常多的数据项和数据维度。例如,出差费用报销业务除了所属部门、人员信息,还包括乘坐的交通工具信息、座位和舱位等级信息、酒店星级、城市信息等非常多的维度,这些数据在传统的财务思维中往往被认为是与财务核算工作无关的信息,在记账凭证上无法记录或认为没有必要记录,导致被系统采纳的业务数据大幅减少,从而丧失了进一步地挖掘数据价值的可能性。

在大数据时代,海量业务数据的存储和处理已不是问题,财务部门需要在更多维的数据中挖掘有价值的信息,助力企业业务腾飞和价值创造。

(三)财务数据更加多元

以往,财务人员会计核算的工作量比较大,只能关注自己企业的内部数据,没有精力去关注行业数据、宏观经济数据、汇率数据、重要行情指数等。同时,由于传统财务人员缺乏相关的大数据知识和技术,限制了他们从外部数据源获取、整理、分析和统计数据的意识。

在智能财务时代,通过大数据、云计算、人工智能等相关技术的应用,财务人员可以将大量的原始数据交由机器人程序自动逐笔处理,利用智能终端从经济业务中提取到更加多维的数据,利用大数据技术整合更加多元的公司内部和外部数据,为企业的战略决策和经营决策提供支持。

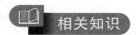 相关知识

一、大数据的特点

(一)数据量大

从数据量的角度而言,大数据泛指无法在短时间内用传统信息技术和软硬件工具对其进行获取、管理和处理的巨量数据集合,需要可伸缩的计算体系结构以支持其存储、处理和分析。按照这个标准来衡量,很显然,目前的很多应用场景中涉及的数据量都已经具备了大数据的特征,比如,微信、抖音、快手等应用平台每天由网民发布的海量信息就属于大数据。遍布人们生活和工作的各个角落的各种传感器和摄像头,每时每刻都在自动产生大量数据,也属于大数据。

(二)数据类型繁多

大数据的数据来源众多,科学研究、企业应用和 Web 应用等都在源源不断地生成新的类型繁多的数据。交通大数据、医疗大数据、通信大数据、金融大数据等,都呈现出井喷式增长,涉及的数量巨大,已经达到 PB 级别(PB 是数据存储容量的单位,或者在数值上大约等于 1 000 个 TB)。各行各业、每时每刻,都在产生各种类型的数据。

(三)处理速度快

大数据时代的数据产生速度非常快。在 Web2.0 应用领域,1 分钟内,淘宝可以卖出6 万件商品、百度可以产生 90 万次搜索查询、Facebook 可以产生 600 万次浏览量。大数据时代的很多应用,都需要基于快速生成的数据给出实时分析结果。因此,数据处理和分析的速度通常要达到秒级甚至毫秒级响应。

(四)价值密度低

大数据虽然有很多优势,但是,价值密度却远远低于传统数据库中已有的数据。在大数据时代,很多有价值的信息都是分散在海量数据中的。比如拼多多平台利用用户数据进行精准营销,为了实现这个目的,就必须构建一个能存储和分析用户数据的大数据

平台,使之能够根据用户数据进行有针对性的商品需求预测。企业需要耗费几百万元构建整个大数据平台,而最终带来的企业销售利润增加额可能会比投入低许多。拼多多2017—2020年利润表显示公司一直处于亏损状态。由此可见,大数据的价值密度是较低的。

二、 大数据思维

(一)全样思维

过去,由于数据采集、数据存储和数据处理的工作量较大,在统计分析中,通常采用抽样的方法,即从全集数据中抽取一部分样本数据,通过对样本数据的分析来推断全集数据的总体特征。而在大数据时代,感应器、手机导航、网站浏览等能够收集大量数据;分布式文件系统和分布式数据库技术,提供了理论上近乎无限的数据存储能力;分布式并行编程框架提供了强大的海量数据并行处理能力。因此,有了大数据技术的支持,统计分析完全可以直接针对全集数据而不是抽样数据,并且可以在短时间内迅速得到分析结果。

(二)容错思维

过去,在统计分析中采用抽样分析,其微小误差在全集数据中会被放大,导致差之毫厘,谬以千里。现在,大数据时代采用全样分析,全样分析结果不存在误差被放大的问题,大数据分析的追求是实时结果、秒级响应,关注的是数据分析的效率。比如,用户在访问天猫或京东等电子商务网站进行网购时,用户的点击流数会被实时发送到后端的大数据分析平台进行处理,平台会根据用户的特征,找到与其购物兴趣匹配的其他用户群体,然后,再把其他用户群体曾经买过而该用户还未买过的相关商品推荐给该用户。很显然,这个过程的时效性很强,需要秒级响应,如果稍晚给出推荐结果,很可能用户都已经离开网站了,这就使得推荐结果变得没有意义。所以,这种应用场景当中,效率是被关注的重点,分析结果的精确度只要达到一定程度即可。

(三)相关思维

过去,数据分析的目的是解释事物背后的发展机理。例如,一个大型超市在某地区的连锁店在某个时期内净利润下降很多,这就需要部门对相关销售数据进行详细分析,找出发生问题的原因。但是,在大数据时代,因果关系不再那么重要,人们转而追求"相关性"。例如,在淘宝购物时,当你购买了一个汽车防盗锁以后,淘宝还会自动提示你,与你购买相同物品的其他客户还购买了汽车坐垫,也就是说,淘宝只会告诉你"购买汽车防盗锁"和"购买汽车坐垫"之间存在相关性,但是,并不会告诉你为什么其他客户购买了汽车防盗锁以后还会购买汽车坐垫。

在无法确定因果关系时,数据为人们提供了解决问题的新方法。数据中包含的信息可以帮助消除不确定性,而数据之间的相关性在某种程度上可以取代原来的因果关系,帮助我们得到我们想要知道的答案,这就是大数据思维的核心。

即问即答 ·····→

下列选项中不属于大数据特点的是(　　　)。

A. 海量化的数据

B. 大数据都是有价值的数据

C. 数据类型的多样化

D. 大数据的价值密度相对较低

知识拓展

你被营销了吗?

当用户手机无线局域网处于打开状态时,会向周围发出寻找无线网络的信号,探针盒子发现这个信号后,就能迅速识别用户手机的 MAC 地址,转换成 IMEI 号,再转换成手机号,然后向用户发送定向广告。一些公司将这种小盒子放在商场、超市、便利店、写字楼等地,在用户毫不知情的情况下,搜集包括婚姻状况、教育程度、收入等个人信息。

讨论　如何避免个人信息被非法收集?

💡 **任务一思维导图**

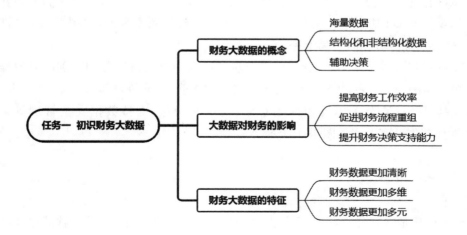

任务二 / 财务大数据处理工具

任务描述

本任务通过讲解财务大数据处理工具,使像元宇这样的初学者弄清楚有哪些可利用的大数据处理工具。通过本任务的学习,同学们应该能够独立回答下面这些问题:常见的大数据处理工具有哪些?Python 作为大数据处理工具的优势有哪些?

任务实施

能够实现数据处理的工具有很多,像 Excel、SAS、SPSS、R、Python 等都能用于数据处理,IT 专业人员甚至直接用数据库技术 Oracle、SQL Server、MySQL 等进行大量且快速的数据处理。近年来,随着数据科学的蓬勃发展,许多公司推出了基于图形用户界面(Graphical User Interface,GUI)的数据科学工具。即便不具备任何编程经验或对算法知之甚少的人,也可以借助这些工具来构建高质量的机器学习模型。当然,上述各种数据处理工具在处理数据的效率、数据量大小和复杂度、数据模型的数量和效率、界面友好性等方面都存在一定的差异。下面重点介绍 Excel、Power BI 和 Python。

一、Excel

Excel 作为微软公司办公自动化家族中的一员,是数据处理软件中人们最为熟悉的一个,如今的 Excel 功能十分强大,对于从事数据处理的新手来说,使用 Excel 处理日常数据量较小的业务数据时容易上手。

Excel 不仅提供最基本的工作簿、工作表、行、列和单元格等各种级别的对象操作方法,还提供与图表有关的功能、与数据处理相关的功能,并允许链接外部数据、支持 VBA 代码、支持 ActiveX 及表单等控件类对象、支持宏操作、支持数据安全管理等。使用 Excel 软件制作动态图表如图 1-1 所示。

二、Power BI

Power BI 是微软公司在 2015 年推出的自助式商务智能工具,是一款简单易学的数

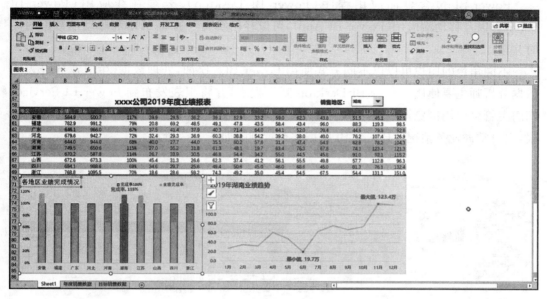

图 1-1 Excel 动态图表

据分析工具,宣告了人人都是数据分析师时代的到来。

  Power BI 重点解决的是数据分析流程问题,它整合了 ETL 数据清洗、数据建模和数据可视化的功能,是面向业务分析人员的自助式数据分析工具,使用 Power BI 实现的销售数据分析与可视化如图 1-2 所示。

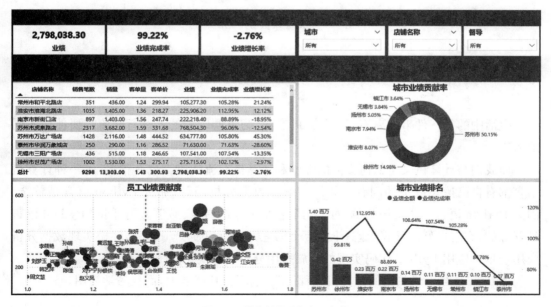

图 1-2 销售数据分析与可视化

Power BI 包含桌面应用程序（Power BI Desktop）、云端在线应用（Power BI Service）以及移动端应用（Power BI App），可以轻松实现电脑端、云端和移动端数据的实时共享。

不同角色的用户可以以不同方式使用 Power BI。比如，处理数据、生成业务报表的数据分析师主要使用 Power BI Desktop 制作报表，并将报表发布到 Power BI Service。部门主管可以用浏览器或在手机上使用 Power BI App 查看报表，在数据更改时收到警报，实时掌握业务情况。Power BI 数据共享示例图如图 1-3 所示。

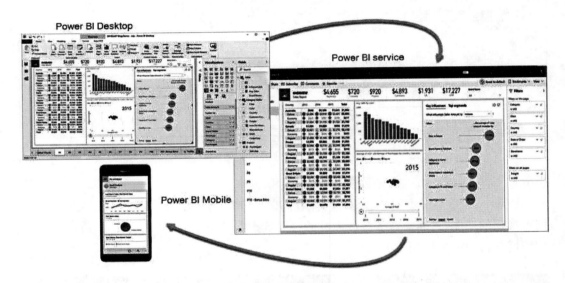

图 1-3　Power BI 数据共享示例图

三、Python

生活中的每一件事都离不开人与人的交流，与不同国家的人进行交流需要使用不同的语言。

而我们与计算机又是如何交流的呢？和计算机交流的语言也有很多，每一种计算机语言都有自己擅长解决的问题。如果要解决数据分析问题，那么 Python 语言是首选。因为 Python 语言语法结构简单，对于初学者来说通俗易懂、易学易用，同时 Python 语言是开源的，有着良好的计算生态，十几万个第三方库可以使 Python 能轻松实现数据分析应用场景。应用 Python 代码实现的差旅费用分析与可视化如图 1-4 所示。

Python 是当下最热门的计算机编程语言，它不仅功能强大，而且易学易用。

差旅费用分析与可视化

```
1   from matplotlib import pyplot as plt   #导入matplotlib.pyplot模块
2   fig=plt.figure()  #创建画布
3   plt.figure(figsize=(16,4))  #设置画布大小
4   x=['2017年','2018年','2019年','2020年','2021年']  #根据已知条件设置X轴的数据
5   y1=[4416540,5000406,5761968,6864233,8796514]  #根据已知条件设置Y轴的数据
6   plt.subplot(1,2,1)  #定义子图的位置
7   plt.plot(x,y1,linewidth=1.5,linestyle='--',color='b',label='差旅费',marker='*')  #设置指定样式折线图参数
8   plt.ylabel('差旅费')  #设置Y轴标签为"差旅费"
9   plt.ylim(4000000,9000000)  #设置Y轴刻度
10  plt.title('2017-2021年差旅费变化趋势图')  #设置折线图标题为"2017-2021年差旅费变化趋势图"
11  No =['城市间交通费','市内交通费','住宿费','餐费','补贴、津贴','其他费用']  #根据已知条件设置饼图基础数据
12  y2=[3178779,389825,2738954,794661,805061,889234]  #根据已知条件设置饼图基础数据
13  plt.subplot(1,2,2)  #定义子图的位置
14  plt.pie(y2,labels= No,explode=[0.1,0,0,0,0,0],autopct='%.2f%%')  #设置指定样式饼图参数
15  plt.title('2021年企业年度差旅费明细分析表')  #设置饼图标题为"2021年公司各月份差旅费明细分析表"
16  plt.show()  #显示子图
```

`<Figure size 432x288 with 0 Axes>`

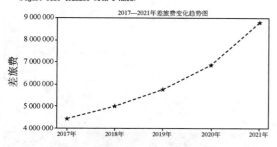

图1-4　差旅费用分析与可视化

（一）简单高效的 Python 程序

实例 1.1　七行代码批量复制工作表

```
import openpyxl as ox   # 导入 openpyxl 库
wb1 =ox.load_workbook(r'D:\pyfile\ch1\支票登记簿模板.xlsx')   # 打开模板
for i in range(1,32):   # 循环
    cs = wb1.copy_worksheet(wb1['支票登记模板'])   # 复制模板
    cs.title = '7月'+ str(i)+ '日'   # 重命名工作表
wb1.remove(wb1['支票登记模板'])   # 删除模板
wb1.save(r'D:\pyfile\ch1\7月支票登记簿.xlsx')   # 保存登记簿
```

应用 Python 代码实现的支票登记模板如图 1-5 所示。

运行代码，批量复制后的结果 7 月支票登记簿如图 1-6 所示。

图 1-5 支票登记模板

图 1-6 7 月支票登记簿

以后每个月初只需要修改一下循环次数和新文件名,运行一次程序,1 秒即可完成当月支票登记簿的新建。

(二)开源易学的 Python 语言

1. Python 语言语法简单

Python 比其他的计算机语言更简洁、语法更简单,在诸如科学计算、数据处理、人工智能、机器人等领域的应用都口碑颇佳。不论是在初创企业,还是在诸如 Google、Facebook 这样的大公司,Python 都有众多的拥护者。

Python 语言编写的 hello 程序只有一行代码：

```
print("hello world")
```

而 C 语言编写的 hello 程序需要六行代码：

```
# include <stdio.h>
int main(void)
{
    printf("hello world\n");
    return 0;
}
```

由此可见，实现相同功能，Python 语言的代码行数更少，仅相当于其他语言的 1/10～1/5。著名科技作家布鲁斯・埃克尔曾为 Python 创造了一句经典广告语"Life is short，you need Python"。

2. Python 语言是生态语言

Python 语言倡导的开源软件理念为其发展奠定了坚实的群众基础。Python 社区的生态已非常完备，世界各地的程序员为我们提供了十几万个第三方函数库，通过引入第三方函数库，Python 几乎可以轻松做任何事。

Python 可以通过对几十甚至上百张 Excel 表格数据进行爬取、清洗和统计，完成对财务大数据的分析并进行可视化展示；也可以完成自动回复 QQ、微信等聊天工具的简单机器人工作。

四、Excel、Power BI、Python 的比较

Excel 作为一个大众化的数据处理软件，财务人员将其用于简单的日常办公是没有任何问题的。要想真正精通 Excel，最高端的就是使用 VBA 语言自己写宏，但是 VBA 作为一种编程语言是比较难学的；同时，成倍增长的数据量也会使 Excel 由于不能胜任而卡顿。

在大数据时代，由于数据源种类繁多，数据量成倍增长，Excel 处理起来力不从心，因此微软公司在 Excel 2010 中添加了 Power Query 插件，后续又增加了 Power Pivot、Power Map、Power View 插件，这三个插件不显示在功能区中，需要单独加载。而 Power BI 比这四个插件的功能更加强大，操作也更加简单。在 Power BI 中只需点几下鼠标就可以快速制作出高级的交互式动态图表，而且不会出现因庞大的数据量而卡顿的现象。

但是,Power BI 中的图表是既定模板,如果想要制作个性化图表,还是要用到 Python 语言。因此想要成为数据分析的高手,学会 Python 语言是必须的。首先,Python 语言比 Excel 的 VBA 语言好学;其次,Python 语言只需要短短几行代码就能轻松解决复杂数据分析的任务;最后,Python 语言有强大的绘图功能,可以自动生成可视化图表,再复杂的绘图过程都可以一次性完成,数据展示清晰直观。

💡 任务二思维导图

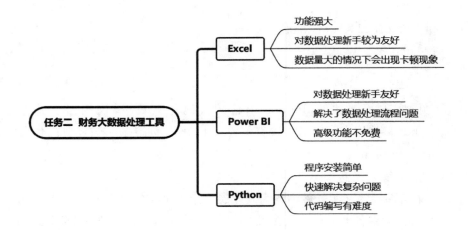

💡 项目总结

通过本项目的学习,学生应了解财务大数据的概念,会选择合适的财务大数据处理工具,了解 Python 语言的应用场景。

💡 技能训练

一、单选题

1. 下列关于脏数据的说法中,不正确的是(　　)。

A. 格式不规范　　　　　　　　　　B. 编码不统一

C. 格式统一　　　　　　　　　　　D. 数据不完整

2. 大数据是继云计算、物联网之后 IT 产业又一次颠覆性的技术变革。云计算使(　　)成为真正有价值的资产。

A. 网络　　　　　　　　　　　　　B. 数据

C. 技术　　　　　　　　　　　　　D. 云计算

3. Python 的优点不包括(　　)。

A. 简单易学,语法优美　　　　　　B. 开发效率高

C. 应用领域广泛　　　　　　　　　D. Python 库少且好用

4. 大数据最核心的价值是（　　）。

A. 决策　　　　　　　　B. 分析　　　　　　　C. 预测　　　　　　　　D. 储存

5. 下面哪个不是网络爬虫带来的负面问题（　　）。

A. 法律风险　　　　　　　　　　B. 隐私泄露

C. 骚扰问题　　　　　　　　　　D. 商业利益

第二部分

大数据技术基础知识

项目二 / Python 环境配置与使用

学习目标

知识目标 ///

1. 了解 Python 开发环境。
2. 掌握 Anaconda 开发环境的安装方法。
3. 掌握 Jupyter Notebook 的基本使用方法。

技能目标 ///

1. 能够根据工作要求下载和安装合适的 Anaconda 安装包。
2. 会 Jupyter Notebook 的基本操作。

素养目标 ///

1. 教授财经商贸类专业学生新型数据处理工具的知识，提升专业技能。
2. 培养财经商贸类专业学生的信息素养，提高学习和掌握一门计算机编程语言的兴趣。

思政目标 ///

1. 通过 Anaconda 开发环境的安装与配置，学生认识到好工具的重要性，养成凡事做足准备工作的习惯。
2. 通过了解 Python 语言开发的过程，学生树立兴趣是最好的老师的理念。

导入案例

"工欲善其事，必先利其器"，元宇同学认识到，想要学习 Python 程序设计，必须先配置好开发环境。Python 开发环境包括 IDLE 开发环境、PyCharm 开发环境、Anaconda 开发环境等。于是，元宇同学决定在自己的电脑上先把 Python 开发环境配置好。

本项目使用 Anaconda 开发环境编写程序，来完成财务人员的第一个 Python 程序。

通过本项目的学习,同学们要掌握 Anaconda 安装包的下载与安装,为后续学习配置好开发环境。

任务一 / 搭建 Python 开发环境

任务描述

本任务主要利用科云数智化财务云平台中的 Python 程序开发环境完成程序的编辑和运行,也可以在本地电脑上安装 Python 的集成开发环境 Anaconda,在 Jupyter Notebook 中完成程序的编辑和运行。

Anaconda 是一个基于 Python 语言进行数据处理和科学计算的集成开发环境,它已经内置了很多重要的 Python 第三方库,比如 NumPy、Pandas、Matplotlib 等模块。通过本任务的学习,同学们应能够独立完成软件版本的选择、下载、安装及安装结果验证。

相关知识

一、 计算机操作系统

计算机操作系统有 Windows、Linux 等,其中 Windows 操作系统也有版本区别,有 Windows 7、Windows 10 等操作系统。微软公司已不再对 Windows 7 系统进行更新维护,因此建议同学们安装 Windows 10 操作系统。

二、 操作系统的位数

和大多数软件一样,Anaconda 分别针对 32 位操作系统和 64 位操作系统推出了不同的开发工具包,因此同学们需要先了解自己的计算机操作系统的位数。在桌面图标"此电脑"处单击鼠标右键,在弹出的快捷菜单中选择"属性"菜单项,打开"系统"窗口,在"系统类型"标签处可以查看计算机操作系统是 32 位还是 64 位,如图 2-1 所示,此电脑的操作系统位数是 64 位。

图 2-1　查看计算机操作系统位数

三、Python 版本

　　Python 语言诞生于 1990 年，由荷兰人 Guido Rossum 设计并领导开发，1991 年公开发布第一版，2000 年 Python 2.0 版正式发布，2010 年 Python 2.x 系列发布了最后一版 2.7 版，用于终结 2.x 系列版本，并且不再进行重大改进。2008 年 Python 3.0 版正式发布，这一版本做了重大修改，因此其所付出的代价是 3.x 系列版本代码无法向下兼容 2.x 系列。本书使用的版本是 Python 3.x 系列，这一系列的版本基本上每月更新一次。

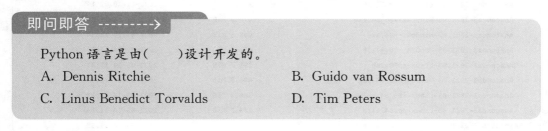

即问即答 ---------➤

Python 语言是由(　　)设计开发的。
A. Dennis Ritchie
B. Guido van Rossum
C. Linus Benedict Torvalds
D. Tim Peters

　任务实施

一、下载 Anaconda 安装包

　　(1) 在浏览器窗口，输入清华大学开源软件镜像下载网址"https://mirrors.tuna.tsinghua.edu.cn/anaconda/archive"，按"Enter"(回车键)，进入清华大学开源软件镜像

网站,如图 2-2 所示。

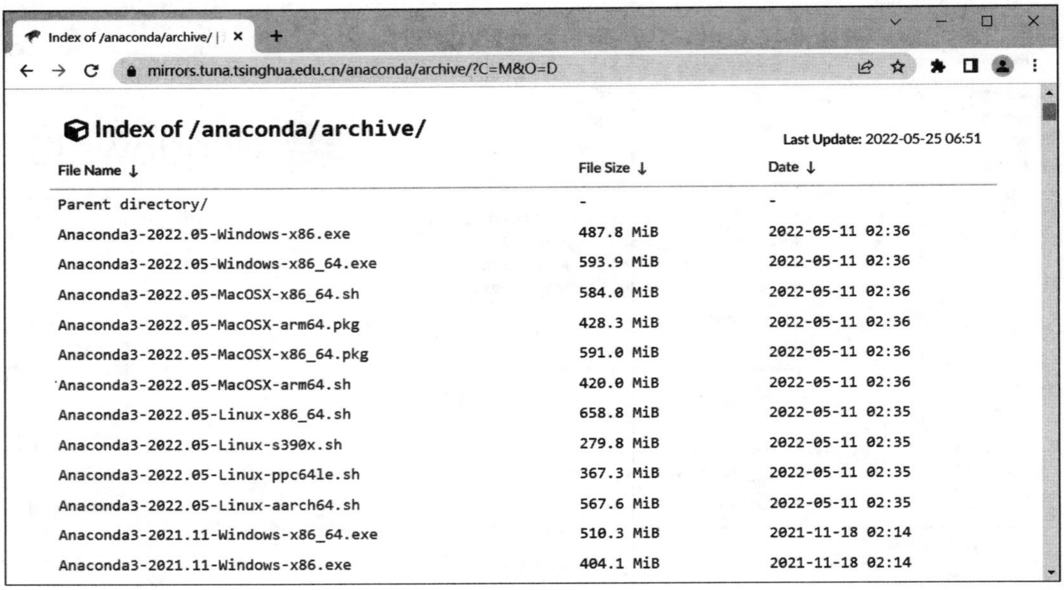

图 2-2 清华大学开源软件镜像网站首页

此外,本书配套的教学资源中也提供了 Anaconda 安装包,建议使用本书提供的安装包资源。

（2）清华大学开源软件镜像网站首页,拖动滚动条,找到"2021-05-14"的版本,如图 2-3 所示。

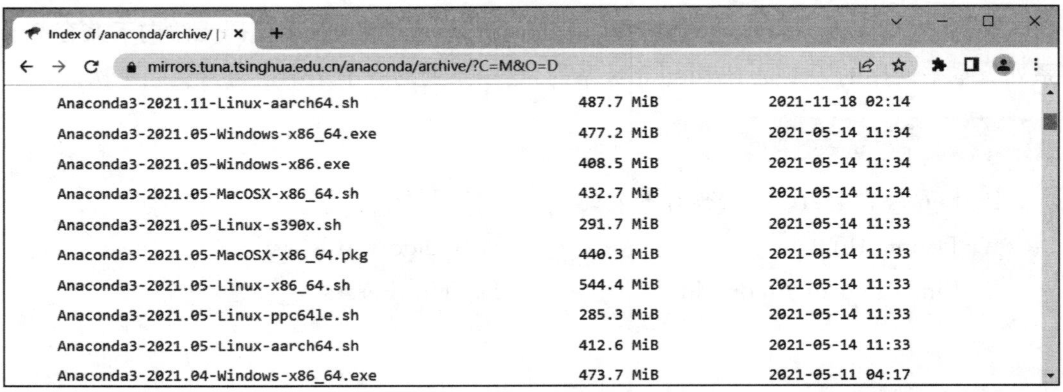

图 2-3 可以在 Windows 操作系统上安装的 Python 各种版本

（3）根据计算机操作系统和位数选择相应的版本下载,Anaconda3-2021.05-Windows-x86_64.exe 是 64 位系统的安装包,Anaconda3-2021.05-Windows-x86.exe 是 32 位系统的安装包。这里以 64 位系统的安装为例,下载完成后,在下载文件夹中可以看到已经下载的 Anaconda 安装文件"Anaconda3-2021.05-Windows-x86_64.

exe",如图 2-4 所示。

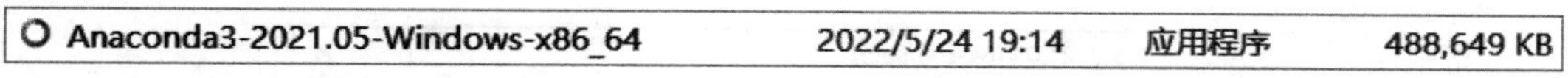

| ○ Anaconda3-2021.05-Windows-x86_64 | 2022/5/24 19:14 | 应用程序 | 488,649 KB |

图 2-4　下载的 Anaconda3 - 2021.05 - Windows - x86_64 版本

注意：

如果计算机安装的是 32 位 Windows 操作系统，请下载安装 Anaconda3 - 2021.05 - Windows - x86.exe 版本，如图 2-5 所示。

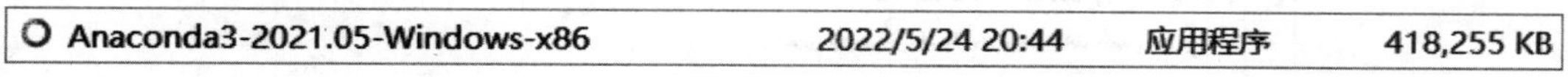

| ○ Anaconda3-2021.05-Windows-x86 | 2022/5/24 20:44 | 应用程序 | 418,255 KB |

图 2-5　Anaconda3 - 2021.05 - Windows - x86 版本

知识拓展

Anaconda 是 Continuum Analytics 公司开发的一款专门用于科学计算的 Python 集成开发环境。Anaconda 截至 2021 年已连续 4 年入选 Gartner 数据科学与机器学习魔力象限，由此可见 Anaconda 在数据科学领域的实力，因此 Anaconda 是数据分析师首选的集成开发环境。

二、安装 Anaconda

（1）双击 Anaconda 安装文件"Anaconda3 - 2021.05 - Windows - x86_64.exe"，打开安装向导，如图 2-6 所示，单击"Next"按钮。

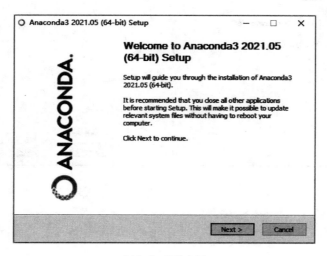

图 2-6　安装向导

（2）弹出的协议选择对话框如图 2-7 所示，单击"I Agree"按钮。

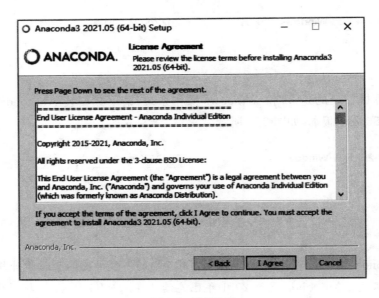

图 2-7　选择协议

（3）打开选择安装类型对话框，在该对话框中，采用默认设置，安装的 Anaconda 软件可以为当前计算机上的所有用户使用，如图 2-8 所示，单击"Next"按钮。

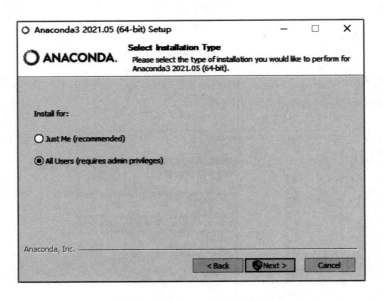

图 2-8　设置 Anaconda 的安装类型

（4）打开安装路径设置界面，采用默认安装路径，如图 2-9 所示，单击"Next"按钮。

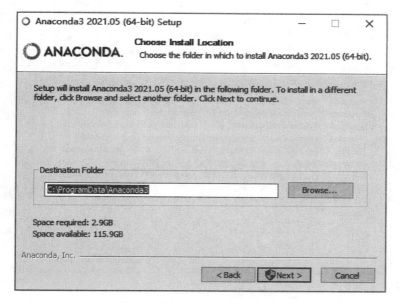

图 2-9　设置 Anaconda 的安装路径

（5）打开高级安装选项设置界面，采用默认设置，如图 2-10 所示，单击"Install"按钮，开始安装 Anaconda。

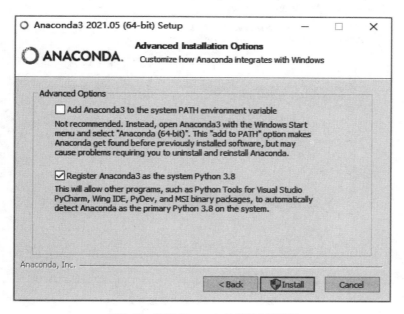

图 2-10　设置 Anaconda 的高级安装选项

（6）在安装成功界面，如图 2-11 所示，单击"Next"按钮。

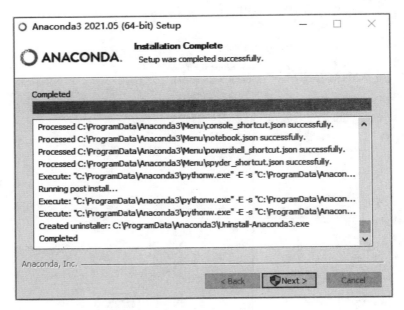

图 2-11　Anaconda 安装成功

（7）在 PyCharm 建议安装界面，如图 2-12 所示，单击"Next"按钮，跳过 PyCharm 的下载和安装。

图 2-12　PyCharm 建议安装界面

（8）在安装完成界面，如图 2-13 所示，单击"Finish"按钮，结束安装程序。

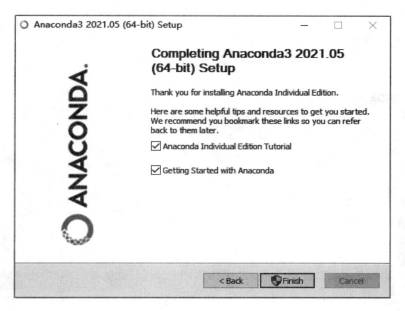

图 2-13　安装完成界面

三、 测试 Anaconda 是否安装成功

（1）Anaconda 安装完成后，单击"开始"按钮展开程序列表，在列表中找到 Anaconda3 文件夹，展开此文件夹，可以看到多个 Anaconda 组件，如图 2-14 所示。其中最常用的是"Jupyter Notebook（Anaconda3）"，我们将在这里编辑 Python 代码。

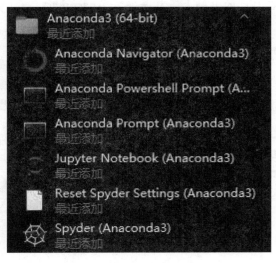

图 2-14　测试安装界面

（2）单击"Anaconda Navigator（Anaconda3）"，打开如图 2-15 所示的界面，表示 Anaconda 安装成功。

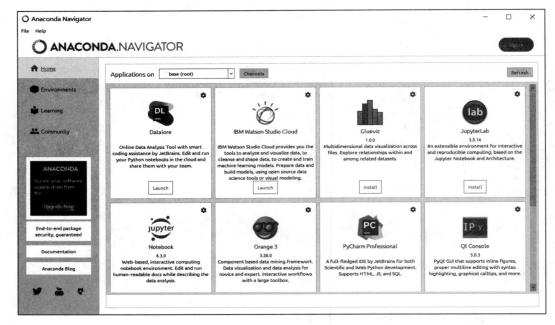

图 2-15　安装成功

大显身手

请参照以上步骤在自己的电脑上下载并安装 Anaconda。

任务一思维导图

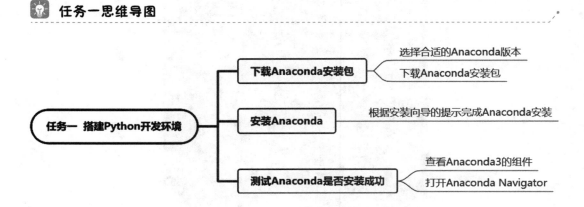

任务二／使用 Jupyter Notebook 编写程序

任务描述

　　本任务要求掌握 Jupyter Notebook 的使用方法。Jupyter Notebook 是一个在线代码编辑器，以网页的形式打开，可以直接编写代码、运行代码和显示代码的运行结果。通过本任务的学习，同学们应能独立完成在 Jupyter Notebook 中编写一至两行代码并运行之。

任务实施

一、登录科云数智化财务云平台

　　（1）在浏览器中输入"https://cloud.acctedu.com/#/login?edu＝ky2201"，打开科云数智化财务云平台，输入用户名和密码（由授课教师分配给每位同学），如图 2-16 所示，单击"登录"按钮。

图 2-16　科云数智化财务云平台登录界面

（2）在如图 2-17 所示的课程界面中，单击"大数据 Python 基础"课程。

图 2-17　科云数智化财务云平台课程界面

（3）在如图 2-18 所示的课程内容界面，单击"项目一　任务 1"。

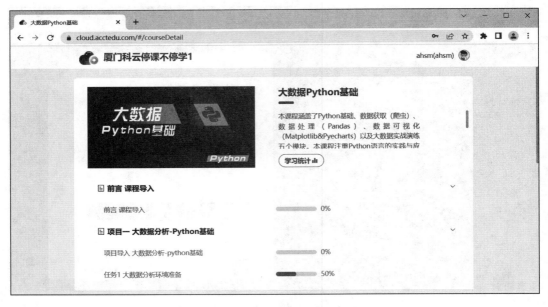

图 2-18　课程内容界面

（4）打开任务 1 的 PPT 课件界面，如图 2-19 所示。

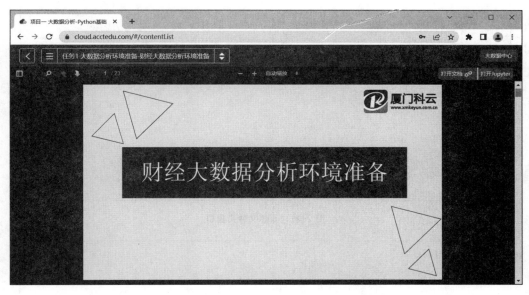

图 2-19　任务 1 界面

二、打开 Jupyter Notebook

（1）在任务 1 界面，单击右上角的"打开 Jupyter"按钮，结果如图 2-20 所示。

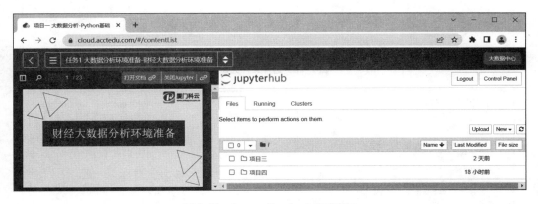

图 2-20　Jupyter Notebook 启动窗口

　　（2）在 Jupyter Notebook 主界面的"New"下拉列表中选择"Folder"，如图 2-21 所示，建立一个新文件夹，默认文件夹名为"Untitled Folder"。

　　（3）勾选"Untitled Folder"文件夹，如图 2-22 所示，单击"Rename"按钮。

　　（4）在打开的重命名窗口中输入"项目二"，单击重命名按钮，文件夹名称修改完成，如图 2-23 所示。

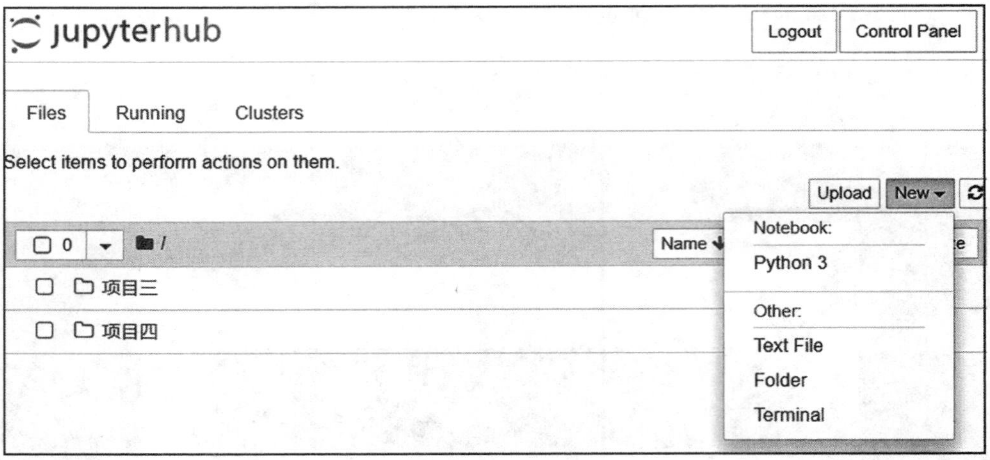

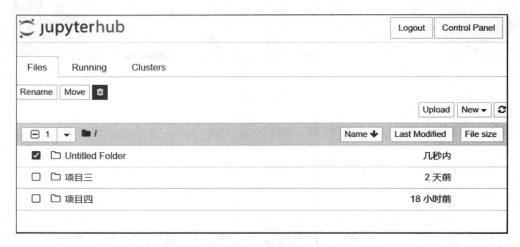

图 2-21　新建文件夹窗口

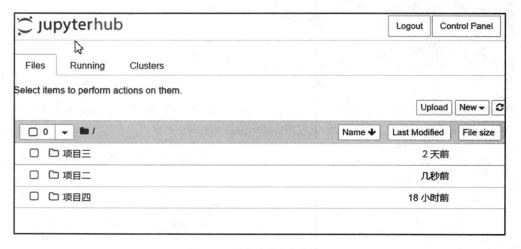

图 2-22　选择文件夹窗口

图 2-23　修改文件夹名称窗口

三、在 Jupyter Notebook 中编写第一个 Python 程序

（1）在图 2-23 Jupyter Notebook 主界面中，单击"项目二"，单击右上方"New"的下拉列表，选择"Python 3"，如图 2-24 所示。

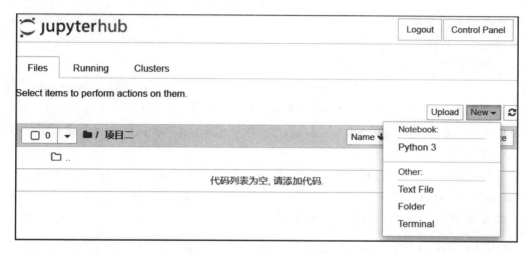

图 2-24　新建 Python 程序窗口

（2）此时将打开一个名为"Untitled"的可编辑 Python 程序代码的新 Notebook 页面，如图 2-25 所示。

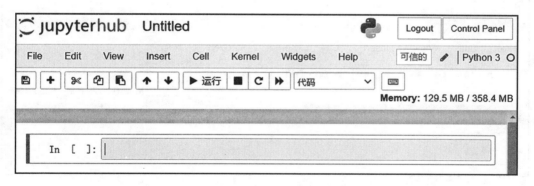

图 2-25　Jupyter Notebook 代码编辑界面

相关知识

Jupyter Notebook 代码编辑界面主要由四部分组成：标题栏、菜单栏、工具栏及代码单元。

（1）标题栏中显示 Jupyter 正在编辑的文件名称，新建的未命名的程序名显示为"Untitled"。

（2）菜单栏位于标题栏的下方，通过菜单栏可实现对程序代码的编辑、运行等操作。

（3）工具栏中的工具按钮都来自菜单栏，是菜单栏中使用非常频繁的菜单项的列示区域。

（4）代码单元是 Jupyter Notebook 的主要区域，由一个或多个代码单元组成，每个代码单元可书写一行或多行代码。新建的 Notebook 只有一个代码单元，可根据需要增加多个代码单元。

每个代码单元都有两种形式：

①代码单元。代码单元是编写代码的地方，以"In[ ]:"开头。②Markdown 单元。单击工具栏中"代码"下拉列表，选择"Markdown"选项，即可将代码单元转换成 Markdown 单元。可以在 Markdown 单元中编辑文字，用于对程序功能或对数据分析过程作说明。

Markdown 单元中的文字以"#"开头，"#"的作用是表示文本字体的大小。Markdown 语法规定，一个"#"表示一级标题，两个"#"表示二级标题，三个"#"表示三级标题，不同级别的标题字体大小不同。

（3）为程序添加文字说明。在工具栏的"代码"下拉列表中选择"Markdown"，如图 2-26 所示。

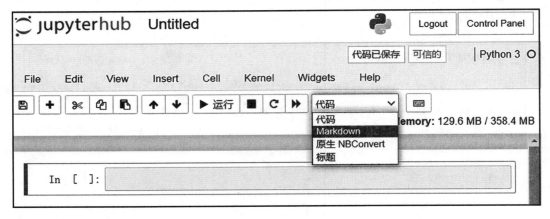

图 2-26　代码下拉列表

（4）在 Markdown 单元输入如图 2-27 所示的文字（注意"#"符号后有一个空格）。

（5）单击工具栏的"运行"按钮，即成功为程序添加了文字说明，如图 2-28 所示。

（6）系统默认自动增加下一个代码单元，在新的代码单元中输入如图 2-29 所示的 Python 代码。

（7）单击工具栏中的"运行"按钮，运行当前代码单元中的程序，运行后的结果如图 2-30 所示。

图 2-27　Markdown 编辑界面

图 2-28　Markdown 运行界面

图 2-29　代码编辑窗口

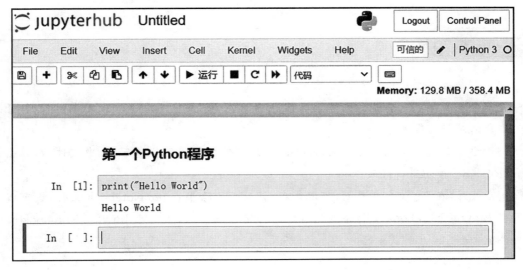

图 2-30　代码运行界面

（8）重命名 Python 文件，新建的 Notebook 文件的默认名称是"Untitled. ipynb"，单击标题栏的文件名"Untitled"，打开重命名窗口，输入新文件名"2.2"，单击重命名按钮即可完成修改，如图 2-31 所示。

图 2-31　重命名 Python 文件窗口

即问即答 ---------→

在 Jupyter Notebook 中创建的 Python 程序文件的扩展名是（　　　）。

A．. pt　　　　　　　　　　　　B．. py

C．. ipynb　　　　　　　　　　D．. python

知识拓展

重命名文件的其他方法还有：

方法一：在 Jupyter 的文件编辑界面，单击"File"菜单下的"Rename"菜单项，打开重命名对话框后进行修改。

方法二：在 Jupyter 主界面，在要修改的文件被关闭的状态下，选中文件后，单击"Rename"按钮进行修改。

此外，在 Jupyter 主界面，可以复制、移动或删除 Jupyter Notebook 文件，也可以将 Jupyter Notebook 文件下载到本地进行保存，还可以将本地 Jupyter Notebook 文件上传到 Jupyter 服务器。

任务二思维导图

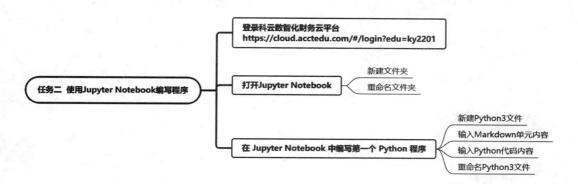

项目总结

通过本项目的学习，同学们应掌握 Anaconda 的版本选择及下载安装和 Jupyter Notebook 的使用方法。

技能训练

一、单选题

1. Python 这个单词的含义是（　　）。

A. 树懒　　　　　　B. 蟒蛇　　　　　　C. 鲸鱼　　　　　　D. 袋鼠

2. Guido van Rossum 在（　　）年正式对外发布 Python 版本。

A. 1989　　　　　B. 1991　　　　　C. 1998　　　　　D. 2008

3. 下列关于 Anaconda 的描述不正确的是（　　）。

A. Anaconda 是 Python 的一个集成开发环境

B. 安装了 Anaconda 仍需要安装 Python

C. 安装了 Anaconda 就安装好了数据分析需要的第三方库

D. Jupyter Notebook 是 Anaconda 的一个组件

4. Markdown 单元中的文字以（　　）符号开头。

A. $　　　　　　B. &　　　　　　C. #　　　　　　D. @

5. 代码单元前的提示符是（　　）。

A. Out[ ]:　　　　B. In[ ]:　　　　C. Cell[ ]:　　　　D. 没有提示符

项目三 Python 语法基础

学习目标

⭐ 知识目标 ////

1. 掌握 input() 函数和 print() 函数的用法。
2. 掌握变量的含义和命名规则。

⭐ 技能目标 ////

1. 能够识别合法的变量名。
2. 能够正确使用 input() 函数和 print() 函数。

⭐ 素养目标 ////

1. 培养财经商贸类专业学生的计算思维,提高学生对人机交互的理解,为理解复杂问题的程序设计打好基础。
2. 培养财经商贸类专业学生的规则意识,提高逻辑思维能力,为理解模块化编程打下良好基础。

⭐ 思政目标 ////

1. 通过信息输入与输出实例了解中国共产主义青年团的历史,学生立志成为有理想、敢担当、能吃苦、肯奋斗的新时代好青年。
2. 通过变量命名实例了解变量的命名有规则,国家的治理也有规则,同学们要树立法治观念,做遵纪守法的好公民。

导入案例

"千里之行始于足下",元宇同学认识到,想要成为 Python 大数据分析的高手必须先掌握 Python 基础语法知识。Python 基本语法包括信息输入与输出、变量命名与保留字、字符串、赋值语句等。于是,元宇同学决定脚踏实地掌握 Python 的基础知识。

本项目使用 Jupyter Notebook 编写程序,来完成信息输入与输出、变量及变量命名实例。通过本项目的学习,同学们要掌握 Python 语言基本语法,提高利用 Python 语言实现简单人机交互的能力。

任务一　信息输入与输出

任务描述

【**实例 3.1 信息输入与输出**】　2022 年 5 月 10 日,庆祝中国共产主义青年团成立100 周年大会在北京人民大会堂隆重举行。中共中央总书记、国家主席、中央军委主席习近平在大会上发表重要讲话。

如何在屏幕上输出庆祝的标语"庆祝中国共产主义青年团成立 100 周年"呢?

习主席的讲话金句频出,如何在屏幕上输出其中的金句呢? 比如:"时代各有不同,青春一脉相承""奋斗是青春最亮丽的底色,行动是青春最有效的磨砺"。

信息输入与输出的程序如图 3-1 所示。

信息输入与输出

```
print("庆祝中国共产主义青年团成立100周年")
print("时代各有不同，青春一脉相承","奋斗是青春最亮丽的底色，行动是青春最有效的磨砺")
print(1921)
print(2021-1921)
```

图 3-1　实例"信息输入与输出"程序代码

任务实施

一、　登录科云数智化财务云平台

(1) 在浏览器中输入 "https://cloud.acctedu.com/#/login?edu=ky2201",打开科云数智化财务云平台,输入用户名和密码(由授课教师分配给每位同学),如图 3-2 所示,单击"登录"按钮。

图 3-2　科云数智化财务云平台登录界面

（2）在如图 3-3 所示的课程界面中，单击"大数据 Python 基础"课程。

图 3-3　科云数智化财务云平台课程界面

（3）在如图 3-4 所示的课程内容界面，单击"项目一　任务 2"。

图 3-4　课程内容界面

（4）在如图 3-5 所示的任务 2 界面，单击右上角的"打开 Jupyter"按钮。

图 3-5　任务 2 界面

二、新建文件夹

（1）在 Jupyter Notebook 主界面的"New"下拉列表中选择"Folder"，如图 3-6 所示，建立一个新文件夹，默认文件夹名为"Untitled Folder"。

（2）勾选"Untitled Folder"文件夹，单击"Rename"按钮，如图 3-7 所示。

（3）在打开的重命名窗口中输入"项目三"，单击重命名按钮，文件夹名称修改完成，如图 3-8 所示。

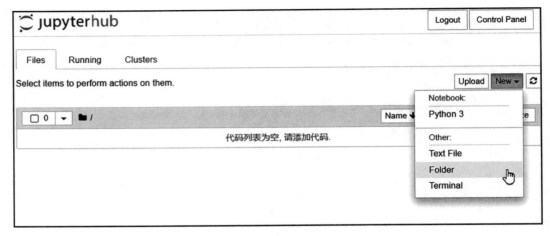

图 3-6　新建文件夹

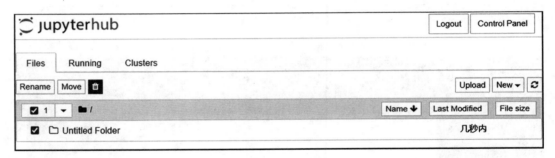

图 3-7　文件夹重命名

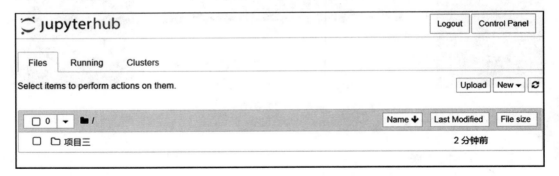

图 3-8　项目三文件夹

三、新建 Python 3 文件

（1）在图 3-6 Jupyter Notebook 主界面中，单击"项目三"，单击右上方"New"的下拉列表，选择"Python 3"，如图 3-9 所示。

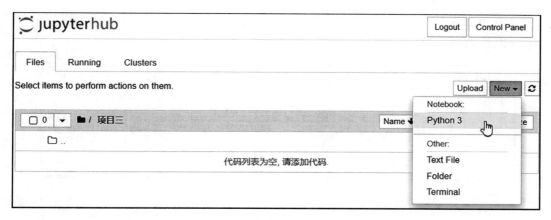

图 3-9　新建 Python 3 文件

（2）此时将打开一个名为"Untitled"的可编辑 Python 程序代码的新 Notebook 页面，单击标题栏的文件名"Untitled"，打开重命名窗口，输入新文件名"3.1"，单击重命名按钮即可完成 Jupyter Notebook 文件名的修改，如图 3-10 所示。

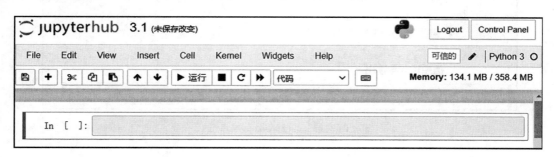

图 3-10　重命名 Python 3 文件

四、新建 Markdown 单元

（1）在 Jupyter Notebook 主界面的工具栏的"代码"下拉列表中选择"Markdown"项，如图 3-11 所示。

图 3-11　新建 Markdown 单元

（2）在编辑框中输入"### 信息输入与输出"（注意 ### 之后有一个空格），如图 3-12 所示，单击工具栏的保存按钮。

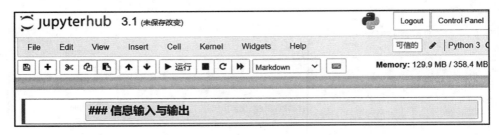

图 3-12　编辑 Markdown 单元文本

（3）单击 Jupyter Notebook 主界面的工具栏的"运行"按钮，运行 Markdown 单元，运行结果如图 3-13 所示。

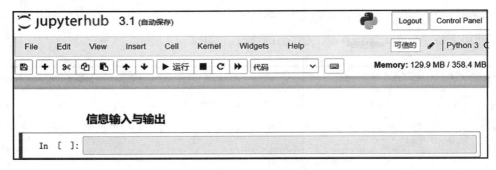

图 3-13　运行 Markdown 单元

五、 新建代码单元

（1）在 Jupyter Notebook 主界面的代码编辑框中输入图 3-1 所示的 4 行代码，如图 3-14 所示，单击保存按钮。

图 3-14　编辑代码单元

（2）单击 Jupyter Notebook 主界面的工具栏的"运行"按钮，运行代码单元，此时在代码单元下方出现运行结果，如图 3-15 所示。

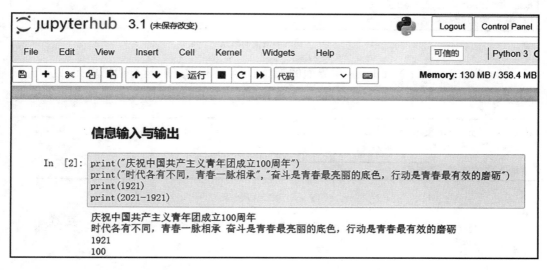

图 3-15　运行代码单元

（3）继续在代码编辑框中输入如图 3-16 所示的代码。

```
name = input()
print(name)
```

图 3-16　编辑代码单元

（4）单击 Jupyter Notebook 主界面的工具栏的"运行"按钮，运行代码单元，此时在代码单元下方出现一个文本框，在文本框中输入"张三"，如图 3-17 所示。

```
name = input()    #将键盘输入的内容赋值给name变量
print(name)       #打印输出name变量的值
张三
```

图 3-17　运行代码单元

（5）输入完成后，单击"Enter"（回车键），在代码单元下方出现运行结果，如图 3-18 所示。

```
name = input()    #将键盘输入的内容赋值给name变量
print(name)       #打印输出name变量的值
张三
张三
```

图 3-18　代码单元运行结果

（6）继续在代码编辑框中输入如图 3-19 所示的代码。

```
name = input("请输入您的姓名：")
print("您的姓名是：", name)
```

图 3-19　编辑代码单元

（7）单击 Jupyter Notebook 主界面的工具栏的"运行"按钮，运行代码单元，此时在代码单元下方出现"请输入您的姓名"的文本框，如图 3-20 所示。

```
name = input("请输入您的姓名：")
print("您的姓名是：", name)

请输入您的姓名：  李四
```

图 3-20　运行代码单元

（8）输入完成后，单击"Enter"（回车键），在代码单元下方出现运行结果，如图 3-21 所示。

```
name = input("请输入您的姓名：")
print("您的姓名是：", name)

请输入您的姓名：李四
您的姓名是： 李四
```

图 3-21　代码单元运行结果

（9）单击 Jupyter Notebook 主界面的工具栏的保存按钮保存"3.1"Jupyter Notebook 文件。

📖 相关知识

上述 Python 程序包括 print()函数、input()函数、注释、赋值语句等语法元素。

一、print()函数

print()函数用于打印输出，是 Python 中最常见的一个函数，用 print()在括号中加上字符串即可输出指定文字。

实例"信息输入与输出"中使用 print()函数输出字符信息时，直接将待输出内容传递给 print()函数。

比如：

```
print("庆祝中国共产主义青年团成立100周年")
```

输出结果为：

> 庆祝中国共产主义青年团成立 100 周年

print()函数输出的内容可以使用双引号，也可以使用单引号和三引号。
如果想要在同一行输出多个内容，需要将内容用英文半角逗号隔开。
比如：

> print("时代各有不同，青春一脉相承","奋斗是青春最亮丽的底色，行动是青春最有效的磨砺")

输出结果为：

> 时代各有不同，青春一脉相承奋斗是青春最亮丽的底色，行动是青春最有效的磨砺

若要多行显示输出的内容，需要使用三引号。
比如：

> print("""时代各有不同，青春一脉相承
> 奋斗是青春最亮丽的底色，行动是青春最有效的磨砺""")

输出结果为：

> 时代各有不同，青春一脉相承
> 奋斗是青春最亮丽的底色，行动是青春最有效的磨砺

print()函数也可以输出数字或计算结果。
比如：

```
print(1921)
print(2021－1921)
```

输出结果为：

```
1921
100
```

即问即答 --------->

以下 Python 语句中能在屏幕上输出 Hello World 的是（　　）。

A. printf("Hello World")　　　　　　B. print"Hello World"

C. printf" Hello World"　　　　　　D. print("Hello World")

二、 input()函数

input()函数用于接收用户输入的内容。实例"信息输入与输出"中的第 2 段代码块使用了一个 input()函数从控制台获得用户输入,无论用户在控制台输入什么内容,input()函数都以字符串类型返回结果。

比如:

```
name = input()
print(name)
```

在获得用户输入之前,input()函数可以包含一些提示性文字,使用方法如下:

```
<变量> = input(<提示性文字>)
```

需要注意,无论用户输入的是字符或是数字,input()函数统一按照字符串类型输出。例如,当用户输入数字 1 024.128 时,input()函数以字符串形式输出。

```
>>> input("请输入:")
请输入:1024.128
1024.128
```

字符串类型的数据是不能进行计算的。

三、 注释

注释是程序员在代码中加入的一行或多行信息,用来对语句、函数、数据结构等方法进行说明,提升代码的可读性。注释是辅助性文字(解释代码的含义),会被编译或解释器略去,不会被计算机执行。单行注释以"♯"开头,实例"信息输入与输出"中第 2 段代码块的两条语句后都有注释。

例如第 1 行的注释如下:

```
# 将键盘输入的内容赋值给 name 变量
```

> **即问即答** -------->
>
> 以下关于注释的描述中错误的是(　　　)。
> A. 注释不会被计算机执行　　　　　　B. 注释的作用是提升代码的可读性
> C. 注释以"*"开头　　　　　　　　　　D. 注释以"♯"开头

四、赋值语句

程序中产生或计算新数据值的代码称为表达式,类似数学中的计算公式。表达式以表达单一功能为目的,运算后产生运算结果,运算结果的类型由操作符或运算符决定,如实例"信息输出"中第 2 个代码块等行都包含表达式。

Python 语言中,"＝"表示"赋值",即将等号右侧的计算结果赋给左侧变量,包含等号(＝)的语句称为赋值语句。实例"信息输入与输出"第 2 个代码块第 1 行语句表示将等号右侧 input()函数的结果数赋值给左侧变量 name。

大显身手

请参照任务一【实例 3.1 信息输入与输出】的步骤完成科云数智化财务云平台【项目一　任务 2】的示例 1、2、3、4、6 的代码编辑及运行。

任务一思维导图

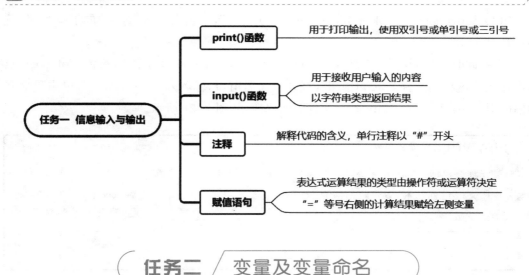

任务二　变量及变量命名

任务描述

【实例 3.2 变量及变量命名】　Python 语言中数据的存储空间需要有一个独一无二的名字,在程序中才能通过这个名字找到此数据。给变量起名也要遵循一定的规则和要求,就像我们要遵守国家相关法律一样。那么,什么样的变量名才是合法的呢?

变量及变量命名的程序如图 3-22 所示。

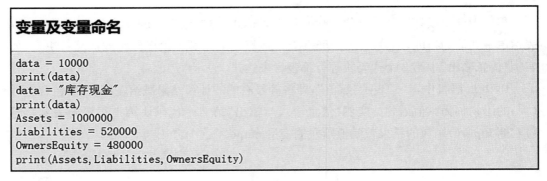

图 3-22　实例"变量及变量命名"程序代码

一、 新建 Python 3 文件

(1) Jupyter Notebook 主界面中,单击"项目三",单击右上方"New"的下拉列表,选择"Python 3"。

(2) 此时将打开一个名为"Untitled"的可编辑 Python 程序代码的新 Notebook 页面,单击标题栏的文件名"Untitled",打开重命名窗口,输入新文件名"3.2",单击重命名按钮即可完成 Jupyter Notebook 文件名的修改,如图 3-23 所示。

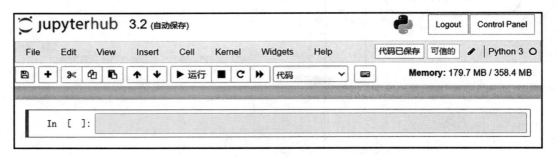

图 3-23　新建"3.2"Python 3 文件

二、 新建 Markdown 单元

(1) 在 Jupyter Notebook 主界面的工具栏的"代码"下拉列表中选择"Markdown"项,如图 3-24 所示。

图 3-24　新建 Markdown 单元

（2）在编辑框中输入"### 变量及变量命名"（注意 ### 之后有一个空格），如图 3-25 所示，单击工具栏的保存按钮。

图 3-25　编辑 Markdown 单元文本

（3）单击 Jupyter Notebook 主界面的工具栏的"运行"按钮，运行 Markdown 单元，运行结果如图 3-26 所示。

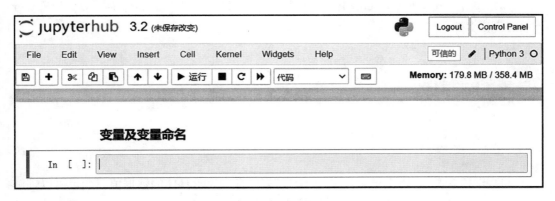

图 3-26　运行 Markdown 单元

三、新建代码单元

（1）在 Jupyter Notebook 主界面的代码编辑框中输入如图 3-22 所示的 8 行代码，代码编辑框如图 3-27 所示,单击保存按钮。

```
data = 10000
print(data)
data = "库存现金"
print(data)
Assets = 1000000
Liabilities = 520000
OwnersEquity = 480000
print(Assets, Liabilities, OwnersEquity)
```

图 3-27　编辑代码单元

（2）单击 Jupyter Notebook 主界面的工具栏的“运行”按钮,代码单元运行结果如图 3-28 所示。

```
data = 10000
print(data)
data = "库存现金"
print(data)
Assets = 1000000
Liabilities = 520000
OwnersEquity = 480000
print(Assets, Liabilities, OwnersEquity)
```
```
10000
库存现金
1000000 520000 480000
```

图 3-28　代码单元运行结果

（3）单击 Jupyter Notebook 主界面的工具栏的保存按钮保存“3.2”Jupyter Notebook 文件。

📖 相关知识

一、变量

与数学概念类似,Python 程序采用“变量”来保存和表示具体的数据值。变量可以理解为变化的量,其值可以通过赋值方式进行修改。变量可以被看成一个专门存放程序中的数据的小箱子。每个变量都有独一无二的名字,我们可以通过变量的名字找到变量中的数据。

在编程语言中,将数据存入变量的过程叫作赋值。在 Python 中使用等号“＝”作为赋值运算符,data 表示变量名,10000 表示值,也就是要存储的数据,如图 3-29 所示。

图 3-29　变量赋值示意图

　　在 Python 中,可以把任意数据类型的数据赋值给变量,同一个变量可以反复被赋值,并且可以转换为不同数据类型的变量。

　　对同一变量进行多次赋值时,每一次赋值都会覆盖原来的值。例如,第一次对 data 进行赋值时,输出的结果是"10000";第二次对 data 进行赋值时,输出的结果是"库存现金"。

二、变量命名

　　为了更好地使用变量等其他程序元素,需要给它们关联一个标识符(名字),关联标识符的过程称为命名。命名用于保证程序元素的唯一性。例如,实例"变量"中,data 是接收输入数据的变量名字。

　　Python 语言允许采用大写字母、小写字母、数字、下划线和汉字等字符及其组合给变量命名,但名字的首字符不能是数字,中间不能出现空格,长度没有限制。从编程习惯和兼容性角度考虑,一般不建议采用中文对变量命名。

　　当变量名由两个或多个单词组成时,变量命名一般建议采用驼峰式命名法。驼峰式命名法是当变量名是由一个或多个单词联结在一起,单词之间没有空格或下划线,单词通过首字母大写进行分别而构成的唯一识别符。驼峰式命名法又分为小驼峰和大驼峰。小驼峰命名规则是:除第一个单词之外,其他单词首字母大写,如 myFirstPythonClass。大驼峰命名规则是:所有单词首字母大写,如 MyFirstPythonClass。

即问即答 --------->

以下合法的 Python 变量名是(　　　)。

A. 0meta　　　　　　　　　　B. meta0

C. input　　　　　　　　　　D. meta0 ＋ 8

注意:

标识符对大小写敏感,python 和 Python 是两个不同的名字。

Python 3 系列可以采用中文等非英语语言字符对变量命名。由于存在输入法切换、平台编码支持、跨平台兼容等问题,从编程习惯和兼容性角度考虑,一般不建议采用中文等非英语语言字符对变量命名。

三、Python 保留字(关键字)

　　一般来说,程序员可以为程序元素选择任何喜欢的名字,但这些名字不能与 Python 的保留字相同。Python 3.x 版本共有 33 个保留字,如表 3-1 所示。与其他标识符一样,

Python 的保留字也对大小写敏感。例如,in 是保留字,而 In 则不是,程序员可以定义其为变量使用。

表 3-1　Python 3.x 的 33 个保留字列表

False	None	True	and	as	assert
break	class	continue	def	del	elif
else	except	finally	for	from	global
if	import	in	is	lambda	nonlocal
not	or	pass	raise	return	try
while	with	yield			

即问即答 --------→

下列不属于 Python 保留字的是(　　　)。

A. def　　　　　　　B. elif　　　　　　　C. type　　　　　　　D. import

大显身手

请参照任务二【实例 3.2 变量及变量命名】的步骤完成科云数智化财务云平台【项目一 任务 2】的示例 5 的代码编辑及运行。

任务二思维导图

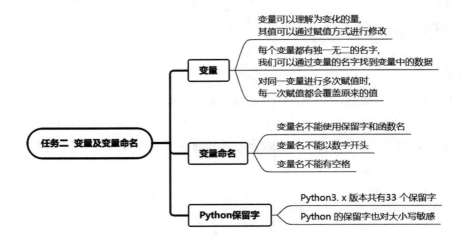

🔆 项目总结

通过本项目的学习,同学们应掌握 print( )函数、input( )函数、变量及注释的基本用法。

🔆 技能训练

一、 单选题

1. 以下选项中,属于合法的 Python 标识符的是( )。

A. 6B9909 　　　　 B. _ 　　　　 C. class 　　　　 D. it's

2. 以下选项中,不属于 Python 语言的保留字的是( )。

A. try 　　　　 B. None 　　　　 C. int 　　　　 D. del

3. 下列 Python 赋值语句中,不合法的是( )。

A. sum = 2022 　　　　　　　　 B. 2022= sum

C. sum = sum + 1 　　　　　　　 D. sum = 2022 + 2202

4. 变量 m= input(),若此时运行此语句,输入数字 6,则返回值的数据类型为( )。

A. 数值型 　　　 B. 整型 　　　 C. 字符串型 　　　 D. 空值

5. 以下选项中,属于格式化输出浮点数时的占位符的是( )。

A. %d 　　　　 B. %f 　　　　 C. $ s 　　　　 D. f

二、 请完成科云数智化财务云平台【项目一　任务 2】的课后练习的客观题和
Python 程序题的代码编辑及运行。

项目四 Python 基本数据类型

学习目标

☆ 知识目标 ///

1. 了解 Python 数据类型的分类。
2. 掌握 Python 中数字类型的定义及其运算规则。
3. 掌握 Python 中字符串类型的定义及其运算规则。

☆ 技能目标 ///

1. 能够正确区分 Python 中数据的类型。
2. 能够熟练操作数字类型数据和字符串类型数据。

☆ 素养目标 ///

1. 培养财经商贸类专业学生的基本数据素养,提高学生对数据存储的理解和应用能力,为理解组合数据打下良好的基础。
2. 培养财经商贸类专业学生的计算思维和沟通意识,提高与计算机进行交互的能力,为解决财务计算问题打下良好的基础。

☆ 思政目标 ///

1. 学生通过"绳锯木断,水滴石穿"实例理解坚持的力量,培养学生坚毅的品格,坚持不懈,奋发向前。
2. 学生通过中国古代龙门账字符串实例了解龙门账的思想,培养学生坚持"道路自信、理论自信、制度自信、文化自信"的理念。

导入案例

为什么我们的数据在计算机中要分类存储呢?所有数据都用统一的形式存储岂不是更省事?这个问题一直困扰着元宇同学。

《论语》中有这样一句话："子之武城，闻弦歌之声。夫子莞尔而笑，曰：'割鸡焉用牛刀？'"。"割鸡焉用牛刀"，同样是刀，但用途不同，如果用错了刀，就会陷入"大材小用"抑或"不堪使用"的尴尬境地。

在计算机语言中，任何数据都需要占用内存，但不同数据类型占据内存的大小是不同的，而且不同类型的数据所需要进行的操作也不尽相同。为了不浪费存储空间，也为程序能够高效地对各种不同的数据进行操作，我们需要对数据进行分类管理，这就是数据类型。

元宇同学明白了数据分类的意义，暗下决心要好好学习数据类型的知识，为程序设计打好基础。

任务一　数字类型

任务描述

【实例 4.1 坚持的力量】"绳锯木断，水滴石穿"，只要坚持不懈，力量虽小也能守成艰难的事情。坚持的力量到底有多大呢？假设我们每天努力一点点（1%），一年后我们的能力是年初的多少倍呢？请用 Python 程序来算一下吧。

程序代码如图 4-1 所示。

坚持的力量

```
1   a = 1   # 假设年初能力值为1
2   print("假设年初的能力值为：", a)   # 输出年初的能力值
3   print(type(a))   # 输出年初能力值的数据类型
4   DayUp = 0.01   # 假设每天努力1%
5   print("假设每天努力：", DayUp)
6   print(type(DayUp))
7   x = a + DayUp   # 每天努力后的能力值
8   y = 365   # 一年365天
9   print("努力一年：", y, "天")
10  print(type(y))
11  print("一年后的能力值为年初的：", pow(x, y), "倍")   # 输出一年后的能力值
```

图 4-1　实例"坚持的力量"源代码

讨论　选择努力还是躺平？

任务实施

一、 登录科云数智化财务云平台

（1）在浏览器中输入"https://cloud.acctedu.com/♯/login?edu＝ky2201"，打开科云数智化财务云平台，输入用户名和密码（由授课教师分配给每位同学），如图 4-2 所示，单击"登录"按钮。

图 4-2　科云数智化财务云平台登录界面

（2）在如图 4-3 所示的课程界面中，单击"大数据 Python 基础"课程。

（3）在如图 4-4 所示的课程内容界面中，单击"项目一　任务 3"。

（4）在如图 4-5 所示的任务 3 界面中，单击右上角的"打开 Jupyter"按钮。

二、 新建文件夹

（1）在 Jupyter Notebook 主界面的"New"下拉列表中选择"Folder,建立一个新文件夹，默认文件夹名为"Untitled Folder"，勾选"Untitled Folder"文件夹，如图 4-6 所示。

（2）单击"Rename"按钮，在打开的重命名窗口中输入"项目四"，单击重命名按钮，文件夹名称修改完成，如图 4-7 所示。

图 4-3 科云数智化财务云平台课程界面

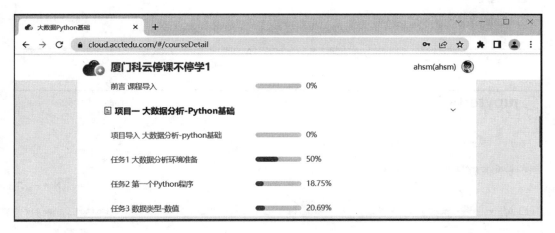

图 4-4 课程内容界面

图 4-5　任务 3 界面

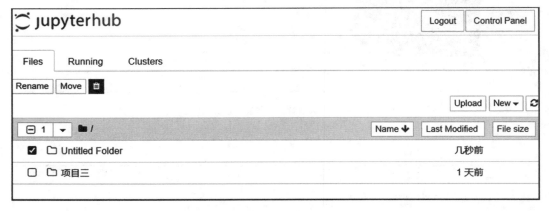

图 4-6　新建文件夹

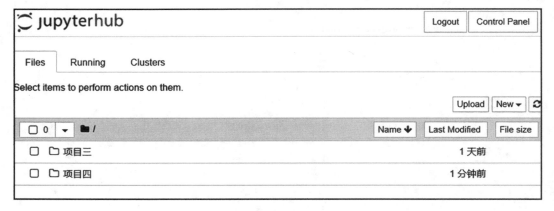

图 4-7　重命名项目四文件夹

三、 新建 Python 3 文件

（1）在 Jupyter Notebook 主界面中，单击"项目四"，单击右上方"New"的下拉列表，选择"Python 3"。

（2）此时将打开一个名为"Untitled"的可编辑 Python 程序代码的新 Notebook 页面，单击标题栏的文件名"Untitled"，打开重命名窗口，输入新文件名"4.1"，单击重命名按钮即可完成 Jupyter Notebook 文件名的修改，如图 4-8 所示。

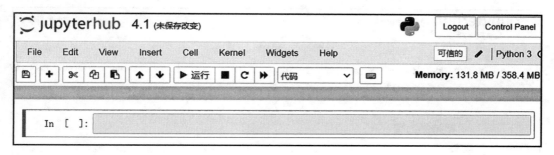

图 4-8　新建"4.1"Python 3 文件

四、 新建 Markdown 单元

（1）在 Jupyter Notebook 主界面的工具栏的"代码"下拉列表中选择"Markdown"项，如图 4-9 所示。

图 4-9　新建 Markdown 单元

（2）在编辑框中输入"### 坚持的力量"（注意 ### 之后有一个空格），如图 4-10 所示，单击工具栏的保存按钮。

（3）单击 Jupyter Notebook 主界面的工具栏的"运行"按钮，运行 Markdown 单元，运行结果如图 4-11 所示。

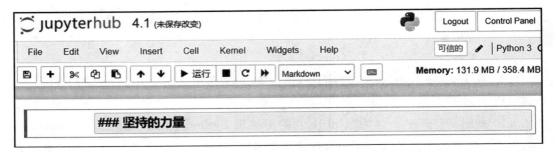

图 4-10　编辑 Markdown 单元文本

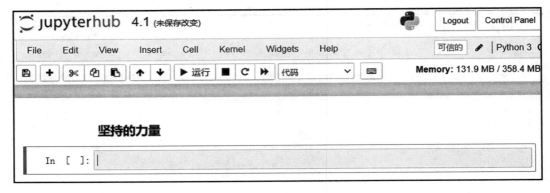

图 4-11　运行 Markdown 单元

五、新建代码单元

（1）在 Jupyter Notebook 主界面的代码编辑框中输入图 4-1 所示的 11 行代码，如图 4-12 所示，单击保存按钮。

```
1   a = 1  # 假设年初能力值为1
2   print("假设年初的能力值为：", a)  # 输出年初的能力值
3   print(type(a))  # 输出年初能力值的数据类型
4   DayUp = 0.01  # 假设每天努力1%
5   print("假设每天努力：", DayUp)
6   print(type(DayUp))
7   x = a + DayUp  # 每天努力后的能力值
8   y = 365  # 一年365天
9   print("努力一年：", y, "天")
10  print(type(y))
11  print("一年后的能力值为年初的：", "%.2f"% pow(x, y), "倍")  # 输出一年后的能力值
```

图 4-12　编辑代码单元

（2）单击 Jupyter Notebook 主界面的工具栏的"运行"按钮，运行代码单元，此时在代码单元下方出现如图 4-13 所示的运行结果。

（3）单击 Jupyter Notebook 主界面的工具栏的保存按钮保存"4.1"Jupyter Notebook 文件。

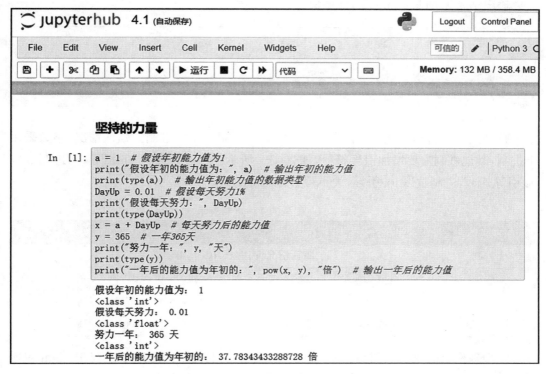

图 4-13　运行代码单元

相关知识

表示数字或数值的数据类型称为数字类型。

一、 数字类型分类

Python 语言数字类型（Number）主要包括整型（int）、浮点型（float）、布尔型（bool）和复数型（complex）四种类型。

（一）整型

整型与数学中整数的概念一致，实例“坚持的力量”中，a 的数据类型为整型，y 的数据类型也为整型。

```
a = 1
print(type(a))
```

输出结果为＜ class ' int '＞,即整型。

┃ 知识拓展

　　type()函数的含义是输出变量的数据类型。

　　整型共有 4 种进制表示:十进制、二进制、八进制和十六进制。默认情况,整数采用十进制,其他进制需要增加引导符号,如表 4-1 所示。二进制数以 0b 引导,八进制数以0o 引导,十六进制数以 0x 引导,大小写字母均可使用。

表 4-1　整型的 4 种进制表示

进制种类	引导符号	描述
十进制	无	默认情况,例如,1010,—425
二进制	0b 或 0B	由字符 0 和 1 组成,例如,0b101,0B101
八进制	0o 或 0O	由字符 0 到 7 组成,例如,0o711,0O711
十六进制	0x 或 0X	由字符 0 到 9、a 到 f、A 到 F 组成,例如,0xABC

　　整型理论上的取值范围是[−∞, ∞],实际上的取值范围受限于运行 Python 程序的计算机内存大小。除极大数的运算外,一般认为整型没有取值范围限制。

┃ 即问即答 ‑‑‑‑‑‑‑‑‑→

以下选项中不是整型的是(　　　)。
A. 0B1010　　　　　　　　　　　　B. 88
C. 0x9a　　　　　　　　　　　　　D. 0E99

(二) 浮点型

　　浮点型与数学中实数的概念一致,表示带有小数的数值。Python 语言要求所有浮点数必须带有小数部分,小数部分可以是 0,这种设计可以区分浮点数和整数。浮点数有两种表示方法:十进制表示和科学计数法表示。实例"坚持的力量"中,DayUp 的数据类型为浮点型。

```
DayUp = 0.01
print(type(DayUp))
```

输出结果为＜ class ' float '＞,即浮点型。

科学计数法使用字母 e 或 E 作为幂的符号,以 10 为基数,4.3e—3 和 9.6E5 也是浮点型,其含义如下:

$$\langle a \rangle\, e\, \langle b \rangle = a * 10^b$$

4.3e—3 值为 0.0043;9.6E5 也可以表示为 96E+5,其值为 960000.0。

注意:

浮点型与整型由计算机的不同硬件单元执行,处理方法不同,在计算机内部表示也不同。

即问即答 ------->

以下选项中,不是浮点型的是(　　)。

A. 0.0　　　　　　B. 96e4　　　　　　C. —0x89　　　　　　D. 9.6E5

(三) 布尔型

布尔型是计算机专用的数据类型,只有 2 个值:True 和 False,可以理解为特殊的整型(Ture = 1,False = 0)。布尔型常用在分支结果条件判断和循环控制中。

例如:

```
print(True)
print(type(True)) # 输出 True 的数据类型
```

运行结果为:

```
True
```

< class ' bool' > 即 True 的数据类型为布尔型。

注意:

True 和 False 是 Python 的保留字,在使用时要注意首字母大写,否则程序会报错。

(四) 复数型

复数型与数学中的复数的概念一致,都是由实部和虚部组成,在 Python 语言中,复数的虚数部分通过后缀"J"或"j"来表示,例如:

```
12.8+ 4j    - 6.6+ 8j
```

复数型中实数部分和虚数部分的数值都是浮点类型。

即问即答 --------->

以下选项中,对复数类型的描述错误的是(　　　)。
A. 复数的虚数部分通过后缀 J 或 j 来表示
B. 对复数 z,使用 z.real 获得实数部分
C. 对复数 z,使用 z.imag 获得虚数部分
D. 复数的虚数部分是整数类型

二、数字类型操作

Python 解释器为数字类型提供数值运算符、数值运算函数等操作方法。

(一)内置的数值运算符

Python 提供了 7 个基本的数值运算符,如表 4-2 所示。这些运算符由 Python 解释器直接提供,不需要引用标准或第三方函数库,也称内置运算符。

表 4-2　算术运算符含义及实例

运算符	描述	实例
＋	两个对象相加	2＋7 输出结果 9
－	得到一个负数或一个数减去另一个数	7－2 输出结果 5
*	两个数相乘或返回一个被重复若干次的字符串	2 * 7 输出结果 14
/	返回两个数相除的结果,得到浮点数	7/2 输出结果 3.5
//	取整除,返回相除后结果的整数部分(向下取整)	7//2 输出结果 3
％	取模,返回除法的余数,结果符号与除数一致	7％2 输出结果 1
**	幂,x ** y 返回 x 的 y 次幂	2 ** 7 输出结果 128

这 7 个操作符与数学习惯一致,运算结果也符合数学意义。运算的结果可能改变数字类型,3 种数字类型之间存在一种逐渐扩展的关系,具体如下:

整数→浮点数→复数

这是因为整数可以看成是浮点数没有小数的情况,浮点数可以看成是复数虚部为 0 的情况。

在实例"坚持的力量"中,x ＝ a ＋ DayUp,即 x 的值等于 a 的值加上 DayUp 的值,结果为 1.01。

即问即答 --------→

%运算符的含义是(　　)。

A. x 与 y 之商

B. x 与 y 的整数商

C. x 与 y 之商的余数

D. x 的 y 次幂

(二)赋值运算符

表 4-2 中所有算术运算符(+、-、*、/、//、%、**)都有与之对应的增强赋值运算符(+=、*、//=、%=、**=)。

表 4-3　赋值运算符含义及实例

运算符	描述	实例
=	简单的赋值运算符	x=y
+=	加法赋值运算符	x+=y 等效于 x=x+y
-=	减法赋值运算符	x-=y 等效于 x=x-y
*=	乘法赋值运算符	x*=y 等效于 x=x*y
/=	除法赋值运算符	x/=y 等效于 x=x/y
//=	取整除赋值运算符	x//y 等效于 x=x//y
%=	取模赋值运算符	x%=y 等效于 x=x%y
**=	幂赋值运算符	x**=y 等效于 x=x**y

(三)内置的数值运算函数

Python 解释器提供了一些内置函数,在这些内置函数之中,有 6 个函数与数值运算相关,如表 4-4 所示。

表 4-4　内置的数值运算函数

函数	描述	实例
abs(x)	x 的绝对值	x=-2,abs(x)输出结果 2
divmod(x,y)	(x//y,x%y),输出为二元组形式(也称为元组类型)	x=-2,y=3,divmod(x,y)输出结果(-1,1)
pow(x,y,[,z])	(x**y)%z,[..]表示该参数可以省略,即 pow(x,y)与 x**y 相同	x=-2,y=3,z=4,pow(x,y,z)输出结果 0;pow(x,y)输出结果-8

（续表）

函数	描述	实例
round(x[,ndigits])	对 x 四舍五入，保留 ndigits 小数。round(x)返回四舍五入的整数值	m＝2.3467，n＝2，round(m,n)输出结果 2.35
max(X_1,X_2,…,X_n)	X_1,X_2,…,X_n 的最大值，n 没有限定	max(x,y,m,n)输出结果 3
min(X_1,X_2,…,X_n)	X_1,X_2,…,X_n 的最小值，n 没有限定	min(x,y,m,n)输出结果—2

pow()可以计算 x 的 y 次幂的值。

例如：

pow(2，4)输出的结果是 16。

（四）比较运算符

比较运算符的运算结果是布尔型数据，Python 语言中支持的比较运算符的含义及实例如表 4-5 所示。

表 4-5　比较运算符含义及实例

运算符	描述	实例
==	等于，比较对象是否相等	1== 2 输出结果 False
！＝	不等于，比较两个对象是否不相等	1！＝ 2 输出结果 True
＞	大于，x＞y，返回 x 是否大于 y	1＞ 2 输出结果 False
＜	小于，x＜y，返回 x 是否小于 y	1 ＜ 2 输出结果 True
＞=	大于等于，x＞＝y，返回 x 是否大于或等于 y	1＞= 2 输出结果 False
＜=	小于等于，x＞＝y，返回 x 是否小于或等于 y	1 ＜= 2 输出结果 True
is	是对象，判断两个标识符是不是引用自同一个对象	x is y，如果引用的是同一个对象，则返回 True，否则返回 False
is not	不是对象，判断两个标识符是不是引用自不同对象	x is not y，如果引用的不是同一个对象，则返回 True，否则返回 False

（五）逻辑运算符

Python 语言中支持的逻辑运算符的含义及实例如表 4-6 所示。

表 4-6　逻辑运算符的含义及实例

运算符	描述	实例
and	与运算，等价于数学中的"且"	当 a 和 b 两个表达式都为真时，a and b 的结果才为真，否则为假
or	或运算，等价于数学中的"或"	当 a 和 b 两个表达式都为假时，a or b 的结果才为假，否则为真
not	非运算，等价于数学中的"非"	如果 a 为真，那么 not a 的结果为假；如果 a 为假，那么 not a 的结果为真；相当于对 a 取反

（六）成员运算符

Python 语言中支持的逻辑运算符的含义及实例如表 4-7 所示。

表 4-7　成员运算符的含义及实例

运算符	描述	实例
in	如果在指定的序列中找到值，则返回 True；否则返回 False	x in y，如果 x 在 y 序列中，则返回 True
not in	如果在指定的序列中没有找到值，则返回 True；否则返回 False	x in y，如果 x 不在 y 序列中，则返回 True

（七）运算符优先级

优先级是运算符号进行的先后顺序，类似数学中的加减乘除四则混合运算规则。Python 中可以通过圆括号()来提升运算符的优先级。

Python 语言中支持的运算符的含义及优先级如表 4-8 所示。

表 4-8　运算符的含义及优先级

运算符	描述	由高到低优先级
**	求幂	8
*、/、//、%	乘、除、整除、取模	7
+、-	加、减	6
<、<=、>、>=、!=、==、is、is not	比较运算符	5
in、not in	成员运算符	4
not x	逻辑运算符"非"	3

（续表）

运算符	描述	由高到低优先级
and	逻辑运算符"与"	2
or	逻辑运算符"或"	1

例如：

```
print(6 + 4 *  4 - 2 / 5)
print(6 + 2 ** 3)
print(6 + 2 ** 3 > 1)
print(6 + 2 ** 3 > 1 and 1)
print(6 + 2 - 1 ** 3 > 1 and 1 and False)
print(6 + 2 - 1 ** 3 > 1 and(0 and False))
```

运行结果为：

```
21.6
14
True
1
False
0
```

知识拓展

模运算(%)在编程中十分常用,主要应用于具有周期规律的场景。例如,一个星期七天,用 day 代表日期,则 day%7 可以表示星期;对于一个整数 n,n%2 的取值是 0 或者 1,可以判断整数 n 的奇偶。本质上,整数的模运算 n%m 能够将整数 n 映射到 $[0, m-1]$ 的区间中。

大显身手

请参照任务一【实例 4.1 坚持的力量】的步骤完成科云数智化财务云平台【项目一任务 3】的示例 1、2、3、4、5 的代码编辑及运行。

任务一思维导图

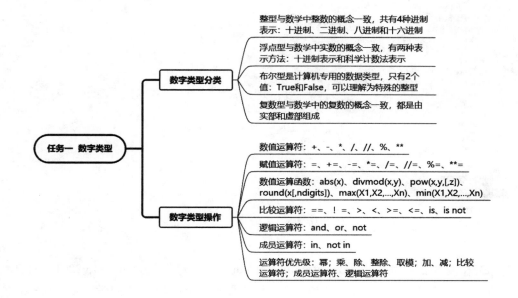

任务一　数字类型

数字类型分类
- 整型与数学中整数的概念一致，共有4种进制表示：十进制、二进制、八进制和十六进制
- 浮点型与数学中实数的概念一致，有两种表示方法：十进制表示和科学计数法表示
- 布尔型是计算机专用的数据类型，只有2个值：True和False，可以理解为特殊的整型
- 复数型与数学中的复数的概念一致，都是由实部和虚部组成

数字类型操作
- 数值运算符：+、-、*、/、//、%、**
- 赋值运算符：=、+=、-=、*=、/=、//=、%=、**=
- 数值运算函数：abs(x)、divmod(x,y)、pow(x,y,[,z])、round(x[,ndigits])、max(X1,X2,...,Xn)、min(X1,X2,...,Xn)
- 比较运算符：==、! =、>、<、>=、<=、is、is not
- 逻辑运算符：and、or、not
- 成员运算符：in、not in
- 运算符优先级：幂；乘、除、整除、取模；加、减；比较运算符；成员运算符、逻辑运算符

任务二　字符串类型

任务描述

【实例 4.2 记账规则】 "有借必有贷,借贷必相等"是借贷记账法的记账规则。假设"有借必有贷"是一个字符串,"借贷必相等"是第二个字符串,如何把这两个字符串拼接成一句话(中间用逗号隔开)? 又如何分两行输出呢? 如何提取其中的"借贷"和"相等"两个子串呢? 中国古代的龙门账的记账规则是"有来必有去,来去必相等",如何把"有借必有贷,借贷必相等"替换成"有来必有去,来去必相等"呢?

讨论　字符串的表示,字符串的拼接,字符串的切片,字符串格式化?

程序代码如图 4-14 所示。

记账规则

```
1  str1 = "有借必有贷" #定义字符串str1
2  str2 = "借贷必相等"
3  print(str1, str2, sep=',') #输出字符串str1和str2，以 "，" 连接
4  print(str1, str2)  #输出字符串str1和str2
5  print(str1)  #输出字符串str1
6  print(str2)
7  print(str2[0:2]) #输出字符串str2的前两个字符
8  print(str2[-2:]) #输出字符串str2的后两个字符
9  print("有{}必有{}，{}必相等".format("来","去","来去")) #字符串格式化输出
10 print("有{0}必有{1}，{0}{1}必相等".format("借","贷"))
```

图 4-14　实例"记账规则"程序代码

 任务实施

一、 登录科云数智化财务云平台

（1）在浏览器中输入"https：//cloud. acctedu. com/＃/login?edu＝ky2201"，打开科云数智化财务云平台，输入用户名和密码（由授课教师分配给每位同学），如图 4-15 所示，单击"登录"按钮。

图 4-15　科云数智化财务云平台登录界面

（2）在如图 4-16 所示的课程界面中，单击"大数据 Python 基础"课程。

（3）在课程内容界面，单击"项目一　任务 4"，如图 4-17 所示。

（4）在如图 4-18 所示的任务 4 界面中，单击右上角的"打开 Jupyter"按钮。

图 4-16　科云数智化财务云平台课程界面

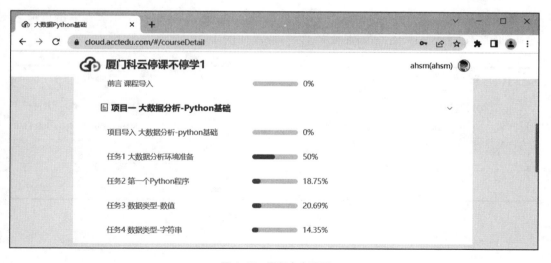

图 4-17　课程内容界面

图 4-18　任务 4 界面

二、新建 Python 3 文件

（1）在 Jupyter Notebook 主界面中，单击"项目四"，单击右上方"New"的下拉列表，选择"Python 3"。

（2）此时将打开一个名为"Untitled"的可编辑 Python 程序代码的新 Notebook 页面，单击标题栏的文件名"Untitled"，打开重命名窗口，输入新文件名"4.2"，单击重命名按钮即可完成 Jupyter Notebook 文件名的修改，如图 4-19 所示。

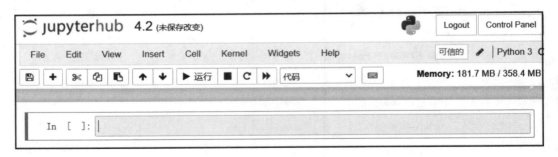

图 4-19　新建"4.2"Python 3 文件

三、新建 Markdown 单元

（1）在 Jupyter Notebook 主界面的工具栏的"代码"下拉列表中选择"Markdown"项，如图 4-20 所示。

图 4-20　新建 Markdown 单元

（2）在编辑框中输入"### 记账规则"（注意 ### 之后有一个空格），如图 4-21 所示，单击工具栏的保存按钮。

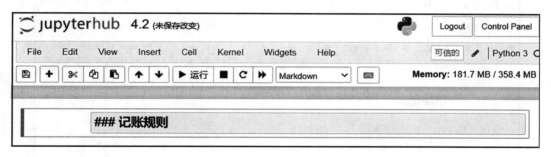

图 4-21　编辑 Markdown 单元文本

（3）单击 Jupyter Notebook 主界面的工具栏的"运行"按钮，运行 Markdown 单元，运行结果如图 4-22 所示。

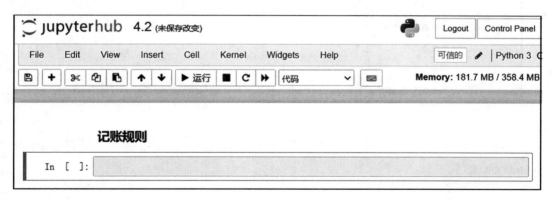

图 4-22　运行 Markdown 单元

四、新建代码单元

（1）在 Jupyter Notebook 主界面的代码编辑框中输入如图 4-14 所示的 10 行代码，代码编辑框如图 4-23 所示，单击保存按钮。

```
1  str1 = "有借必有贷" #定义字符串str1
2  str2 = "借贷必相等"
3  print(str1, str2, sep=',')  #输出字符串str1和str2, 以","连接
4  print(str1, str2)   #输出字符串str1和str2
5  print(str1)   #输出字符串str1
6  print(str2)
7  print(str2[0:2])  #输出字符串str2的前两个字符
8  print(str2[-2:])  #输出字符串str2的后两个字符
9  print("有{}必有{}, {}必相等".format("来", "去", "来去"))  #字符串格式化输出
10 print("有{0}必有{1}, {0}{1}必相等".format("借", "贷"))
```

图 4-23 编辑代码单元

（2）单击 Jupyter Notebook 主界面的工具栏的"运行"按钮，运行代码单元，此时在代码单元下方出现如图 4-24 所示的运行结果。

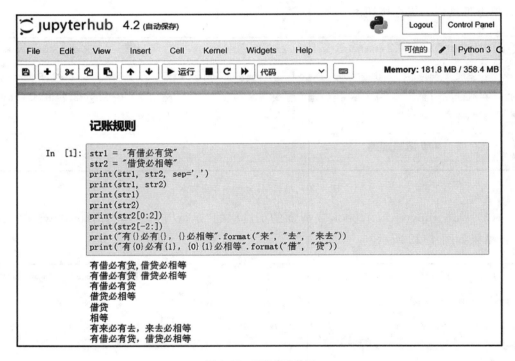

图 4-24 运行代码单元

（3）单击 Jupyter Notebook 主界面的工具栏的保存按钮保存"4.2"Jupyter Notebook 文件。

 相关知识

一、字符串的定义

字符串是字符的序列表示，可以由一对单引号（'）、双引号（"）或三引号（'''）构成。其

中，单引号和双引号都可以表示单行字符串，两者作用相同。使用单引号时，双引号可以作为字符串的一部分；使用双引号时，单引号可以作为字符串的部分。三引号可以表示单行或者多行字符串。

例如：

```
print('"有借必有贷,借贷必相等"')
print("'有借必有贷,借贷必相等'")
print("""有借必有贷"
'借贷必相等'
是借贷记账法的记账规则"')
```

输出结果为：

```
"有借必有贷,借贷必相等"
'有借必有贷,借贷必相等'
"有借必有贷"
'借贷必相等'
```

是借贷记账法的记账规则。

input()函数将用户输入的内容当作一个字符串类型，这是获得用户输入的常用方式。Print()函数可以直接打印字符串，这是输出字符串的常用方式。

例如：

```
Cash = input("请输入库存现金金额:")
CashIncome = 1000
print(Cash)
print(type(Cash))
print(CashIncome)
print(type(CashIncome))
CashBalances = Cash + CashIncome
print(CashBalances)
print(type(CashBalances))
```

运行结果如下：

```
请输入库存现金金额:2000
2000
< class 'str'>
```

```
1000
<class'int'>
---------------------------------------------------------------
TypeError                        Traceback (most recent call last)
<ipython-input-2-13c61d2bd303> in <module>
    5 print(CashIncome)
    6 print(type(CashIncome))
---> 7 CashBalances = Cash + CashIncome
    8 print(CashBalances)
    9 print(type(CashBalances))
TypeError: can only concatenate str (not "int") to str
```

从运行结果提示里可以看出,程序并没有输出变量 CashBalances(现金余额)的值,而是给出了报错信息:第 7 行出现了错误。报错信息的含义是变量 Cash 和 CashIncome 的数据类型不同,不能进行运算,其原因是 input()函数将用户输入的内容默认为一个字符串类型(str),而变量 CashIncome 是通过赋值定义的,其数据类型是整数型(int)。

我们需要计算的 CashBalances(现金余额)是整数型数据或浮点型数据,此时就需要把 input()函数接收的数据转换成相应的类型,然后再计算。

修改后的程序如下:

```
Cash = float(input("请输入库存现金金额:"))
CashIncome = 1000
print(Cash)
print(type(Cash))
print(CashIncome)
print(type(CashIncome))
CashBalances = Cash + CashIncome
print(CashBalances)
print(type(CashBalances))
```

修改后的程序运行结果如下:

```
请输入库存现金金额:2000
2000.0
<class'float'>
1000
```

```
<class 'int'>
3000.0
<class 'float'>
```

二、字符串的转义

反斜杠字符(\)是一个特殊字符,在字符串中表示转义,即该字符与后面相邻的一个字符共同组成了新的含义。例如,"\n"表示换行、"\\"表示反斜杠、"\'"表示单引号、"\""表示双引号、"\t"表示制表符(Tab)、"\r"表示回车、"\000"表示空字符、"\f"表示换页等。

例如:

```
print("借贷记账法的记账规则:\n 有借必有贷\t 借贷必相等")
```

程序运行结果如下:

```
借贷记账法的记账规则:
有借必有贷　借贷必相等
```

即问即答 ╌╌╌╌╌╌╌➤

字符串是一个连续的字符序列,哪个选项可以实现打印字符信息的换行(　　　)。

A. 使用空格　　　　　　　　　　B. 使用转义符\\

C. 使用\n　　　　　　　　　　　D. 使用"\换行"

三、字符串的索引

字符串是字符的序列,可以按照单个字符或字符片段进行索引。字符串包括两种序号体系:正向递增序号和反向递减序号,如图 4-25 所示。如果字符串长度为 L,正向递增以最左侧字符序号为 0,向右依次递增,最右侧字符序号为 L−1;反向递减序号以最右侧字符序号为−1,向左依次递减,最左侧字符序号为−L。Str2[−1]表示字符串 Str2 变量的最后一个字符"等"。

反向递减序号 →				
−5	−4	−3	−2	−1
借	贷	必	相	等
0	1	2	3	4
正向递增序号				

图 4-25　Python 字符串的两种序号体系

Python 字符串也提供区间访问方式,采用[N:M]格式,表示字符串中从 N 到 M(不包含 M)的子字符串,其中,N 和 M 为字符串的索引序号,可以混合使用正向递增序号和反向递减序号。图 4-16"记账规则"中第 7 行的 Str2 [0:2]表示字 Str2 变量第 0 个字符开始到第三个字符(但不包含第三个字符)的子串"借贷"。

四、字符串操作符

Python 提供了 5 个字符串的基本操作符,如表 4-9 所示。

表 4-9　字符串操作符

操作符	描述
x + y	连接两个字符串 x 与 y
x * n 或 n * x	复制 n 次字符串 x
x in s	如果 x 是 s 的子串,返回 True,否则返回 False
str[i]	索引,返回第 i 个字符
str[N:M]	切片,返回索引第 N 到第 M 的子串,其中不包含 M

例如:

```
str1 = "有借必有贷"
str2 = "借贷必相等"
print(str1 + str2)
print("借" in str1)
print(str1[1])
print(str2[0:2])
```

程序运行结果如下:

```
有借必有贷　借贷必相等
True
借
借贷
```

五、字符串内置函数

Python 解释器提供了一些内置函数,其中有 6 个函数与字符串处理相关,如表 4-10 所示。

表 4-10 字符串内置函数

函数	描述
len(x)	返回字符串 x 的长度,也可返回其他组合数据类型元素个数
str(x)	返回任意类型 x 所对应的字符形式
chr(x)	返回 Unicode 编码 x 对应的单字符
ord(x)	返回单字符表示的 Unicode 编码
hex(x)	返回整数 x 对应十六进制数的小写形式字符串
oct(x)	返回整数 x 对应八进制数的小写形式字符串

例如:

```
TotalAssets = 10000.08
print("Meta 公司的资产总额是:" + str(TotalAssets) + "万元")
print("Meta 公司的资产总额是:" + TotalAssets + "万元")
```

程序运行结果如下:

```
Meta 公司的资产总额是:10000.08 万元
--------------------------------------------------------------
TypeError                          Traceback (most recent call last)
<ipython-input-6-145c95f9cb65> in <module>
  1 TotalAssets = 10000.08
  2 print("Meta 公司的资产总额是:" + str(TotalAssets) + "万元")
--→ 3 print("Meta 公司的资产总额是:" + TotalAssets + "万元")
TypeError: can only concatenate str (not "float") to str
```

即问即答 --------→

以下能够获取字符串 s 长度的是(　　　)。

A. s. len()　　　　　　　　　　B. s. length

C. length(s)　　　　　　　　　　D. len(s)

六、字符串内置方法

字符串具有类似<a>.<b>()形式的字符串处理函数,在面向对象中,这类函数被称为"方法"。字符串类型共包含 43 个内置方法,限于篇幅,这里仅介绍其中 5 个常用方法,如表 4-11 所示(其中 str 代表字符串或变量)。

表 4-11　常用的字符串内置方法

方法	描述
str. lower()	返回字符串 str 的副本,全部字符小写
str. upper()	返回字符串 str 的副本,全部字符大写
str. count(sub[,start[,end]])	返回 str[start:end]中 sub 子串出现的次数
str. format()	返回字符串 str 的一种排版格式
str. join(iterable)	返回一个新字符串,由组合数据类型 iterable 变量的每个元素组成,元素间用 str 分隔
str. split(sep=None,maxsplit=−1)	返回一个列表,由 str 根据 sep 被分隔的部分构成
str. center(width[,fillchar])	字符串居中函数
str. title()	返回字符串 str 的副本,字符串的每个单词首字母大写

例如:

```
str1 = "人生苦短,我用 Python"  # 定义 str1
print(str1.upper())  # 输出字符串 str1 中所有字符大写
str2 = "借贷相等"  # 定义 str2
print(str2.center(40,'- '))  # 输出字符串 str2 居中
str3 = "Python is a very popular programming language"
print(str3.split())  # 输出字符串 str3 分隔后的列表
```

程序运行结果如下:

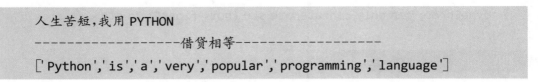

```
人生苦短,我用 PYTHON
-------------------借贷相等-------------------
['Python','is','a','very','popular','programming','language']
```

七、字符串类型的格式化

为什么会有字符串类型的格式化问题呢? 例如,一个程序希望输出如下内容:
"2021 年:Meta 公司的净资产收益率为 10%。"
　　其中,下划线内容可能会变化,需要由特定函数运算结果进行填充,最终形成上述格式字符串作为输出结果。字符串格式化用于解决字符串和变量同时输出时的格式安排。Python 语言主要采用 format()方法进行字符串格式化。

（一）format( )方法的基本使用

字符串 format( )方法的基本使用格式如下：

> \<模板字符串\> .format(\<逗号分隔的参数\>)

模板字符串由一系列槽组成，用来控制修改字符串中嵌入值出现的位置，其基本思想是将 format( )方法中逗号分隔的参数按照序号关系替换到模板字符串的槽中。槽用大括号(｛｝)表示，如果大括号中没有序号，则按照出现顺序替换，如图 4-26 所示。如果大括号中指定了使用参数的序号，按照序号对应参数替换，参数从 0 开始编号。调用format( )方法后会返回一个新的字符串。

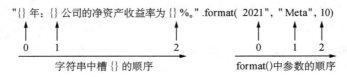

图 4-26　format( )方法的槽顺序和参数顺序

（二）format( )方法的格式控制

format( )方法中模板字符串的槽除了包括参数序号，还可以包括格式控制信息。此时，槽的内部样式如下：

> ｛\<参数序号\>：\<格式控制标记\>｝

格式控制标记包括 \< 填充 \>、\< 对齐 \>、\< 宽度 \>、\< , \>、\< 精度 \>、\< 类型 \>6 个字段，这些字段都是可选的，可以组合使用。

\< 填充 \>、\< 对齐 \> 和 \< 宽度 \> 是三个相关字段。\< 宽度 \> 指当前槽的设定输出字符宽度，如果该槽对应的 format( )参数长度比 \< 宽度 \> 设定值大，则使用参数实际长度；如果该值的实际位数小于指定宽度，则位数将被默认以空格字符补充。\< 对齐 \> 指参数在宽度内输出时的对齐方式，分别使用 \<，\> 和 ^ 3 个符号表示左对齐、右对齐和居中对齐。\< 填充 \>指宽度内除了参数外的字符采用什么方式表示，默认采用空格，可以通过填充更换。

格式控制标记中的逗号(，)用于显示数字类型的千位分隔符，例如：

\< .精度 \> 表示两个含义，由小数点(.)开头。对于浮点数，精度表示小数部分输出的有效位数。对于字符串，精度表示输出的最大长度。

\< 类型 \> 表示输出整数和浮点数类型的格式规则。对于整数类型，输出格式包括 b，c，d，o，x，X 六种；对于浮点数类型，输出格式包括 e，E，f，％四种。

例如：

```
print("{}年:{}公司的净资产收益率为{}% 。".format("2021","Meta", 10))
print("{0}年:{1}公司的净资产为{2:,}元。".format("2021","Meta",
123456789))
print("{0}年:{1}公司的净资产为{2}元。".format("2021","Meta",
123456789))
print("{0}年:{1}公司的核心利润率为{2:.2f}% 。".format("2021", "Meta",
16.6783))
```

程序运行结果如下：

```
2021 年:Meta 公司的净资产收益率为 10% 。
2021 年:Meta 公司的净资产为 123,456,789 元。
2021 年:Meta 公司的净资产为 123456789 元。
2021 年:Meta 公司的核心利润率为 16.68% 。
```

大显身手

请参照任务一【实例 4.2 记账规则】的步骤完成科云数智化财务云平台【项目一 任务 4】的示例 1、2、3、4、5、6、7 的代码编辑及运行。

任务二思维导图

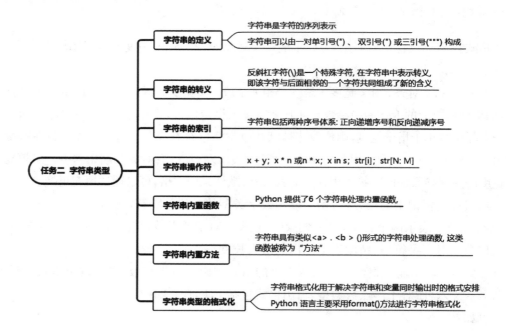

项目总结

通过本项目的学习,掌握 Python 基本数据类型及其运算。

技能训练

一、单选题

1. 以下选项中,abs(3-4j)的运算结果是(　　)。

A. 3　　　　　　B. 4　　　　　　C. 5　　　　　　D. 5.0

2. 整数、浮点数与复数间采用运算符运算,运算结果的数据类型是(　　)。

A. 整数　　　　B. 浮点数　　　　C. 复数　　　　D. 类型不确定

3. 100//3 的执行结果是(　　)。

A. 3　　　　　　　　　　　　　B. 33

C. 0.333333333333336　　　　　D. 33.333333333333336

4. 下面代码的执行结果是(　　)。

```
1.34e+ 4+ 9.87e+ 6j.real
```

A. 13400.0　　　B. 1.34e-4　　　C. 9882300.0　　　D. 9.87e+6

5. 100/3 的运算结果是(　　)。

A. 3　　　　　　　　　　　　　B. 33

C. 33.333333333333336　　　　　D. 333.333333333333337

6. val=pow(2,1000),请用一行代码返回 val 结果的长度值(　　)。

A. len(val)　　　　　　　　　B. len(pow(2,1000))

C. len(str(val))　　　　　　　D. 以上答案均不正确

7. 下面代码的执行结果是(　　)。

```
name = "Python 语言程序设计课程"
print(name[0],name[2:- 2],name[- 1])
```

A. P thon 语言程序设计 程　　　　B. P thon 语言程序设计 课

C. P thon 语言程序设计课 程　　　D. P thon 语言程序设计课 课

8. 以下哪个选项是 hex(255)的执行结果(　　)。

A. '0xff'　　　B. '-0xff'　　　C. 0xff.0　　　D. 0xff

9. 以下哪一项是下面代码的执行结果(　　)。

```
s =' PYTHON'
print("{0:3}".format(s))
```

A. PYT   B. PYTH   C. PYTHON   D. PYTHON

10. 以下关于字符串.strip(   )方法功能说明正确的是(   )。

A. 去掉字符串两侧指定字符   B. 按照指定字符分割字符串为数组

C. 替换字符串中特定字符   D. 连接两个字符串序列

二、请完成科云数智化财务云平台【项目一　任务 3】的课后练习的客观题和 Python 程序题的代码编辑及运行。

三、请完成科云数智化财务云平台【项目一　任务 4】的课后练习的客观题和 Python 程序题的代码编辑及运行。

项目五 Python 程序设计

学习目标

☆ 知识目标 ////

1. 了解 Python 程序设计的基本结构。
2. 掌握 Python 分支结构的运用。
3. 掌握 Python 循环结构的运用。
4. 掌握 if 语句、for 语句、while 语句的语法结构。

☆ 技能目标 ////

1. 能够正确区分不同分支结构的应用场景。
2. 能够正确区分 for 语句、while 语句的应用场景。
3. 能够熟练应用分支结构 if 语句、循环结构 for 语句和 while 语句。

☆ 素养目标 ////

1. 通过分支结构培养财经商贸类专业学生层层剥离,抽丝剥茧解决问题的数学逻辑。
2. 培养财经商贸类专业学生通过计算机语言提升学习及工作中的问题意识。

☆ 思政目标 ////

1. 学生通过"少壮不努力,老大徒伤悲"实例了解学习的重要性,根据学习成绩的高低,给予不同的教学评价,有的放矢,以鼓励学生发愤图强,奋勇争先。

2. 学生通过设计个人所得税、企业所得税 Python 程序,了解我国社会主义税收的本质,税收是国家筹集社会主义建设资金的工具,是为广大居民利益服务的,体现了一种"取之于民、用之于民"的社会主义分配关系。国家职能的实现,必须以税收为物质基础,公民在享受多种服务的同时,必须承担依法纳税的义务。

导入案例

马上放暑假了,元宇同学需要到 12306 网站购买回家的火车票,可是他发现自己的密码忘记了。当他第一次输入错误的时候,系统提示"用户或密码错误",接下来只要他输入错误,系统就会这样提示:如果连续输错 3 次密码,账号将被锁定 20 分钟。终于他在第三次输入正确,顺利进入网站开始购票,输入出发地、目的地和出发时间,查询出多个车次,选择合适车次开始预定,当所有的信息填写完毕之后,他开始提交订单,进行网上支付,这时他又发现自己的银行卡密码也忘记了,连续输入两次错误,第三次不敢输入了。因为一旦输入错误,银行卡就会被锁定,此时他只能选择取消订单,第二天重新购买,因为第二天银行卡还有三次机会。

我们发现生活中有很多这样需要判断且反复操作的事情,比如,分数低于 60 分就不及格,就需要补考,所有课程及格才能顺利毕业;面部或指纹识别错误时,就需要进行重新验证;企业产生利润就需要纳税,亏损就不需要纳税;个人如果违法,就需要受到惩罚等。其实这些,我们都可以利用机器语言来理解,判定所给定的条件是否满足,根据判定的结果(真或假)决定执行什么操作,同时也可以让这些操作在给定的条件内反复循环,直到符合给定的条件。这些就是我们本项目程序设计所学习的内容,掌握本项目内容,大家就可以利用 Python 语言设计出自己的小程序,理清计算机语言的逻辑。

任务一 / 分支结构程序设计

任务描述

【实例 5.1 成绩等级评定】 "少壮不努力,老大徒伤悲。"新时代的大学生不应虚度光阴,而应发奋图强,认真学习专业知识,为伟大祖国奉献自己的一份力。教师可以多方位地鼓励学生、激发学生学习积极性。例如,在对学生学习成绩等级评定时,可以适当地增加一些鼓舞人心的话语。

程序代码如图 5-1 所示。

成绩等级评定

```
1  score = eval(input('请输入您的考试成绩：'))
2  if 100>score>=90:  #如果成绩在90~100之间
3      print('成绩优秀！赞！')   #打印成绩优秀！赞！
4  if 90>score>=80:
5      print('成绩良好！离优秀仅一步之遥！')
6  if 80>score>=70:
7      print('成绩中等！争取更上一层楼！')
8  if 70>score>=60:
9      print('成绩及格！刚刚达线！')
10 if 60>score:
11     print('成绩不及格！加油！')
```

图 5-1　实例"成绩等级评定"源代码

 少壮不努力，老大徒伤悲。

任务实施

一、 登录科云数智化财务云平台

（1）在浏览器中输入"https://cloud.acctedu.com/#/login?edu=ky2201"，打开科云数智化财务云平台，输入用户名和密码（由授课教师分配给每位同学），如图 5-2 所示，单击"登录"按钮。

图 5-2　科云数智化财务云平台登录界面

（2）在如图 5-3 所示的课程界面中，单击"大数据 Python 基础"课程。

图 5-3　科云数智化财务云平台课程界面

（3）在如图 5-4 所示的课程内容界面，单击"项目一　任务 6"。

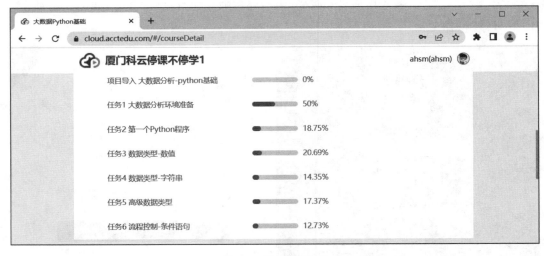

图 5-4　课程内容界面

（4）在如图 5-5 所示的任务 6 界面，单击右上角的"打开 Jupyter"按钮。

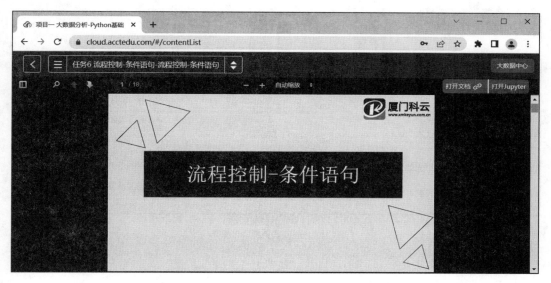

图 5-5　任务 3 界面

二、新建文件夹

（1）在 Jupyter Notebook 主界面的"New"下拉列表中选择"Folder"，建立一个新文件夹，默认文件夹名为"Untitled Folder"，勾选"Untitled Folder"文件夹，如图 5-6 所示。

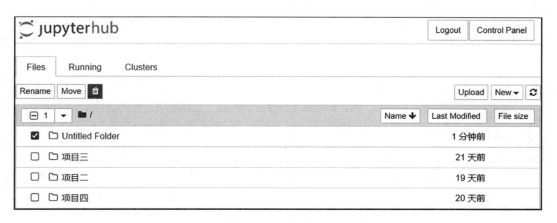

图 5-6　新建文件夹

（2）单击"Rename"按钮，在打开的重命名窗口中输入"项目五"，单击重命名按钮，文件夹名称修改完成，如图 5-7 所示。

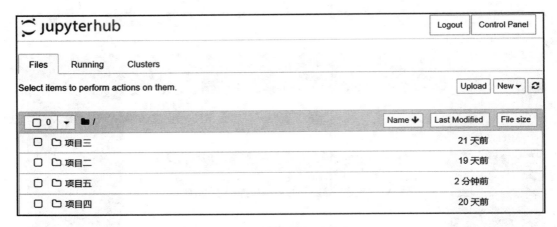

图 5-7　重命名项目五文件夹

三、 新建 Python 3 文件

（1）在 Jupyter Notebook 主界面中，单击"项目四"，单击右上方"New"的下拉列表，选择"Python 3"。

（2）此时将打开一个名为"Untitled"的可编辑 Python 程序代码的新 Notebook 页面，单击标题栏的文件名"Untitled"，打开重命名窗口，输入新文件名"5.1"，单击重命名按钮即可完成 Jupyter Notebook 文件名的修改，如图 5-8 所示。

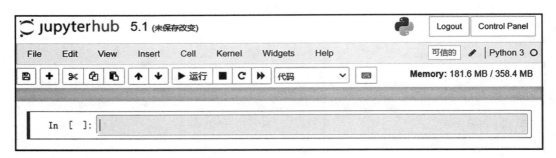

图 5-8　新建"5.1"Python 3 文件

四、 新建 Markdown 单元

（1）在 Jupyter Notebook 主界面的工具栏的"代码"下拉列表中选择"Markdown"项，如图 5-9 所示。

（2）在编辑框中输入"＃＃＃ 成绩等级评定"（注意 ＃＃＃ 之后有一个空格），如图 5-10 所示，单击工具栏的保存按钮。

图 5-9　新建 Markdown 单元

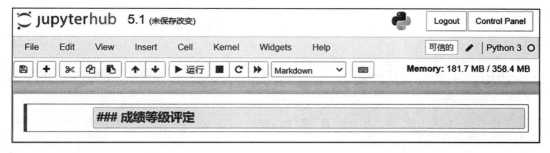

图 5-10　编辑 Markdown 单元文本

（3）单击 Jupyter Notebook 主界面的工具栏的"运行"按钮，运行 Markdown 单元，运行结果如图 5-11 所示。

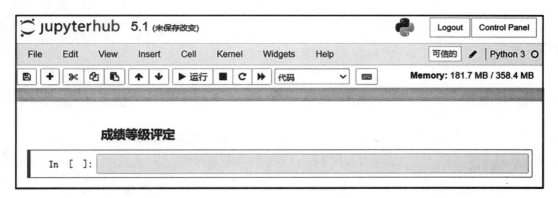

图 5-11　运行 Markdown 单元

五、新建代码单元

（1）在 Jupyter Notebook 主界面的代码编辑框中输入图 5-12 所示的 11 行代码。

（2）单击 Jupyter Notebook 主界面的工具栏的"运行"按钮，运行代码单元，此时在代码单元下方出现"请输入您的考试成绩："，如果输入"95.5"，按"Enter"键，此时会在显示运行结果为"成绩优秀！赞!"，如图 5-13 所示的运行结果。

```
1   score = eval(input('请输入您的考试成绩：'))
2   if 100>score>=90: #如果成绩在90~100之间
3       print('成绩优秀！赞！')  #打印成绩优秀！赞！
4   if 90>score>=80:
5       print('成绩良好！离优秀仅一步之遥！')
6   if 80>score>=70:
7       print('成绩中等！争取更上一层楼！')
8   if 70>score>=60:
9       print('成绩及格！刚刚达线！')
10  if 60>score:
11      print('成绩不及格！加油！')
```

图 5-12 "实例 5.1 成绩等级评定"程序代码

图 5-13 "实例 5.1 成绩等级评定"程序运行

（3）单击 Jupyter Notebook 主界面的工具栏的保存按钮保存"5.1"Jupyter Notebook 文件。

 相关知识

在实际工作中，我们常常需要判断某个条件是否达成而决定下一步的任务是否执行，或者如何执行。例如，一家公司的利润如果大于零，那么按照国家规定，企业就需要缴纳所得税；某个客户如果无力偿还货款，企业就需要计提坏账准备。对于这些类似的情况，在 Python 中如果仅使用顺序结构控制那是无法达成的，所以就需要引入选择结

构。Python 中 if 语句就实现了简单的选择结构控制,如果需要更多条件的判断,那就需要使用 if-elif 结构来实现。

一、单分支结构

Python 中的单分支结构是通过简单的 if 语句结构构成,具体的语法格式如下:

```
if <条件>:
    <语句块>
```

if 语句中条件内容可以使用任何能够产生 True 或 False 的语句或函数,一般形成判断条件的关系操作符有 6 个,分别为:<(小于)、<=(小于等于)、>(大于)、>=(大于等于)、==(等于)、!=(不等于)。结构中的语句块必须与 if 所在行形成缩进表达包含的关系,否则将不作为 if 语句中的内容。当 if 后面的条件为 True(真)时,执行语句块中的内容,当 if 后面的条件为 False(假)时,语句块中的语句会被跳过。

单分支结构控制流程图如图 5-14 所示。

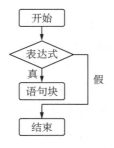

图 5-14 单分支结构控制流程图

注意:

在选择和循环结构中,条件表达式的值为 False 的情况如下:False、0、0.0、空值 None、空序列对象(空列表、空元组、空集合、空字典、空字符串)、空 range 对象、空迭代对象。除此其他的情况,均为 True。

例如,实例 5.1 中,使用了 5 组 if 语句来判定成绩的等级,当输入的成绩满足第一个 if 语句条件时(即成绩在 90～100 分),则会返回第一个与之对应的语句块(即成绩优秀! 赞!),如果输入的成绩不满足第一个 if 语句条件,那么会跳过到第二个 if 语句条件进行判断,假如符合第二个 if 条件(即成绩在 80～90 分),那么会返回第二个 if 语句中的语句块(即成绩良好! 离优秀仅一步之遥!),同理,Python 会一直判断输入的信息是否满足条件,如果某一条件成立,那么将会返回与之对应的语句块内容。

二、双分支结构

实际工作中有这样一种情形，如果条件成立，则需要执行某些操作，如果条件不成立，则需要执行另外一些操作，这时，就需要编写双分支结构。例如，登录密码正确时，才允许进一步访问；密码有误时，则提示密码错误重新输入。Python 中的双分支结构是通过 if-else 语句形成，语法格式如下：

```
if <条件>:
    <语句块 1>
else:
    <语句块 2>
```

语句块 1 是在 if 条件为 True 时执行的一个或多个语句序列，而语句块 2 是 if 条件为 False 时执行的一个或多个语句序列，这时将会跳过语句块 1。

双分支结构控制流程图如图 5-15 所示。

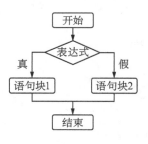

图 5-15　双分支结构控制流程图

【实例 5.2 企业所得税申报】　判断企业本期是否缴纳所得税，如果企业的利润总额是大于 0 的，那么企业需要按照 25％ 的企业所得税税率缴纳企业所得税。如果企业利润总额小于 0，代表企业是亏损的，那么就不需要缴纳企业所得税，但是仍需要在税务系统中按照 0 申报企业所得税。

（1）分析问题。我们需要确定 if 语句的条件是什么？企业是否缴纳企业所得税的是根据企业的利润总额是否大于 0 来确定的。所以，if 语句的条件就是利润总额大于 0 或者小于等于 0。如果条件是利润总额大于 0，那么，语句块 1 就是按照 25％ 的税率缴纳企业所得税，语句块 2 就是不需要缴纳企业所得税。如果条件是利润总额小于等于 0，那么语句块 1 就是不需要缴纳企业所得税，而语句块 2 就是按照 25％ 的税率缴纳企业所得税。

（2）格式转换。由于语句块中涉及所得税的计算，因此我们需要将用户输入的利润总额信息进行格式转换，这里可以使用函数 eval() 或者函数 float()。

（3）设计算法。先定义利润总额变量，通过函数 eval() 或者函数 float() 将函数 input() 输入的企业利润总额信息进行数据类型转换，并赋值。然后设定 if 条件语句，条件可以为利润总额大于 0，接着设计与之对应的语句块 1 的内容，返回利润总额乘以 25％

并保留两位小数。最后设定语句块 2 的内容，返回 0 申报企业所得税。

（4）编写程序。将企业利润总额是否大于 0 作为条件，判断是否需要缴纳企业所得税，可以编写如图 5-16 所示的代码。

企业所得税申报

```
1  Total_profits = eval(input('请输入本期企业利润总额：'))
2  if Total_profits > 0: #如果利润总额大于0
3      print('本期应缴纳的企业所得税: ', "%.2f"%(Total_profits * 0.25))
4      #那么企业所得税为利润总额的25%
5  else:
6      print('本期可以0申报企业所得税！')
```

图 5-16　实例"企业所得税申报"程序源代码

除此，也可以编写：

```
>>> Total_profits = eval(input('请输入本期企业利润总额:'))
>>> if Total_profits <= 0:
>>>     print('本期可以 0 申报企业所得税！')
>>> else:
>>>     print('本期应缴纳的企业所得税:', "% .2f"% (Total_profits * 0.25))
```

知识拓展

Python 中的双分支结构还有一种更简洁的表达方式，适合通过判断返回特定值，语法格式如下：

<表达式 1>　if <条件> else <表达式 2>

例如，实例 5.2 我们可以修改代码为：

```
>>> Total_profits = eval(input('请输入本期企业利润总额:'))
>>> print('本期应缴纳的企业所得税:'"% .2f"% (Total_profits * 0.25) if Total_profits > 0 else '本期可以 0 申报企业所得税！')
```

即问即答 --------->

Python 中双分支结构的表达语法是（　　）。

A. if…if…　　　　　　　　　　　　　B. if…else…

C. if…elif…　　　　　　　　　　　　D. if…elif…else…

讨论　企业可不可以不交税呢？如果不交税，人民的生活会有什么样的变化？

三、多分支结构

在实际工作中，可能会存在多个条件进行判断的情形，如个人所得税的 7 级累进税率，达到不同的应纳税额，适用不同的税率。那么这时候简单的双分支结构就不能满足实际需求，于是就需要使用 Python 中的多分支结构，它是双分支结构的扩展，Python 依此评估寻找第一个结果为 True 的条件，执行该条件下的语句块，结束后跳过整个 if-elif-else 结构，执行后面的语句。如果没有任何条件成立，else 下面的语句块将被执行。多分支语句格式如下：

```
if <条件 1>:
    <语句块 1>
elif <条件 2>:
    <语句块 2>
...
elif <条件 n>:
    <语句块 n>
else:
    <语句块 n+ 1>
```

多分支结构控制流程图如图 5-17 所示。

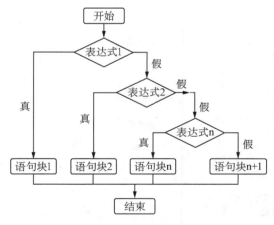

图 5-17　多分支结构控制流程图

注意：
多分支结构中，几个分支语句之间是存在一定的逻辑关系的，不能随意地颠倒顺序。

因为在 Python 中是按照先后顺序来逐个判断条件是否达成,如果条件达成,将返回对应的语句块,则跳过后面的条件。例如,我们可以将实例 5.1 中成绩等级单分支结构修改为多分支结构,代码如下:

```
>>> score = eval(input('请输入您的考试成绩:'))
>>> if 100 > score >=90:
>>>     print('成绩优秀! 赞!')
>>> elif score >=80:
>>>     print('成绩良好! 离优秀仅一步之遥!')
>>> elif score >=70:
>>>     print('成绩中等! 争取更上一层楼!')
>>> elif score >=60:
>>>     print('成绩及格! 刚刚达线!')
>>> else:
>>>     print('成绩不及格! 加油!')
```

讨论　　如果我们将上述代码的 80 分和 70 分交换,当我们输入考试成绩为 85 分时,Python 返回的结果是什么?

即问即答 ---------→

以下是 Python 多分支结构的是(　　　)。

A. if…if

B. if…else

C. if…elif

D. if…elif…else

四、结构嵌套

在 Python 中可以将单分支、双分支以及多分支结构组合起来使用,这样就可以组成 if 语句的嵌套,一般的语法表达式如图 5-18 所示。

形式一的执行过程是:如果条件 1 为 True,继续判断条件 2,如果条件 2 也为 True,则执行语句块 1,否则执行语句块 2;如果表达式 1 为 False,则执行整个 if 语句块后面在语句。

形式二的执行过程是:条件 1 为 True 时,判断条件 2,如果条件 2 为 True,执行语句块 1,然后结束整个选择结构;如果条件 2 为 False,执行语句块 2,然后结束整个选择结

```
if 条件1:
    if 条件2:
        语句块1
    else:
        语句块2
```

形式一

```
if 条件1:
    if 条件2:
        语句块1
    else:
        语句块2
else:
    语句块3
```

形式二

```
if 条件1:
    if 条件2:
        语句块1
    else:
        语句块2
else:
    if 条件3:
        语句块3
    else:
        语句块4
```

形式三

图 5-18　if 语句嵌套形式

构。条件 1 为 False 时,执行语句块 3,然后结束整个选择结构。

　　形式三的执行过程是:条件 1 为 True 时,判断条件 2,如果条件 2 为 True,执行语句块 1,如果条件 2 为 False,执行语句块 2;条件 1 为 False 时,判断条件 3,如果条件 3 为 True,执行语句 3;如果条件 3 为 False,执行语句块 4。

即问即答 ·········➔

　　下列选项中,关于分支嵌套描述正确的是(　　　)。

　　A. 分支嵌套结构中,只有满足条件才会执行嵌套中的分支结构

　　B. 分支嵌套中程序必定会执行嵌套中的分支结构

　　C. 分支嵌套结构至多可以有 3 层

　　D. 分支嵌套可以简化逻辑

大显身手

　　请参照任务一【实例 5.1 成绩等级评定】的步骤完成科云数智化财务云平台【项目一任务 6】的示例 1、2、3 的代码编辑及运行。

任务一思维导图

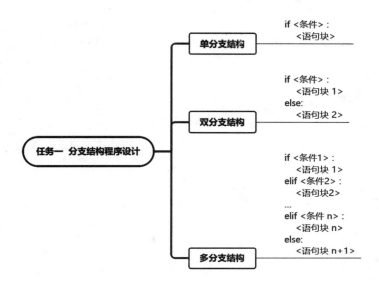

任务二 / 循环结构程序设计

任务描述

【实例 5.3 年数总和法计提折旧】 随着近年来我国产业技术升级换代加快,为了进一步鼓励企业扩大投资,中国制造向中国智造转变,财政部、税务总局联合发布了《关于扩大固定资产加速折旧优惠政策适用范围的公告》,将适用固定资产加速折旧优惠的行业范围扩大至全部制造业领域。试着为制造业设计一个固定资产年数总和法计提折旧的 Python 程序,便于企业财务人员对未来做出合理的估计。

程序源代码如图 5-19 所示。

年数总和法计提折旧

```
1   a = eval(input('请输入固定资产原值(元)：'))
2   b = eval(input('请输入固定资产使用寿命(年)：'))
3   c = input('请输入固定资产残值率(%)：')
4   c = float(c.strip('%')) / 100   # 去除残值率中百分号，将其转换为小数
5   h = 0   # 设定原始值
6   for i in range(1, b + 1):
7       h += i   # 计算1~b累加和
8   for i in range(b, 0, -1):   # 倒序循环
9       d_rate = i / h   # 年数总和法年折旧率
10      p_depreciation = a * (1 - c) * d_rate / 12   # 计算月折旧额
11      print(f'第{b+1-i}年每月折旧额为：', '%.2f' % p_depreciation)
```

图 5-19　实例"年数总和法计提折旧"程序源代码

 固定资产加速折旧对我国经济的影响。

任务实施

一、 登录科云数智化财务云平台

（1）在浏览器中输入"https://cloud.acctedu.com/#/login?edu=ky2201"，打开科云数智化财务云平台，输入用户名和密码（由授课教师分配给每位同学），如图 5-20 所示，单击"登录"按钮。

图 5-20　科云数智化财务云平台登录界面

（2）在如图 5-21 所示的课程界面中，单击"大数据 Python 基础"课程。

图 5-21　科云数智化财务云平台课程界面

（3）在如图 5-22 所示的课程内容界面，单击"项目一　任务 7"。

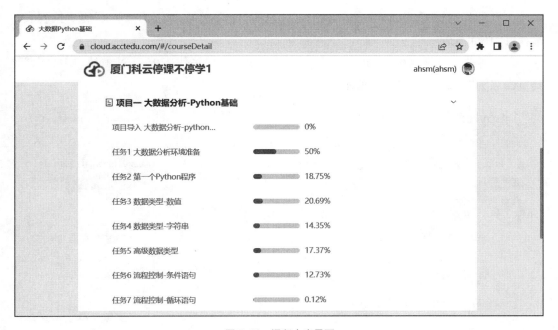

图 5-22　课程内容界面

（4）在如图 5-23 所示的任务 7 界面，单击右上角的"打开 Jupyter"按钮。

图 5-23　任务三界面

二、 新建 Python 3 文件

（1）在 Jupyter Notebook 主界面中，单击"项目五"，单击右上方"New"的下拉列表，选择"Python 3"。

（2）将默认打开名为"Untitled"的可编辑 Python 程序代码的新 Notebook 页面，将其重命名为"5.2"，如图 5-24 所示。

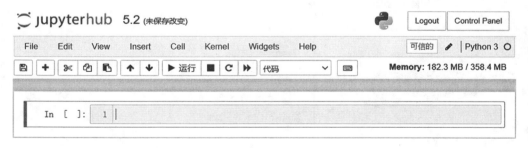

图 5-24　新建"5.2"Python 3 文件

三、 新建 Markdown 单元

在 Jupyter Notebook 主界面的工具栏的"代码"下拉列表中选择"Markdown"项，在

编辑框中输入"### 年数总和法计提折旧"（注意 ### 之后有一个空格），并对其运行。

（1）在 Jupyter Notebook 主界面的工具栏的"代码"下拉列表中选择"Markdown"项，如图 5-25 所示。

图 5-25　新建 Markdown 单元

（2）在编辑框中输入"### 年数总和法计提折旧"（注意 ### 之后有一个空格），如图 5-26 所示，单击工具栏的保存按钮。

图 5-26　编辑 Markdown 单元文本

（3）单击 Jupyter Notebook 主界面的工具栏的"运行"按钮，运行 Markdown 单元，运行结果如图 5-27 所示。

图 5-27　运行 Markdown 单元

四、新建代码单元

（1）在 Jupyter Notebook 主界面的代码编辑框中输入如图 5-19 所示的 11 行代码。

（2）单击 Jupyter Notebook 主界面的工具栏的"运行"按钮，运行代码单元，此时在代码单元下方出现"请输入固定资产原值（元）："，如果输入"10000"，按"Enter"（回车键），提示文字"请输入固定资产使用寿命（年）："，如果输入"5"，按"Enter"（回车键），提示文字"请输入固定资产残值率（％）："，如果输入"5％"，按"Enter"（回车键），此时会显示运行结果，如图 5-28 所示。

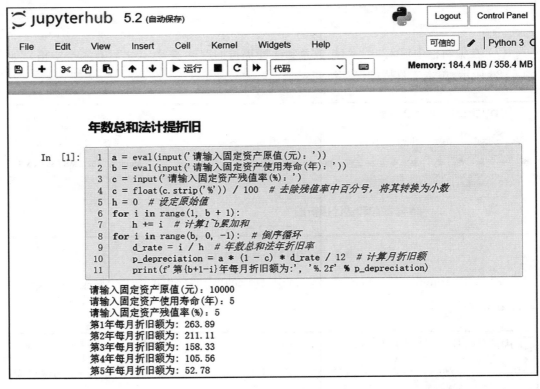

图 5-28　实例"年数总和法计提折旧"程序运行

（3）单击 Jupyter Notebook 主界面的工具栏的保存按钮保存"5.2"。

相关知识

在实际工作中，经常需要反复地完成一些事项，例如，提取每个月的财务数据，计提固定资产折旧等，为了解决这些问题，Python 中提供了一种循环的概念，它是让计算机自动完成重复工作的一种方式。根据循环执行次数的不同,循环可以分为确定次数循环和非确定次数循环。确定次数循环指循环体对循环次数有明确的定义,这类循环在 Python 中被称为"遍历循环",其中,循环次数采用遍历结构中的元素个数来体现,具体采用 for 语句实现。非确定次数循环是程序不确定循环体可能的执行次数,而通过条件判断是否继续执行循环体,Python 提供了根据判断条件执行程序的无限循环,采用 while 语句实现。

一、遍历循环

在 Python 中可以使用 for 语句实现遍历循环,循环执行次数根据遍历结构中元素的个数来确定。遍历循环可以理解为从遍历结构中逐一提取元素,放在循环变量中,对于所提取的每一个元素执行一次语句块。基本语法结构是:

```
for <循环变量> in <遍历结构>:
    <语句块>
循环变量
```

遍历循环流程图如图 5-29 所示。

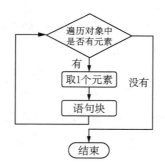

图 5-29　遍历循环流程图

遍历结构可以是字符串、文件、组合数据类型或函数 range() 等,常用的使用方式如图 5-30 所示。

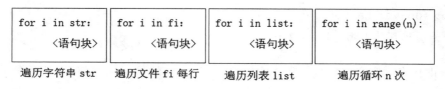

图 5-30　for 遍历循环方式

分别举例如图 5-31 所示。

```
for i in 'student':
    print(i)
输出结果:
s
t
u
d
e
n
t
```

```
fi = open('Python.txt','r')
for i in fi:
        print(i)
输出结果:
123
456
789
```

```
for i in [1,2,3,4,5]:
    print(i)
输出结果:
1
2
3
4
5
```

```
for i in range(5):
    print(i)
输出结果:
0
1
2
3
4
```

图 5-31   for 遍历循环举例

实例 5.3 中一共使用了两次遍历循环,其中第一次是为了计算固定资产使用寿命的年份和,进而求出年数总和法折旧率的分母。具体操作是,先设定循环值的原始值,即赋值变量 h 为 0,然后里面遍历循环"for i in range(1, b + 1):"语句,每循环一次为 h 加一次 i,i 在 1~b+1 之间循环,相当于,当 i 是 1 时,h=0+i=1,当 i 是 2 时,h 经过上一次循环后变为 1,所以新的循环,h=1+i=3,依此类推,当循环结束,h=0+1+2+⋯+b。注意循环不包含最后的 b+1,以及 h+=i 即表达每循环一次,在原 h 的基础上增加 i。

知识拓展

函数 range() 返回的是一个可迭代对象(类型是对象),而不是列表类型。函数语法是 range(start, stop[, step]),start 代表计数从 start 开始,默认是从 0 开始;stop 代表计数到 stop 结束,但不包括 stop;step 代表步长,默认为 1。如在 Python 中输入 range(5),输出的内容是 range(0,5)。如果将其应用到遍历循环 for 语句中,就会输出 0,1,2,3,4,不包含 5。这样 range() 函数就可以快速的输出一系列数字,从指定的第一个参数值开始,到第二个参数值结束(不包含第二个参数值)。

实例 5.3 中的第二次遍历循环是增加了一次倒序遍历循环,j 从 b 开始循环,每次步长增加 -1,即减少 1:

```
>>> for j in range(b, 0, -1):
    j 遍历循环为 b,b -1,b - 2,⋯,1。
```

j/h 即代表固定资产年数总和法的年折旧率,每年的月折旧额就是(原值－残值)* 折旧率/12。

最后打印输出第 b+1－j 年对应的每月折旧额,使用 f'{}'语句,并对月折旧额进行保留两位小数。

注意:

遍历循环中的缩进,是判断代码行与前一个代码行的关系,在实例 5.3 中,第二次遍历循环中,先计算固定资产每年的折旧率;然后在计算出年折旧率的基础上求得月折旧额,因此应在同一遍历循环内,缩进保持一致;最后打印输出每年对应的月折旧额,如果不缩进,打印输出的将是循环后的结果,即只显示最后一期的折旧额,而为了显示每期的月折旧额,可以进行缩进,保持与 j 一样的循环次数。

知识拓展

Python 中 f'{}'的用法,是用于格式化输出,字符串定义以 f 开头,使用{}包裹变量,方便字符串的定义。如实例 5.3 中,{b+1−j}代表输出每一次遍历循环 b+1−j 的值。

即问即答 --------->

Python 遍历结构不可以是( )。

A. 字符串
B. 文件
C. 组合数据
D. 空值

二、无限循环

在实际工作中,有些重复可以预先确定出来,如固定资产折旧年限、一年 12 个月和 4 个季度,但有些工作内容无法确定重复执行的次数,如估计销售量增长多少才能达到预定目标、采购多少成本才能最低,等等。这时候,就需要根据条件编写新的循环结构,在 Python 中把这种根据条件进行循环的语法,称为无限循环,又称条件循环。无限循环一直保持循环操作直到循环条件不满足才结束,不需要提前确定循环次数。

Python 通过保留字 while 实现无限循环,基本使用方法如下:

```
while <条件>:
    <语句块>
```

其中条件与 if 语句中的判断条件一样,结果为 True 或 False。当条件判断为 True 时,循环体重复执行语句块内容;当条件为 False 时,循环终止,执行与 while 同级别缩进的后续语句。

即问即答 --------->

Python 通过( )保留字实现无限循环。

A. for…in…   B. while

C. if…else   D. if…elif…else

【实例 5.4 增长目标】 "凡事预则立,不预则废",言美科技在对公司未来发展进行战略规划时,决定以行业领头羊为标杆企业,确定公司资产每年 10%增长,利润实现 15%增长,预计多少年后可以达到行业标杆的水平。已知言美科技资产总额为 10 000 万元,利润为 1 000 万元,行业标杆企业资产为 2 亿元,利润为 4 000 万元。

(1)分析问题。言美科技具体哪一年可以达到标杆企业资产和利润规模,暂时无法确定,公司的资产和利润增长目标是确定的,那么只要按照增长目标无限循环下去,循环至达到标准即可停止。

(2)设计算法。定义初始资产和利润为循环起点,每增长一次,年份增加一年,当利润增长到 4 000、资产增长到 20 000 时停止循环。最后输出达到目标的年份。

(3)编写程序。根据以上分析设计,编写代码如图 5-32 所示。

(4)运行。运行"增长目标"代码块,运行结果如图 5-32 所示。

增长目标

```
1  assets = 10000  # 定义资产总额为10000
2  profit = 1000  # 定义净利润为1000
3  year = 2022  # 定义2022年为year
4  while assets <= 20000 or profit <= 4000:
5      # 循环条件为资产达到20000,或者利润达到4000
6      assets *= 1.1  # 资产每年增长10%
7      profit *= 1.15  # 利润每年增长15%
8      year += 1  # 每循环一次年份加1
9  print(year, '年达到公司增长目标!')
```

2032 年达到公司增长目标!

图 5-32 实例"增长目标"程序运行

三、循环保留字 break 和 continue

在 Python 循环结构中,有两个保留字 break 和 continue 可以用来辅助控制循环的执行。break 是终止循环的执行,即循环代码遇到 break,就不再循环,程序跳出最内层 for 或者 while 循环,跳出后,程序继续执行后续的代码,实际工作中,我们可能需要在一系列的文件或者数据中进行查找某个文件或者值,当我们找到的时候,就可以停止我们的查找工作,这时候 break 就很有用处。通常 break 语句和 if 语句搭配使用,表示在某种情况下跳出循环。continue 是结束本次循环,继续下一次循环,即本次循环剩下的代码不再执行,但会进行下一次循环。具体可以参考图 5-33,对两个保留字的举例对比。

```
for i in "student":
    if i =="t":
        continue
    print(i, end = "")
输出结果:
suden
```

```
for i in "student":
    if i =="t":
        break
    print(i, end = "")
输出结果:
s
```

图 5-33　break 和 continue 对比

知识拓展

　　print()函数 end 参数的作用。Python 中默认 print()函数会在结尾自动增加换行;而用 end 参数,可以用 end 指定的内容替换换行,比如空格,就是调整 print()函数不换行;再比如 end="———",就是在添加 end 的 print 输出语句和下一个输出语句之间不换行且添加———。

即问即答 - - - - - - - - - →

　　下列关于 Python 循环结构的说法中,错误的是(　　　)。
　　A. 遍历循环中的遍历结构可以是字符串,文件,组合数据类型和 range 对象等
　　B. break 可用于跳出内层的 for 或者 while 循环
　　C. continue 语句可用于跳出当前层次的循环
　　D. while 可实现无限循环结构

　　【实例 5.5 数学趣题】　我国古代数学名著《孙子算经》中记载了一道数学趣题:今有物不知其数,三三数之剩二,五五数之剩三,七七数之剩二,问物几何? 答曰:二十三,试着使用 Python 求出符合条件的数。

数学趣题
1 **for** number **in** range(1000):   2   **if** (number**%**3 **==**2) **and** (number**%**5 **==**3) **and** (number**%**7 **==**2):   3   *# 判断是否符合除3余2，除5余3，除7余2*   4   print("答曰：这个数是"，number) *# 输出符合条件的数*   5   **break**   *#跳出for循环*
答曰：这个数是 23

图 5-34　实例"数学趣题"程序运行

讨论　如果将实例 5.5 中 break 修改为 continue，结果会变成什么？ 为什么会发生这样的变化？

知识拓展

在使用 Python 设计程序时，经常会发生一些程序的异常情况，这时就需要使用 try-except 语句进行异常处理。 它的语法结构是：

try：
    <语句块 **1**>
except <异常类型>：
    <语句块 **2**>

语句块 1 是正常执行的程序内容，当发生异常时执行 except 保留字后面的语句块 2。

程序的异常和错误可能引起程序执行错误而退出，但却是两个不同的概念，程序错误可以是语法错误，程序无法执行，而异常可以是程序语法是正确的，但在运行的时候，会发生与我们期望不一致的例外情况。

大显身手

请参照任务二【实例 5.3 年数总和法计提折旧】的步骤完成科云数智化财务云平台【项目一　任务 7】的示例 1、2、3、4、5、6、7、8 的代码编辑及运行。

任务二思维导图

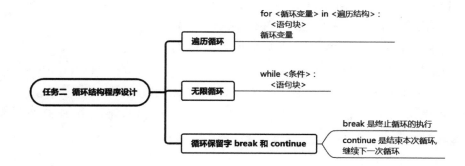

项目总结

本项目主要介绍了 Python 中分支结构和循环结构的概念及基本操作,并采用实例对其使用方法进行了详解。

技能训练

一、单选题

1. 以下保留字不属于分支或循环逻辑的是(　　)。

A. elif　　　　　　B. in　　　　　　C. for　　　　　　D. while

2. 在 Python 语言中,使用 for…in…方式形成的循环不能遍历的类型是(　　)。

A. 字典　　　　　　B. 列表　　　　　　C. 浮点数　　　　　　D. 字符串

3. 在 Python 语言中,关于 try 语句的描述错误是(　　)。

A. 一个 try 代码块可以对应多个处理异常的 except 代码块

B. 当执行 try 代码块触发异常后,会执行 except 后面的语句

C. try 用来捕捉执行代码发生的异常,处理异常后能够回到异常处继续执行

D. try 代码块不触发异常时,不会执行 except 后面的语句

4. Python 语言中用来表示代码块所属关系的语法是(　　)。

A. 缩进　　　　　　B. 括号　　　　　　C. 花括号　　　　　　D. 冒号

5. 以下描述错误的是(　　)。

A. 编程语言中的异常和错误是完全相同的概念

B. 当 Python 脚本程序发生了异常,如果不处理,运行结果不可预测

C. try-except 可以在函数、循环体中使用

D. Python 通过 try、except 等保留字提供异常处理功能

6. 以下关于 Python 循环结构的描述中,错误的是(　　)。

A. continue 只结束本次循环

B. 遍历循环中的遍历结构可以是字符串、文件、组合数据类型和 range()函数等

C. Python 通过 for、while 等保留字构建循环结构

D. break 用来结束当前当次语句，但不跳出当前的循环体

7. 以下构成 Python 循环结构的方法中，正确的是(　　)。

A. if　　　　　　　B. loop　　　　　　　C. while　　　　　　　D. do⋯for

8. 以下关于 Python 分支的描述中，错误的是(　　)。

A. Python 分支结构使用保留字 if、elif 和 else 来实现，每个 if 后面必须有 elif 或 else

B. if-else 结构是可以嵌套的

C. if 语句会判断 if 后面的逻辑表达式，当表达式为真时，执行 if 后续的语句块

D. 缩进是 Python 分支语句的语法部分，缩进不正确会影响分支功能

9. 以下关于 Python 语言的描述中，正确的是(　　)。

A. 条件 $11<=22<33$ 是合法的，输出 True

B. 条件 $11<=22<33$ 是合法的，输出 False

C. 条件 $11<=22<33$ 是不合法的

D. 条件 $11<=22<33$ 是不合法的，抛出异常

10. 以下代码的输出结果是(　　)。

```
for i in range(1,6):
    if i% 4 == 0:
        break
    else:
        print(i,end =",")
```

A. 1,2,3,5,　　　B. 1,2,3,4,　　　C. 1,2,3,　　　D. 1,2,3,5,6

二、 请完成科云数智化财务云平台【项目一　任务 6】的课后练习的客观题和 Python 程序题的代码编辑及运行。

三、 请完成科云数智化财务云平台【项目一　任务 7】的课后练习的客观题和 Python 程序题的代码编辑及运行。

项目六 Python 组合数据类型

学习目标

☆ 知识目标 ////

1. 了解 Python 组合数据类型的应用场景。
2. 掌握 Python 列表类型的操作方法。
3. 掌握 Python 字典类型的操作方法。

☆ 技能目标 ////

1. 能够正确区分 Python 中组合数据类型的使用方法。
2. 能够熟练将组合数据类型应用于程序设计中。

☆ 素养目标 ////

1. 培养财经商贸类专业学生使用多数据解决问题的意识,便于日后财务工作中养成组合数据分析的习惯。
2. 培养财经商贸类专业学生团结精神,提高学生的辨析能力,为将组合数据类型应用于程序设计做好准备。

☆ 思政目标 ////

1. 通过"冬奥会中国大学生志愿者"实例了解大学生为国家无私奉献的精神,充分体现出中国大学生的"青春、担当、成长"。培养学生为社会服务、为他人奉献的家国情怀。
2. 通过"中国品牌全球市场占有率"了解中国制造在全球的领先地位,加强学生的民族自豪感,培养学生打铁还需自身硬的意识,激励学生学习知识、努力创造,为国家奉献自己的一份力。

导入案例

　　大数据时代的到来,让我们的生活发生了翻天覆地的变化,购物软件会根据你的购买习惯推送你感兴趣的东西,社交软件会根据你的社交圈推送共同好友,导航打车软件会根据实时路况信息给你推荐行驶路线等。大家会发现生活中我们面对的不再是单一变量和单一数据,而是大批量的数据的整合。如果我们将眼前众多的数据进行逐一处理显然会降低效率,但是将众多数据罗列起来,用一条或者多条 Python 语句对其进行批量化处理,必然会大大提高运行效率,简化技术手段的开发工作。而 Python 中的组合数据类型正是满足了这一需求,不管是字符串,还是元组、列表、集合、字典,它们只是类型不同,即给我们提供的箩筐不同而已,但它们的共性是都属于组合数据类型。相较于 C 语言,Python 可以将多个同类型或不同类型的数据组织起来,提供单一表示,使数据更加有序,更加容易操作,因此更加方便我们进行大批量的数据处理工作。

　　本项目介绍的就是 Python 中的组合数据类型,它包括三大类:序列类型、集合类型和映射类型。掌握了 Python 的组合数据类型的应用,将会为更复杂的程序设计打好基础,并提高设计的效率。

任务一　列　　表

任务描述

　　【实例 6.1 奥运志愿者】　2022 年 2 月 4 日国家体育馆再次举办奥运会开幕式,成为世界上第一个举行夏季和冬季奥运会开幕式的体育场馆。在 1.9 万名赛会志愿者中,1.4 万名志愿者是在校大学生,他们带着对冬奥会的热爱、对志愿服务的信念,表现出极强的能动性和创造性。"奉献、友爱、互助、进步"的志愿精神,将成为越来越多新时代青年的座右铭,激励他们投身"有一分热,发一分光""我为人人、人人为我"的志愿服务。

　　程序代码如图 6-1 所示。

奥运志愿者

```
1  list = [2022, '1.4万', '中国大学生', '志愿者', '服务', 'Olympic']
2  print(list[0])  # 输出列表第一个元素
3  print(list[-6])  # 输出列表倒数第四个元素
4  list[0] = '2022年'  # 修改第一个元素为"2022年"
5  print(list)  # 输出列表
6  list.append('Winter Games')  # 末尾增加"Winter"
7  list.insert(3, '青年')  # 在第2元素后或第三个元素位置添加"青年"
8  print(list)
9  del list[3]  # 删除第2元素或第三个元素
10 list.pop()  # 删除末尾元素
11 print(list)
12 list.sort()  # 列表重新排序
13 print(list)
```

图 6-1　实例"奥运志愿者"程序源代码

讨论　"十四五"规划(中华人民共和国经济发展和社会发展第十四个五年规划纲要,简称"十四五")中的青年大学生应当具有一种时代担当的精神,顽强拼搏的品质。你是如何理解的?

 任务实施

一、登录科云数智化财务云平台

(1) 在浏览器中输入"https://cloud.acctedu.com/#/login?edu=ky2201",打开科云数智化财务云平台,输入用户名和密码(由授课教师分配给每位同学),如图 6-2 所示,单击"登录"按钮。

图 6-2　科云数智化财务云平台登录界面

（2）在如图 6-3 所示的课程界面中，单击"大数据 Python 基础"课程。

图 6-3　科云数智化财务云平台课程界面

（3）在如图 6-4 所示的课程内容界面，单击"项目一　任务 5"。

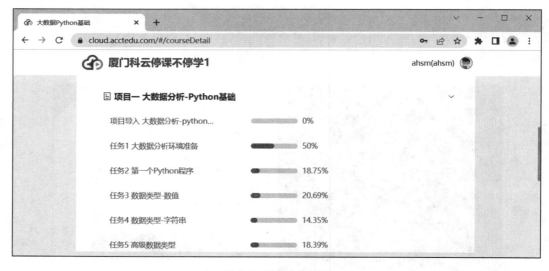

图 6-4　课程内容界面

（4）在如图 6-5 所示的任务 5 界面，单击右上角的"打开 Jupyter"按钮。

图 6-5　任务 5 界面

二、新建文件夹

（1）在 Jupyter Notebook 主界面的"New"下拉列表中选择"Folder"，建立一个新文件夹，默认文件夹名为"Untitled Folder"，勾选"Untitled Folder"文件夹，如图 6-6 所示。

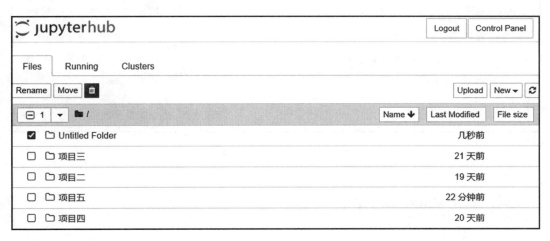

图 6-6　新建文件夹

（2）单击"Rename"按钮，在打开的重命名窗口中输入"项目四"，单击重命名按钮，文件夹名称修改完成，如图 6-7 所示。

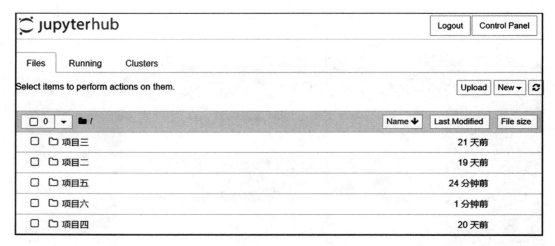

图 6-7　重命名项目六文件夹

三、新建 Python 3 文件

（1）在 Jupyter Notebook 主界面中，单击"项目六"，单击右上方"New"的下拉列表，选择"Python 3"。

（2）将默认打开名为"Untitled"的可编辑 Python 程序代码的新 Notebook 页面，将其重命名为"6.1"，如图 6-8 所示。

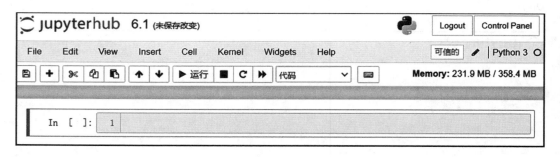

图 6-8　新建"6.1"Python 3 文件

四、新建 Markdown 单元

在 Jupyter Notebook 主界面的工具栏的"代码"下拉列表中选择"Markdown"项，在编辑框中输入"＃＃＃ 奥运志愿者"（注意 ＃＃＃ 之后有一个空格），如图 6-9 所示，并对其运行。

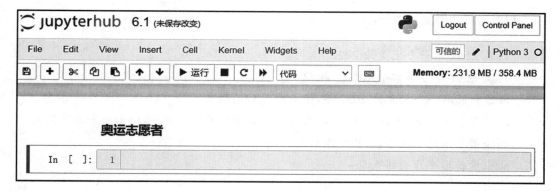

图 6-9 编辑并运行 Markdown 单元

五、 新建代码单元

（1）在 Jupyter Notebook 主界面的代码编辑框中输入图 6-1 所示的 13 行代码。

（2）单击 Jupyter Notebook 主界面的工具栏的"运行"按钮，运行代码单元。运行结果如图 6-10 所示。

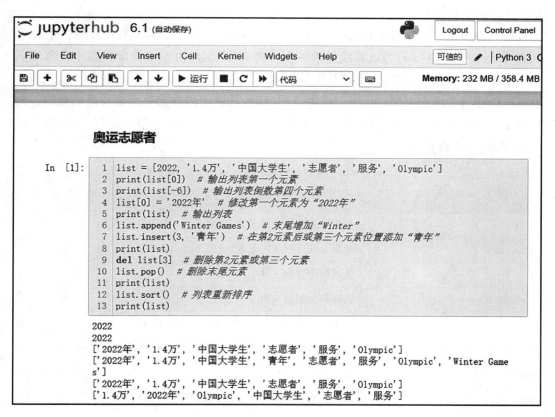

图 6-10 实例"奥运志愿者"程序运行

程序运行结果解释如下：

列表 list 第一个元素为 2022

列表 list 倒数第四个元素为 2022

修改列表第一个元素为 2022 年,输出修改后的列表

在列表末尾添加 Winter Games、在第三个元素位置添加青年,输出添加后的列表

删除第三个元素青年,输出删除后的列表

输出重新排序后的列表

（3）单击 Jupyter Notebook 主界面的工具栏的保存按钮保存"6.1"Jupyter Notebook 文件。

📖 相关知识

组合数据类型能够将多个同类型或不同类型的数据组织起来,通过单一的表示使数据操作更有序、更容易。根据数据之间的关系,组合数据类型可以分为 3 类:序列类型、集合类型和映射类型。

序列类型是一个元素向量,元素之间存在先后关系。如字符串(str)、元组(tuple)和列表(list)。字符串(str)可以看成是单一字符的有序组合,由于字符串类型十分常用且单一字符串只表达一个含义,也被看作是基本数据类型。元组(tuple)是包含 0 个或多个数据项的不可变序列类型。元组生成后是固定的,其中任何数据项不能替换或删除。列表则是一个可以修改数据项的序列类型,使用也最灵活。序列类型一般有 11 个通用操作符和函数,如表 6-1 所示。

表 6-1　序列类型通用操作符和函数

操作符	描述
x in s	如果 x 是序列 s 的元素,返回 True,否则返回 False
x not in s	如果 x 是序列 s 的元素,返回 False,否则返回 True
s + t	连接两个序列 s 和 t
s*n 或 n*s	将序列 s 复制 n 次
s[i]	索引,返回 s 中的第 i 个元素,i 是序列的序号
s[i: j]或 s[i: j: k]	切片,返回序列 s 中第 i 到 j 以 k 为步长的元素子序列
len(s)	返回序列 s 的长度
min(s)	返回序列 s 的最小元素,s 中元素需要可比较

（续表）

操作符	描述
max(s)	返回序列 s 的最大元素，s 中元素需要可比较
s. index(x)或 s. index(x, i, j)	返回序列 s 从 i 开始到 j 位置中第一次出现元素 x 的位置
s. count(x)	返回序列 s 中出现 x 的总次数

集合类型是一个元素集合，元素之间无序，相同元素在集合中唯一存在，不可重复，元素类型只能是固定数据类型（整数、浮点数、字符串、元组等），列表、字典类型本身是可变数据类型，所以不能作为集合的元素，Python 提供了一种同名的数据类型——集合（set）。

映射类型是"键-值"数据项的组合，每个元素是一个键值对，表示为(key, value)，元素之间是无序的，其实键值对是一种二元关系，键(key)表示一个属性，也可以理解为一个类别或项目，值(value)则是属性的内容，这样一个键值对就刻画出一个属性和它的值，Python 中以字典(dict)来体现这样的属性和值的映射关系组合。

一、列表类型的概念

列表(list)是由一系列按特定顺序排列的元素组成的有序序列，属于序列类型，通过序号进行访问，第一个列表元素的索引序号为 0，第二个列表元素的索引序号为 1。与元组不同，列表的长度和内容都是可变的，可自由对列表中的数据项进行增加、删除或替换。列表没有长度限制，元素类型可以不同，可以使用所有字母、数字或者姓名等组成，使用非常灵活。

在 Python 中，用方括号[]来表示列表，并用逗号来分隔其中的元素。此外，Python 也可以通过 list()函数将元组或字符串转化成列表。

二、列表类型的操作

列表除了可以应用序列类型的 11 个操作符和函数外，还有 14 个常用的函数和方法，如表 6-2 所示。

表 6-2　列表函数和方法

函数或方法	描述
list[i]＝x	替换列表第 i 项元素为 x
list[i:j]＝list1	用新 list1 列表元素替换第 i 到第 j 项元素，不含第 j 项
del list[i:j]	删除列表第 i 到第 j 项数据，不含第 j 项

(续表)

函数或方法	描述
list * =n	更新列表,其元素重复 n 次
list. append(x)	在列表末尾添加新的元素 x
list. count(x)	统计 x 在列表中出现的次数
list. extend(list1)	在列表末尾一次性追加另一个序列 list1 的多个值
list. index(x)	从列表中找出 x 第一个匹配项的索引位置
list. insert(i, x)	将对象 x 插入到列表第 i 位置
list. pop(i)	移除列表中的第 i 个元素,并且返回该元素的值
list. remove(x)	移除列表中出现的第一个 x
list. reverse()	将原列表中元素进行翻转
list. set()	列出列表中不重复的元素集合
list. sort()	对原列表进行排序

(一) 列表元素的索引

列表类型索引规则如图 6-11 所示。

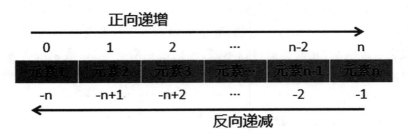

图 6-11　列表类型索引规则

在 Python 中,第一个列表元素的索引为 0,第二个列表元素的索引为 1,以此类推。例如:list ＝ [2022,'1. 4 万','中国大学生','志愿者','服务',' Olympic'],列表一共有 6 个元素,print(list[0])则代表 list 这个列表的第一个元素,Python 会输出结果 2022。除此,Python 中也定义了最后一个位置的索引号为－1,倒数第二个位置的索引号为－2,因此列表中的 2022,也可以写成 print(list[－6])。

```
>>> list = [2022,'1.4万','中国大学生','志愿者','服务','Olympic']
>>> print(list[0])
>>> print(list[-6])
```

输出结果均为 < 2022 >

即问即答 -------->

（　　）是列表中的最后一个索引。

A．−1　　　　　　　　　　　B．0

C．列表的长度　　　　　　　D．列表的长度的负数

（二）修改、添加和删除列表元素

列表是一个十分灵活的数据结构，它具有处理任意长度、混合类型数据的能力，用户可以自由的修改、添加和删除列表元素。想要修改列表中某一位置的元素，可指定列表名和要修改的元素的索引，再指定该元素的新值。例如：将 list 列表中第一个元素修改为"2022 年"。

```
>>> list[0]='2022 年'
>>> print(list)
```

输出结果为 <［' 2022 年', ' 1. 4 万', '中国大学生', '志愿者', '服务', ' Olympic'］>

如果想要对列表添加元素，可以使用 append（）和 insert（），append（）是在列表的末尾添加元素，insert（）则是在列表中某一位置插入元素，例如：在 list 列表末尾添加"Winter"，在"中国大学生"后面添加"青年"，索引的位置应该为 2，而不是 3。

```
>>> list.append('Winter Games')
>>> list.insert(3,'青年')
>>> print(list)
```

输出结果为 <［' 2022 年', ' 1. 4 万', '中国大学生', '青年', '志愿者', '服务', ' Olympic', ' Winter Games'］>

删除列表元素一般有三种方式，分别为 del 语句、pop（）和 remove（）函数，使用 del 可删除任何位置处的列表元素，条件是知道其索引位置，而 pop（）默认是删除列表末尾的元素，如果需要删除特定位置的元素，则同样需要指定索引位置，两者的区别在于，如果你要从列表中删除一个元素，且不再以任何方式使用它，就使用 del 语句；如果你要在删除元素后还能继续使用它，就使用方法 pop（）。remove（）函数主要用于不知道列表中的想要删除元素的位置，根据想要删除的值来删除列表元素，例如：不知道"青年"在列表中的位置，那么使用 remove('青年')就可以把这个元素删除。

```
>>> del list[3] 或 del list[3:4]
>>> list.pop()
>>> print(list)
```

输出结果为 < ['2022 年', '1.4 万', '中国大学生', '志愿者', '服务', 'Olympic'] >

即问即答 --------->

下列选项中,不可以删除列表 List = ['阿里巴巴', '腾讯', '华为', '百度'] 中的 '腾讯' 元素的是(　　)。

A. del List[-3]　　　　　　　　B. List. pop(1)

C. List. pop(2)　　　　　　　　D. List. remove('腾讯')

知识拓展

Python 列表中冒号一般用于定义分片、步长,如 list[:n] 表示从第 0 个元素到第 n 个元素(但是不包括第 n 个元素),list[1:] 则表示该列表中的第 1 个元素到最后一个元素。当我们使用 Python 处理列表的一部分元素时,这就叫作切片。

例如:list[3:4] 代表读取列表中的第 3 个元素,也就是从第一个开始数的第四个元素 '青年',list[3:5] 则代表读取列表中的第 3 和第 4 个元素,即 '青年', '志愿者'。

(三) 列表排序

在 Python 中,可以使用三种方法对列表进行排序,一是 sort() 方法对列表进行正序排序,一旦排序,将会永久性地修改列表元素的顺序;二是 reverse() 方法将列表中元素反转排序;三是 sorted() 方法,既可以保留原列表不做修改,又能得到已经排序好的列表。

```
>>> list.sort()
>>> print(list)
```

输出结果为 < ['1.4 万', '2022 年', 'Olympic', '中国大学生', '志愿者', '服务'] >

即问即答 --------->

对列表进行排序的方法是(　　)。

A. sort()　　　　B. list()　　　　C. len()　　　　D. max()

（四）创建数值列表

在公司财务工作中，一般都是使用数字（收入金额、成本费用、货币资金、资产总额等）对公司经营情况进行评价，随着大数据的普及应用，数据可视化将更多的处理数字组成的集合。而列表非常适合用于存储数字集合，为此 Python 提供了一些方法帮助我们高效地处理数字列表，如内置函数 range()，在项目五中进行了说明，举例如下。

```
>>> number = list(range(1,10))
>>> print(number)
```

输出结果为＜[1,2,3,4,5,6,7,8,9]＞

使用函数 range() 时，还可指定步长。例如，我们想要输出 1～10 以内的奇数，那么可以编写代码为：

```
>>> number = list(range(1,10,2))
>>> print(number)
```

输出结果为＜[1,3,5,7,9]＞

在 Python 中，可以使用函数 range() 创建各样的数字集合。

即问即答 ------>

关于 range() 函数，下面说法不正确的是（　　　）。
A．range() 函数中的参数可以是一个，二个或三个
B．range(5)和 range(0:5)是等价的
C．range(5)和 range(0,5,1)是等价的
D．range(ord('a'),ord('z'))是合法的

大显身手

请参照任务一【实例 6.1 奥运志愿者】的步骤完成科云数智化财务云平台【项目一任务 5】的示例 1 的代码编辑及运行。

💡 **任务一思维导图**

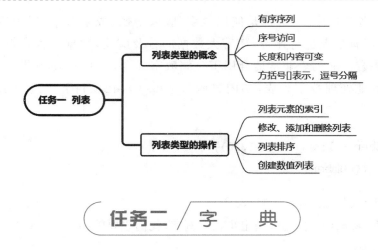

```
                                    ┌── 有序序列
                                    ├── 序号访问
                  ┌─ 列表类型的概念 ──┤
                  │                 ├── 长度和内容可变
                  │                 └── 方括号[]表示，逗号分隔
    任务一 列表 ──┤
                  │                 ┌── 列表元素的索引
                  │                 ├── 修改、添加和删除列表
                  └─ 列表类型的操作 ──┤
                                    ├── 列表排序
                                    └── 创建数值列表
```

任务二 / 字 典

📄 **任务描述**

【**实例 6.2 中国品牌全球占有率**】 近几年中国品牌迅速崛起,在多个领域逐渐占据全球头号交椅。据统计,大疆无人机的全球市场占有率为 80%,TP－LINK 路由器的全球市场占有率为 70%,华为 5G 业务的全球市场占有率为 35.7%,宁德时代的全球市场占有率为 32.6%,海康威视的全球市场占有率为 29.8%。

程序代码如图 6-12 所示。

中国品牌全球市场占有率

```
 1  # 中国品牌全球占有率
 2  d1 = {'大疆无人机': '80%', 'TP_LINK路由器': '70%', '华为5G': '35.7%', '宁德时代':
 3  print(d1)
 4  list1 = ['大疆无人机', 'TP_LINK路由器', '华为5G', '宁德时代', '海康威视']  # 使用
 5  list2 = ['80%', '70%', '35.7%', '32.6%', '29.8%']  # 使用字典的值创建列表
 6  zipobj = zip(list1, list2)  # 打包为元组的列表
 7  d2 = dict(zipobj)
 8  print(d2)
 9  d3 = dict(大疆无人机='80%', 路由器='70%', 华为5G='35.7%', 宁德时代='32.6%', 海康威
10  print(d3)
11  print(d1['华为5G'])  # 访问字典d1中'华为5G'对应的值
12  print(d1.get('大疆无人机'))  # 访问字典d1中'大疆无人机'对应的值
13  print(d1.keys())  # 返回字典d1所有的键
14  print(d1.values())  # 返回字典d1所有的值
15  print(list(d3.values()))  # 以列表类型打印字典d3所有值
16  d1['福耀玻璃'] = '25%'  # 添加键值对
17  print(d1.items())  # 返回字典d中所有的键值对信息
18  d1['福耀玻璃'] = '25.00%'  # 修改'福耀玻璃'键的值为25.00%
19  print(tuple(d1.values()))  # 打印字典d1所有值
20  del d1['大疆无人机']  # 删除'大疆无人机'键值对
21  d1.pop('福耀玻璃')  # 删除'福耀玻璃'键值对
22  print(d1)
23  d1.clear()  # 清除字典d1
24  print(d1)
25  for i in d2.keys():
26      print(i)
27  for key, value in d2.items():
28      print(key + '的全球市场占有率是' + value + '。')
```

图 6-12　实例"中国品牌全球占有率"程序代码

 面对美国的禁令,大疆无人机为何能称霸全球无人机市场?

任务实施

一、新建 Python 3 文件

（1）在 Jupyter Notebook 主界面中,单击"项目六",单击右上方"New"的下拉列表,选择"Python 3"。

（2）将默认打开名为"Untitled"的可编辑 Python 程序代码的新 Notebook 页面,将其重命名为"6.2",如图 6-13 所示。

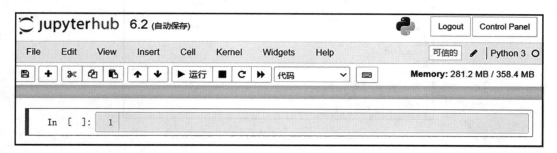

图 6-13　新建"6.2"Python 3 文件

二、新建 Markdown 单元

在 Jupyter Notebook 主界面的工具栏的"代码"下拉列表中选择"Markdown"项,在编辑框中输入"### 中国品牌全球市场占有率"（注意 ### 之后有一个空格）,并对其运行,如图 6-14 所示。

图 6-14　编辑并运行 Markdown 单元

三、 新建代码单元

（1）在 Jupyter Notebook 主界面的代码编辑框中输入图 6-12 所示的 28 行代码。

（2）单击 Jupyter Notebook 主界面的工具栏的"运行"按钮，运行代码单元。运行结果如图 6-15 所示。

```
{'大疆无人机': '80%', 'TP_LINK路由器': '70%', '华为5G': '35.7%', '宁德时代': '32.6%',
'海康威视': '29.8%'}
{'大疆无人机': '80%', 'TP_LINK路由器': '70%', '华为5G': '35.7%', '宁德时代': '32.6%',
'海康威视': '29.8%'}
{'大疆无人机': '80%', '路由器': '70%', '华为5G': '35.7%', '宁德时代': '32.6%', '海康
威视': '29.8%'}
35.7%
80%
dict_keys(['大疆无人机', 'TP_LINK路由器', '华为5G', '宁德时代', '海康威视'])
dict_values(['80%', '70%', '35.7%', '32.6%', '29.8%'])
['80%', '70%', '35.7%', '32.6%', '29.8%']
dict_items([('大疆无人机', '80%'), ('TP_LINK路由器', '70%'), ('华为5G', '35.7%'),
('宁德时代', '32.6%'), ('海康威视', '29.8%'), ('福耀玻璃', '25%')])
('80%', '70%', '35.7%', '32.6%', '29.8%', '25.00%')
{'TP_LINK路由器': '70%', '华为5G': '35.7%', '宁德时代': '32.6%', '海康威视': '29.8%'}
{}
大疆无人机
TP_LINK路由器
华为5G
宁德时代
海康威视
大疆无人机的全球市场占有率是80%。
TP_LINK路由器的全球市场占有率是70%。
华为5G的全球市场占有率是35.7%。
宁德时代的全球市场占有率是32.6%。
海康威视的全球市场占有率是29.8%。
```

图 6-15　实例"中国品牌全球占有率"程序运行

（3）单击 Jupyter Notebook 主界面的工具栏的保存按钮保存"6.2"Jupyter Notebook 文件。

 相关知识

一、 字典类型的概念

字典是 Python 中用于存放具有映射关系的数据类型，它相当于保存了两组数据，其中一组数据是关键数据，被称为 key；另一组数据可通过 key 来访问，被称为 value，字典就是由这样的有对应关系的"键值对"组成。在实际生活中有很多这样的事例，比如，我们通过身份证号查询自己的成绩、车票信息等，那么身份证号就是 key，成绩或者车票信息就是对应的 value，成绩系统或购票系统中就是存储了很多这样的"键值对"，我们可以快速的根据关键信息检索出对应的数据信息。

字典中的 key 是非常关键的数据，而且程序需要通过 key 来访问 value，因此字典中的 key 不允许重复，如果重复将会覆盖先出现的 key。字典中的键和值可以是任意数据类型，包括程序自定义的类型。在 Python 中可以通过大括号建立，键和值通过冒号连

接,不同的键值对通过逗号隔开,键值对之间没有顺序之分。

二、字典类型的操作

在 Python 中字典也有着非常灵活高效的操作方法,使用大括号创建字典,使用中括号可以添加新的键值对,除此还有如表 6-4 所示内置函数和方法可供使用。

表 6-4　字典函数和方法

函数或方法	描述
del d[k]	删除字典 d 中键 k 对应的数据值
k in d	判断键 k 是否在字典 d 中,如果在则返回 True,否则返回 False
d. keys()	返回字典 d 中所有的键信息
d. values()	返回字典 d 中所有的值信息
d. items()	返回字典 d 中所有的键值对信息
d. get(k,〈default〉)	键 k 存在,则返回相应值,不存在则返回〈default〉值
d. pop(k,〈default〉)	键 k 存在,则取出相应值,取出后要删除字典中对应的键值对,不存在则返回〈default〉值
d. popitem()	随机从字典 d 中取出一个键值对,以元组(key,value)形式返回
d. clear()	删除所有的键值对
len(d)	返回字典 d 中元素的个数

(一) 创建字典

创建字典可以有两种方法,一种是使用大括号直接创建字典,另一种是使用 Python 内置函数 dict()以及 zip()创建。如实例 6.2 中字典 d1 是使用大括号直接创建,字典 d2 使用 zip()函数和 dict()创建,字典 d3 直接使用 dict()函数创建。

1. 使用大括号创建字典

```
>>> d1 ={'大疆无人机':'80%','TP_LINK 路由器':'70%','华为 5G':'35.7%','宁
德时代':'32.6%','海康威视':'29.8%'}
>>> print(d1)
```

输出结果为 < {'大疆无人机':'80％','TP_LINK 路由器':'70％','华为 5G':'35.7％','宁德时代':'32.6％','海康威视':'29.8％'} >

2. 使用 zip()函数和 dict()函数创建

先将字典中的键创建一个列表 list1,再将字典中的值创建一个列表 list2,然后通过

zip()函数将两个列表打包为新元组组成的新列表 zipobj,接着通过 dict()函数将其转换为字典。

```
>>>list1 =['大疆无人机','TP_LINK 路由器','华为 5G','宁德时代','海康威视']
>>>list2 =[' 80% ',' 70% ',' 35.7% ',' 32.6% ',' 29.8% ']
>>>zipobj =zip(list1,list2)
>>>d2 =dict(zipobj)
>>>print(d2)
```

输出结果为 < {'大疆无人机': ' 80％', ' TP_LINK 路由器': ' 70％', '华为 5G': ' 35.7％', '宁德时代': ' 32.6％', '海康威视': ' 29.8％'} >

3. 使用 dict()函数创建

```
>>>d3 =dict(大疆无人机=' 80% ',TP_LINK 路由器=' 70% ',华为 5G =' 35.7% ',宁德时代=' 32.6% ',海康威视=' 29.8% ')
>>>print(d3)
```

输出结果为 < {'大疆无人机': ' 80％', ' TP_LINK 路由器': ' 70％', '华为 5G': ' 35.7％', '宁德时代': ' 32.6％', '海康威视': ' 29.8％'} >

即问即答 --------->

使用语句 D = dict([('a','b'),('c','d')]) 创建的字典为(　　)。

A. {a: b, c: d} 　　　　　　　B. {'a':'b','c':'d'}
C. {('a':'b') :('c':'d')} 　　　D. {'a':'c','b':'d'}

(二) 访问字典中的键和值

1. 使用方括号访问值
要获取字典中与键相关联的值,可先指定字典名,再将需要访问的键放入方括号中。

```
>>>print(d1['华为 5G'])
```

输出结果为 < 35.7％ >

2. 使用 get()函数访问值

```
>>>print(d1.get('大疆无人机'))
```

输出结果为 < 80％ >

以上访问字典的两种方式主要的区别在于 get()函数在发现键不存在时,Python 可以返回默认值,而使用方括号的方式访问,会提示错误。除此,在 Python 中还可以使用内置函数 keys()输出字典中所有的键,使用 values()内置函数输出字典中所有的值。

```
>>> print(d1.keys())
```

输出结果为< dict_keys(['大疆无人机', ' TP_LINK 路由器', '华为 5G', '宁德时代', '海康威视'])>

```
>>> print(d1.values())
```

输出结果为< dict_values([' 80%', ' 70%', ' 35.7%', ' 32.6%', ' 29.8%'])>

```
>>> print(list(d3.values()))
```

输出结果为< [' 80%', ' 70%', ' 35.7%', ' 32.6%', ' 29.8%']>

知识拓展

如果在 Python 中希望获得更好的数据显示效果,可以使用 list()和 tuple()函数将字典键值转换成相应的数据类型。例如,print(list(d. keys()))可以将字典中的所有键转换成列表类型、print(tuple(d. values()))可以将字典中的所有值转换成元组类型。

(三) 添加或修改字典键值对

Python 中的字典是一种动态结构,可随时添加键值对,只需要指定字典名、用方括号括起需要添加的键和对应的值即可。如实例 6.2 中添加福耀玻璃全球市场占有率 25% 到字典 d1 中,并使用 items()函数返回所有字典的键值对。

```
>>> d1['福耀玻璃']=' 25% '
>>> print(d1.items())
```

输出结果为< dict_items([('大疆无人机', ' 80%'), (' TP_LINK 路由器', ' 70%'), ('华为 5G', ' 35.7%'), ('宁德时代', ' 32.6%'), ('海康威视', ' 29.8%'), ('福耀玻璃', ' 25%')])>

要修改字典中的值,可依次指定字典名、用方括号括起的键以及与该键相关联的新值。如我们将福耀玻璃全球市场占有率 25% 改为"25.00%"。

```
>>> d1['福耀玻璃'] =' 25.00% '
>>> print(tuple(d1.values()))
```

输出结果为 <(' 80％', ' 70％', ' 35.7％', ' 32.6％', ' 29.8％', ' 25.00％') >

(四) 删除字典键值对

对于字典中不再需要的信息,可以使用 del 语句和 pop()函数将相应的键值对彻底删除。使用 del 语句时,必须指定字典名和要删除的键。如实例 6.2 使用 del 语句删除字典 d1 中的"大疆无人机",使用 pop()函数删除"福耀玻璃",与此同时键对应的值也会被删除,而保留其他的字典键值对。

```
>>> del d1['大疆无人机']
>>> d1.pop('福耀玻璃')
>>> print(d1)
```

输出结果为 < {' TP_LINK 路由器': ' 70％', '华为 5G': ' 35.7％', '宁德时代': ' 32.6％', '海康威视': ' 29.8％'} >

在 Python 中还可以使用内置函数 clear()清空字典中所有的 key-value 对,对一个字典执行 clear()方法之后,该字典就会变成一个空字典。

```
>>>d1.clear()
>>>print(d1)
```

输出结果为 < { } >

注意:

Python 中字典中的键值对一旦删除,将永远消失,如果想再次使用,只能采用重新添加键值对的方式。

(五) 字典的遍历

在 Python 中字典可以存储成千上万个键值对,基于此,我们可以对字典进行遍历,可以遍历字典的所有键值对,也可以遍历字典的键或者值。如果我们遍历所有的键值对,则需要使用函数 items();如果遍历键或者值,则使用函数 keys()和 values()。

```
>>>for i in d2.keys():
>>>print(i)
```

输出结果为 < 大疆无人机

TP_LINK 路由器

华为 5G

宁德时代

海康威视＞

为了遍历字典键值对时让人更加清晰地明白键值对之间所表达的关系,我们可以在键值对之间加入注释信息,如实例 6.2 中遍历键值对时,加入"的全球市场占有率是"。

```
>>> for key,value in d2.items():
>>>   print(key+ '的全球市场占有率是'+  value + '。')
```

输出结果为 < 大疆无人机的全球市场占有率是 80％。

Tp_Link 路由器的全球市场占有率是 70％。

华为 5G 的全球市场占有率是 35.7％。

宁德时代的全球市场占有率是 32.6％。

海康威视的全球市场占有率是 29.8％。>

知识拓展

　　实际工作中,我们可能想按照特定的顺序排列字典中的键值对,便于我们快速地梳理和查找。为此可以在 for 循环语句中调用函数 sorted(),这样就会让 Python 列出字典所有键值对时按照列表进行排序。

大显身手

　　请参照任务二【实例 6.2 中国品牌全球占有率】的步骤完成科云数智化财务云平台【项目一　任务 5】的示例 3 的代码编辑及运行。

💡 任务二思维导图

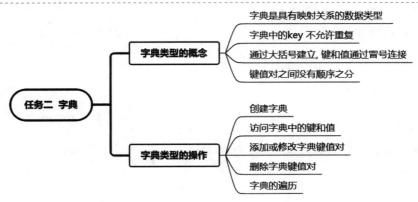

💡 **项目总结**

本项目主要介绍了 Python 中组合数据类型中列表、字典等类型的概念及基本操作,并采用实例对其使用方法进行了详解,各数据类型之间的区别,如表 6-5 所示。

表 6-5 各数据类型之间的区别

数据类型	序列类型	是否可重复	是否有序	字义符号
列表	可变序列	可重复	有序	[]
字典	可变序列	key 不可重复,value 可重复	无序	{key:value}

💡 **技能训练**

一、 单选题

1. 以下关于 Python 列表的描述中,错误的是(   )。

A. 列表的长度和内容都可以改变,但元素类型必须相同

B. 可以对列表进行成员关系操作、长度计算和分片

C. 列表可以同时使用正向递增序号和反向递减序号进行索引

D. 可以使用比较操作符(如>或<等)对列表进行比较

2. 以下关于 Python 字典的描述中,错误的是(   )。

A. 在定义字典对象时,键和值用冒号连接

B. 在 Python 中,用字典来实现映射,通过整数索引来查找其中的元素

C. 字典中的键值对之间没有顺序并且不能重复

D. 字典中引用与特定键对应的值,用字典名称和中括号中包含键名的格式

3. 以下用来处理 Python 列表的方法中,错误的是(   )。

A. interleave   B. append   C. insert   D. replace

4. 以下代码的输出结果是(   )。

```
ls = ['book', 23,[2010, 'stud1'], 20]
print(ls[2][1][- 1])
```

A. s   B. stud1   C. 1   D. 结果错误

5. 以下代码的输出结果是(   )。

```
d = {'food':{'cake': 1, 'egg': 5}}
print(d.get('cake', 'no this food'))
```

A. egg   B. 1   C. food   D. no this food

6. 以下代码的输出结果是( )。

```
a = [[1,2,3], [4,5,6], [7,8,9]]
s = 0
for c in a:
    for j in range(3):
        s +=c[j]
print(s)
```

A. 6   B. 0   C. 24   D. 45

7. 在 Python 语言中,不属于组合数据类型的是( )。

A. 列表类型   B. 字符串类型   C. 复数类型   D. 字典类型

8. 以下代码的输出结果是( )。

```
vlist = list(range(5))
print(vlist)
```

A. 0;1;2;3;4;   B. 0 1 2 3 4
C. 0,1,2,3,4,   D. [0, 1, 2, 3, 4]

9. 以下关于列表变量 ls 操作的描述中,错误的是( )。

A. ls. reverse():反转列表 ls 中所有元素

B. ls. append(x):在 ls 最后增加一个元素

C. ls. copy():生成一个新列表,复制 ls 的所有元素

D. ls. clear():删除 ls 的最后一个元素

10. 以下关于 Python 字典变量的定义中,错误的是( )。

A. d = {1:[1,2],3:[3,4]}   B. d = {[1,2]:1,[3,4]:3}
C. d = {(1,2):1,(3,4):3}   D. d = {'张三':1,'李四':2}

二、 请完成科云数智化财务云平台【项目一　任务 5】的课后练习的客观题和 Python 程序题的代码编辑及运行。

项目七 Python 函数

学习目标

☆ 知识目标 ///

1. 了解 Python 函数的概念及作用。
2. 掌握 Python 函数的定义方法。
3. 掌握 Python 函数不同参数的作用。
4. 掌握 Python 函数的调用方法。

☆ 技能目标 ///

1. 能够利用 Python 将复杂重复的工作定义为函数,便于工作中直接调用,提高工作效率。
2. 能够熟练调用不同类型、不同地址的函数。

☆ 素养目标 ///

1. 培养财经商贸类专业学生的创新实践素养,提高学生解决问题的能力,为后续知识应用打下良好的基础。
2. 培养财经商贸类专业学生的创造性思维,提高学生使用计算机编程语言化繁为简的能力,为解决财务工作难题打下良好的基础。

☆ 思政目标 ///

1. 通过"贴现现金流法实例"分析创业项目的可行性,培养学生将知识应用于实际的能力,为"大众创业,万众创新"做好准备,为国家创新驱动发展注入新活力。
2. 通过"应收票据贴现息"实例了解财务工作可以提前做好准备,培养学生未雨绸缪的工作习惯,并为管理者提供决策依据的服务意识,提高学生会计职业道德修养。

导入案例

汉代班固《封燕然山铭》:"兹可谓一劳而久逸,暂费而永宁也。"意思是,辛苦一次,把事情办好，以后就不再费事了。元宇同学深知此道理，也想着在计算机语言中可以找到一劳永逸的方法，从而大大提高自己的工作效率。

　　Python 中的函数是带有命名的代码块，用于完成具体的工作。当我们在编写程序需要多次执行同一项任务时，就不需要反复编写该任务的代码，而只需调用执行该任务的函数，让 Python 运行其中的代码。通过使用函数，程序的编写、阅读、测试和修复都将更加容易。元宇同学决定认真学习 Python 中的函数，并能自己设定想要的函数解决问题。

　　讨论　说说身边或者自身一劳永逸的事情。

任务一／函数的定义

任务描述

　　【实例 7.1 贴现现金流法】　随着"大众创业，万众创新"时代的来临，元宇同学毕业后想跟室友一起创业，于是他们制订了一份创业计划，并对未来公司收益进行了简单评估，但是项目是否可行，还需利用财务管理知识进一步测算。试着帮助他设计一个计算项目净现值的函数，每期项目现金流和贴现率可以不固定，并区分现金流在期末或期初收支等不同情形。

　　程序代码如图 7-1 所示。

贴现现金流法

```
1  def npv(c, r, n, when):
2      import numpy as np    # 导入numpy库
3      c = np.array(c)    # c代表每期现金流，可以每期不一样, array()创建一组数据
4      r = np.array(r)    # r贴现率，也可以每期不一样, array()创建一组贴现率
5      if when == 1:    # when=1表示期末计数，即普通年金
6          n = np.arange(1, n + 1)    # n为期数
7      if when == 0:    # when=0表示期初计数，即预付年金
8          n = np.arange(0, n)
9      pv = c / (1 + r) ** n
10     return round(pv.sum(), 2)    # 返回折现现金流的合计数
```

图 7-1　实例"贴现现金流法"程序代码

　　讨论　深入推进大众创业，万众创新，为国家创新驱动发展注入新活力。

一、 登录科云数智化财务云平台

(1) 在浏览器中输入"https：//cloud. acctedu. com/＃/login?edu＝ky2201"，打开科云数智化财务云平台，输入用户名和密码（由授课教师分配给每位同学），如图 7-2 所示，单击"登录"按钮。

图 7-2　科云数智化财务云平台登录界面

(2) 在如图 7-3 所示的课程界面中，单击"大数据 Python 基础"课程。

图 7-3　科云数智化财务云平台课程界面

（3）在如图 7-4 所示的课程内容界面，单击"项目一　任务 8"。

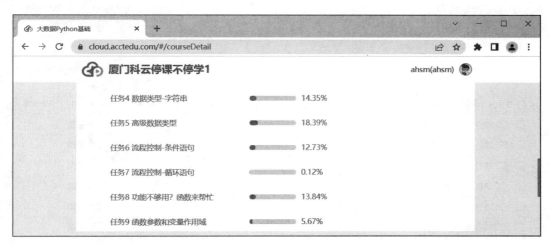

图 7-4　课程内容界面

（4）在如图 7-5 所示的任务 8 界面，单击右上角的"打开 Jupyter"按钮。

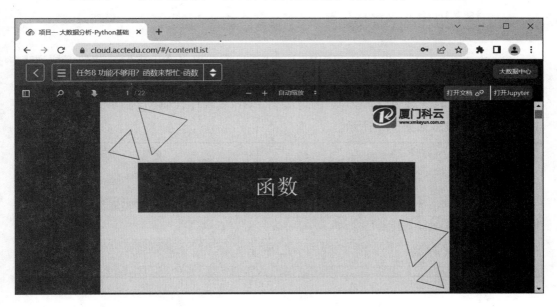

图 7-5　任务 8 界面

二、新建文件夹

在 Jupyter Notebook 主界面的"New"下拉列表中选择"Folder"，建立一个新文件夹，默认文件夹名为"Untitled Folder"。勾选"Untitled Folder"文件夹，单击"Rename"按钮，将文件夹名称修改为"项目七"。

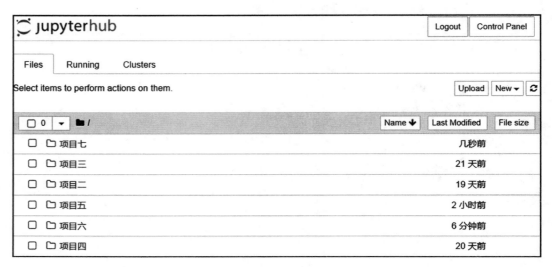

图 7-6　重命名项目七文件夹

三、新建 Python 3 文件

（1）在 Jupyter Notebook 主界面中，单击"项目七"，单击右上方"New"的下拉列表，选择"Python 3"。

（2）将默认打开名为"Untitled"的可编辑 Python 程序代码的新 Notebook 页面，将其重命名为"7.1"，如图 7-7 所示。

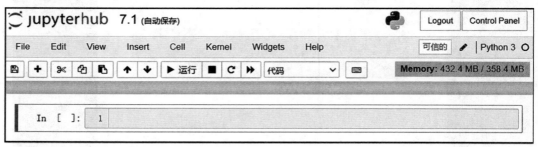

图 7-7　新建"7.1"Python 3 文件

四、新建 Markdown 单元

在 Jupyter Notebook 主界面的工具栏的"代码"下拉列表中选择"Markdown"项，在编辑框中输入"### 贴现现金流法"（注意 ### 之后有一个空格），如图 7-8 所示，并对其运行。

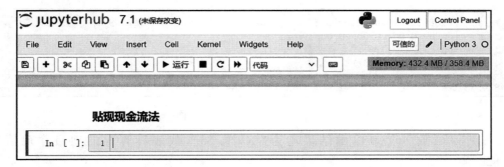

图 7-8 编辑并运行 Markdown 单元

五、 新建代码单元

（1）在 Jupyter Notebook 主界面的代码编辑框中输入图 7-1 所示的 10 行代码。

（2）单击 Jupyter Notebook 主界面的工具栏的"运行"按钮，运行代码单元。运行结果如图 7-9 所示。

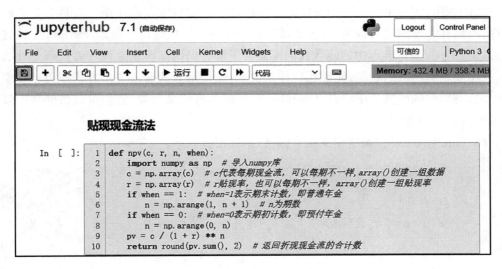

图 7-9 实例"贴现现金流法"程序运行

（3）单击 Jupyter Notebook 主界面的工具栏的保存按钮保存"7.1"Jupyter Notebook 文件。

五、 运行自定义贴现现金流法函数

为验证自定义函数 npv()，可以为形参赋值。在新的代码单元输入如图 7-10 代码，并运行。

```
1  c = [-100000, 9000, 20000, 80000, 90000]   # 初始投资现金流出为负, 现金流入为正
2  r = [0.05, 0.05, 0.06, 0.06, 0.06]
3  n = len(c)   # 统计列表元素个数
4  print(npv(c, r, n, 0))
```
64829.33

图 7-10　贴现现金流法函数运行

自定义函数 npv( )输出结果均为"64829.33",代表计算出的项目净现值为 64 829.33。

 相关知识

一、函数的概念

函数是一段具有特定功能的、可重复使用的语句组,用函数名来表示,并通过函数名进行功能调用,实现单一或者相关联的一些功能。函数也可以看作是一段具有名字的子程序,可以在需要的地方调用执行,不需要重复编写这些代码块。例如,Python 中内置的函数以及 Python 标准库中的函数我们不需要了解它们内部实现原理或者代码是什么样的,只需要了解函数的功能,能够达到什么目的,懂得函数的输入输出方式即可。在实际工作的,有很多的函数是用户自己编写的,这些称为自定义函数,它们可以帮助我们降低编写难度和代码重用。

Python 使用 def 保留字定义一个函数,语法形式如下:

```
def <函数名>(<参数列表>):
    <函数体>
    return <返回值列表>
```

二、函数的参数

（一）实参和形参

形参是函数完成其工作所需的一项信息,是函数在定义时参数列表里面的参数。实参则是调用函数时传递给函数的信息,当调用函数时,将其输入到函数参数括号内,从而执行出函数结果的参数。例如实例 7.1 中自定义 npv(c, r, n, when)函数中的 c、r、n、when 就是形参,c = [-100000,9000,20000,80000,90000]则是输入到函数的信息,就是函数的实参。

即问即答 ·········→

下列定义函数的方法,在 Python 中正确的是( )。

A. class 函数名(类型形参 1,类型形参 2-.)

B. function 函数名(形参 1,形参 2,.)

C. def 函数名(形参 1,形参 2,-.)

D. def 函数名(类型形参 1,类型形参 2,)

(二) 位置参数

调用函数时,参数传递的值的顺序和形参的顺序需要对应,这个参数称为位置参数。位置参数之后只能是关键字参数。实例 7.1 中 c、r、n、when 四个参数的位置确定好了,那么当调用函数的时候,如果直接输入函数 npv()中的实参,就应该根据对应关系,先输入 c 的实际值,再输 r 的实际值,依次类推,如果位置参数顺序打乱,那么就会造成函数调用错误。

(三) 默认值参数

在函数定义的时候,就给函数的形参赋上初值,这个形参就称为默认参数,在函数调用的时候,默认参数不用赋值,默认是设置的初值;如果调用时给默认参数赋值了,则用新的值替代默认值。除此,默认参数在定义时一定要在位置参数之后,否则会有语法错误。如实例 7.1 中形参 when 如果赋值为 0,那代表函数折现方式采用期初计数,也就是在每年的年初收支现金流。

(四) 关键字参数

在调用函数时,参数值并不需要与函数定义中的参数顺序相同。这可以通过关键字参数实现,但所有的关键字参数必须与函数定义中的参数一一对应。例如,实例 7.1,print(npv(r=[0.05, 0.05, 0.06, 0.06, 0.06], c=[-100000, 9000, 20000, 80000, 90000], n=len(c), when=0))中实参的顺序可以与形参不同,不影响其输出结果。

(五) 不定长参数

Python 自定义函数中有两种不定长参数,第一种是 * name,第二种是 ** name。加了星号 * 的参数会以元组(tuple)的形式导入,存放所有未命名的变量参数;加了两个星号 ** 的参数会以字典的形式导入。

第一种形式的不定长参数,在传入额外的参数时可以不用指明参数名,直接传入参数值即可,第二种因为返回的是字典,所以传入时需要指定参数名。如图 7-11 中第 1 种，$*c$ 输出的为元组$(3,4,5)$，而第 2 中 $**c$ 返回为字典，因此必须制定字典的键和值，所以 fun() 中实参就需要指定参数名，输出结果则为字典{'d': 3, 'e': 4, 'f': 5}。

```
def fun(a, b, *c):
    print(a)
    print(b)
    print(c)


fun(1, 2, 3, 4, 5)
输出结果:
1
2
(3, 4, 5)
```

第1种*name

```
def fun(a, b, **c):
    print(a)
    print(b)
    print(c)


fun(1, 2, d=3, e=4, f=5)
输出结果:
1
2
{'d': 3, 'e': 4, 'f': 5}
```

第2种**name

图 7-11　不定长参数对比

即问即答 ╌╌╌╌╌╌╌→

函数中定义了 2 个参数，并且两个参数都指定了默认值，调用函数时参数个数最少是(　　)。

A. 0　　　　　　　B. 2　　　　　　　C. 1　　　　　　　D. 3

三、函数的变量

Python 中一个程序的所有变量并不是在任意位置都可以访问，能否访问主要取决于这个变量在程序中的哪个位置赋值，变量的作用域决定了在哪一部分程序可以访问哪个特定的变量名称。Python 中有两种最基本的变量作用域，分别是局部变量和全局变量。局部变量只能在其被声明的函数内部访问，而全局变量可以在整个程序范围内访问。调用函数时，所有在函数内声明的变量名称都将被加入作用域中。如实例 7.1 中，自定义的 npv() 函数，变量 c 和 r 都是局部变量，因为只作用于函数内部。

四、函数的返回值

函数的返回值是通过 return 语句来实现，return 会选择性地向调用方返回一个表达式，并退出函数。如果 return 语句不带参数值，将返回 None。函数也可以没有 return 语句,此时函数并不返回值。例如,实例 7.1 中 return round(pv.sum(),2)表示返回函数折现现金流的合计数,并保留两位小数。

大显身手

请参照任务一【实例 7.1 贴现现金流法】的步骤完成科云数智化财务云平台【项目一任务 8】的示例 1、2、3 的代码编辑及运行。

任务一思维导图

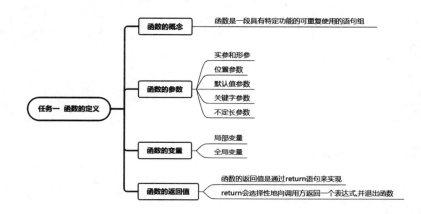

任务二　函数的调用

任务描述

【实例 7.2 应收票据贴现息】 元宇同学毕业后来到一家公司财务部做一名出纳。由于公司需要融通一部分短期资金,于是他提议可以将公司的应收票据拿到银行进行贴现,这样就可以解决燃眉之急。但是具体贴现时间,以及不同银行的贴现率让他无法准确地测算应收票据的贴现息,于是他就想着利用 Python 软件设计一个计算应收票据贴现息的函数,这样只要输入票据日、贴现日、票据期限、贴现率,就可以实时计算出贴现利息,为管理者提供决策依据。

程序代码如图 7-12 所示。

```
应收票据贴现息

1  import datetime  # 导入datetime库
2  from datetime import *  # 导入datetime库中函数
3  # 自定义lx函数，start_day为票据签发日，days为票据期限，discounted_day为票据贴现日，
4  def lx(start_day, days, discounted_day, face_amount, i):
5      start_day = datetime. strptime(start_day, '%Y-%m-%d')  # 将签发日转换日期格式
6      discounted_day = datetime. strptime(discounted_day, '%Y-%m-%d')  # 将贴现日转换
7      due_day = start_day + timedelta(days)  # 票据到期日等于签发日加票据期限
8      dis_days = due_day - discounted_day  # 贴现日数等于到期日与贴现日之间的天数
9      lx = face_amount * i / 360 * dis_days. days  # 贴现息等于面值乘以日利率
10     print(round(lx, 2))  # 输出贴现息金额
```

图 7-12　实例"应收票据贴现息"程序源代码

讨论　以往财务人员都是手工计算贷款利息或者票据贴现息，元宇同学第一次使用计算机编程语言解决财务问题，取得了立竿见影的效果，那么机器语言是否可以代替人工呢？

任务实施

一、新建 Python 3 文件

（1）在 Jupyter Notebook 主界面中，单击"项目七"，单击右上方"New"的下拉列表，选择"Python 3"。

（2）将默认打开名为"Untitled"的可编辑 Python 程序代码的新 Notebook 页面，将其重命名为"7.2"，如图 7-13 所示。

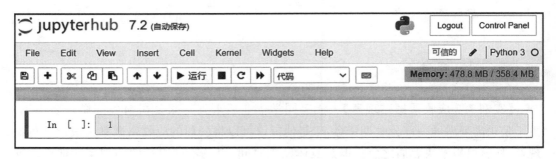

图 7-13　新建"7.2"Python 3 文件

二、新建 Markdown 单元

在 Jupyter Notebook 主界面的工具栏的"代码"下拉列表中选择"Markdown"项，在

编辑框中输入"### 应收票据贴现息"（注意 ### 之后有一个空格），并对其运行，运行结果如图 7-14 所示。

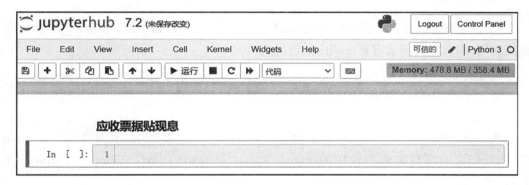

图 7-14　编辑并运行 Markdown 单元

三、新建代码单元

（1）在 Jupyter Notebook 主界面的代码编辑框中输入图 7-12 所示的 10 行代码。

（2）单击 Jupyter Notebook 主界面的工具栏的"运行"按钮，运行代码单元。

（3）调用自定义函数 lx()，在新的代码单元输入：lx(' 2022-03-05 ', 60, '2022-04-06', 1000000, 0.1)，单击"运行"按钮，运行代码单元。运行结果如图 7-15 所示。输出结果为"7777.78"，代表计算出的应收票据贴现息为 7777.78。

图 7-15　调用自定义函数运行结果

📖 相关知识

　　Python 调用函数根据函数的类型不同,一般在调用时略有不同。Python 内置函数直接调用,而自定义函数需要在调用前定义。

一、 内置函数的调用

　　Python 中提供了约 70 个内置函数,这些函数可以直接使用,不需要引用 Python 库,如我们之前项目实例中使用的 round()、eval()、float()、list()、input()、print()等函数。

二、 模块中函数的调用

　　Python 中的模块,本质上是一个 Python 程序,以.py 作为文件后缀,Python 中内置了部分模块,如 os、sys、random、xml、time、datetime 等。想要引入模块中的函数,必须先导入想要使用的模块。导入模块可以使用 import <模块名> 的方式,如实例7.2 中导入 datetime 模块,使用 importdatetime,这里需要注意模块名无须加.py 后缀名,如果需要一次导入多个模块,每个模块之间使用逗号分隔,import <模块名 1,模块 2,…,模块 n> 。模块成功导入后,就可以引入模块中的函数,方法主要有以下几种。

　　1. 模块名.函数名()或模块名.类名
　　有些模块名可能较长,为了简便,也可以使用 as 为这些模块起别名,import <模块名> as <别名> ,调用函数时,直接使用别名.函数名(),如实例 7.1 中,为 NumPy 库起别名为 np,调用函数直接使用 np.函数名()。

　　2. form <模块名> import <…>
　　使用"form <模块名> import <函数名>"引入函数,最大的好处是在使用模块内的函数时,不再需要加上模块名作为前缀,而是直接使用函数名()即可。同样的,如果需要引入模块内多个函数,可以使用逗号隔开,如 form <模块名> import <函数名 1,函数名 2,…> 。如果需要使用模块内的全部函数,可以利用通配符 * 实现,语法格式是 form <模块名> import * 。如果有的函数经常使用,或者函数名较长,也可以为这些函数起别名,语法格式是 form <模块名> import <函数名> as <别名> 。

知识拓展

datetime 库是 Python 中用来处理时间日期的函数库,它有 2 个常量和 5 个类。两个常量分别是 datetime.MINYEAR 和 datetime.MAXYEAR,分别表示 datetime 所能表达的最小最大年份,值分别是 1 和 9 999。

datetime 库以类的方式提供多种日期和时间表达方式。

(1) datetime.date:日期表示类,可以表示年、月、日等。

(2) datetime.time:时间表示类,可以表示小时、分钟、秒、毫秒等。

(3) datetime.datetime:日期和时间表示的类,功能覆盖 date 和 time 类。

(4) datetime.timedelta:与时间间隔有关的类。

(5) datetime.tzinfo:与时区有关的信息表示类。

在 Python 中如果需要将时间日期进行格式化处理,可以使用 strftime()方法,如表 7-2 所示,它包含几乎所有的通用格式输出时间。

表 7-2　strftime( )方法的格式化控制符

格式化字符串	日期/时间	值范围
%Y	年份	0001～9999
%m	月份	01～12
%B	月名	January～December
%b	月名缩写	Jan～Dec
%d	日期	01～31
%A	星期	Monday～Sunday
%a	星期缩写	Mon～Sun
%H	小时(24 h 制)	00～23
%I	小时(12 h 制)	01～12
%p	上下午	AM, PM
%M	分钟	00～59
%S	秒	00～59

三、自定义函数的调用

1. 自定义函数的形式

1) 标准自定义函数

函数的形参以标准的 tuple 数据类型表示,如:

```
>>> defadd_ab(a,b): # 定义函数
        print(a + b)  # 打印 a+ b
>>> add_ab(1,2)  # 调用函数
3# 输出结果 1+ 2 =3
```

2）没有形参的自定义函数

这一形式是标准自定义函数的一种特例,函数在自定义时没有指定参数,如:

```
>>> def answer():
        print('请回答下一题!')
>>> answer()
请回答下一题!
```

3）使用默认值的自定义函数

在定义函数指定参数时,有时候会有一些默认的值,可以利用"＝"先指定在参数列表上,如果在调用的时候没有设置此参数,那么该参数就使用默认的值。如:

```
>>> def add_ab(a,b,n =2):
    print(round(a + b,n))
>>> add_ab(2.353,3.566)
5.92
>>> add_ab(2.353,3.566,3)
5.919
```

4）参数个数不确定的自定义函数

这一类函数可以接受没有预先设置的参数个数,定义方法是在参数的前面加上" ＊"。具体可以参考图 7-3 所示。

5）使用 lambda 匿名函数的自定义函数

知识拓展　　Python 匿名函数

在 Python 中使用 lambda 来创建匿名函数,lambda 只是一个表达式,而不是一个代码块,函数体比 def 简单,语法如下:

<函数名>=lambda <参数列表>:<表达式>

它等价于保留字 def 自定义函数:

```
def <函数名> ( <参数列表> ) :
return <表达式>
```

通过对比发现,lambda 函数主要用于定义简单的、能够在一行内表示的函数。例如,我们设计一个固定资产直线法计提折旧的函数如下:

```
>>> depreciation =lambda cost, salvage, life:cost* (1- salvage)/ life
>>> depreciation(10000,0.05,5)
```

输出结果:＜1900.0＞

2. 直接调用

如实例 7.2 中,定义了函数 lx(),程序内就可以直接调用该函数,只需要将函数 lx()的实参赋值给形参即可。如:lx(' 2022-03-05 ', 60, ' 2022-04-06 ', 1000000, 0.1)。

3. 跨文件调用

1) 同一文件夹调用

如果想调用的函数在另一个 py 文件中,但当前程序文件与其在同一文件夹内,可以不使用路径调用,直接利用 import ＜文件名＞引入该文件内容,具体使用文件内定义的函数,可以采用文件名. 函数名()或 form ＜＞ import ＊引入所有函数,直接使用函数名()即可。例如,在当前程序中想调用同一文件夹内 listtotal. py 文件中的 sumlist()函数,可以使用如下代码:

```
>>> import listtotal
      或
>>> from listtotal import *
```

2) 不同文件夹调用

如果想要调用的函数 py 文件与当前程序文件不在同一文件目录,就需要先引入文件路径,再引入 py 文件,最后调用文件中的函数。例如,我们想调用"D:\python\函数"文件夹中 add. py 文件中的函数 add1_n(),那么我们可以使用如下代码:

```
>>> import sys  # 引入 sys 库
>>> sys.path.append(r'D:\python\函数')  # 引入文件路径
>>> import add  # 引入 add.py 文件
>>> from add import add1_n  # 引入 add1_n()函数
```

注意：对于模块和编写程序不在同一个文件目录下时，可以把模块的路径通过 sys. path. append(r'路径')的方式添加到程序中，从而引入模块或 py 文件。

即问即答 ------------→

以下关于函数调用描述正确的是(　　)。

A. Python 内置函数调用前需要引用相应的库

B. 函数和调用只能发生在同一个文件中

C. 函数在调用前不需要定义

D. 自定义函数调用前必须定义

大显身手

请参照任务二【实例 7.2 应收票据贴现息】的步骤完成科云数智化财务云平台【项目一 任务 9】的示例 1、2 的代码编辑及运行。

任务二思维导图

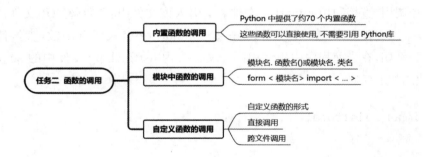

项目总结

本项目主要介绍了 Python 中函数的概念、参数、变量和返回值，并对不同函数的调用做出了详细介绍。除此，还介绍了 Python 匿名函数和 datetime 库的应用。

技能训练

一、单选题

1. 以下关于函数优点的描述中，错误的是(　　)。

A. 函数便于阅读
B. 函数可以使程序更加模块化
C. 函数可以减少代码重复
D. 函数可以表现程序的复杂度

2. Python 中定义函数的关键字是(　　)。

A. def 　　　　　B. define 　　　　　C. function 　　　　D. defun

3. 以下关于 Python 函数的描述中,错误的是(　　)。

A. 可以定义函数接受可变数量的参数

B. 定义函数时,某些参数可以赋予默认值

C. 函数必须要有返回值

D. 函数可以同时返回多个结果

4. 以下关于 Python 函数的描述中,错误的是(　　)

A. Python 程序需要包含一个主函数且只能包含一个主函数

B. 如果 Python 程序包含一个函数 main(),这个函数与其他函数地位相同

C. Python 程序可以不包含 main()函数

D. Python 程序的 main()函数可以改变为其他名称

5. 以下代码的输出结果是(　　)。

```
for s in "PythonNCRE":
    if s =="N":
        continue
    print(s,end ="")
```

A. ON 　　　　　　　　　　　　　　B. PythonCRE

C. Python 　　　　　　　　　　　　D. PythonNCRE

6. 以下关于 Python 语言 return 语句的描述中,正确的是(　　)。

A. return 只能返回一个值

B. 函数必须有 return 语句

C. 函数可以没有 return 语句

D. 函数中最多只有一个 return 语句

7. 以下关于 Python 全局变量和局部变量的描述中,错误的是(　　)。

A. 局部变量在函数内部创建和使用,函数退出后变量被释放

B. 全局变量一般指定义在函数之外的变量

C. 使用 global 保留字声明后,变量可以作为全局变量使用

D. 当函数退出时,局部变量依然存在,下次函数调用可以继续使用

8. 以下代码的输出结果是(　　)。

```
CList = list(range(5))
print(2 in CList)
```

A. 0 　　　　　　　B. False 　　　　　C. True 　　　　　D. −1

9. 关于以下代码的描述中,错误的是(   )。

```python
def fact(n):
    s = 1
    for i in range(1, n + 1):
        s *= i
    return s
```

A. 代码中 n 是可选参数

B. fact(n) 函数功能为求 n 的阶乘

C. s 是局部变量

D. range() 函数是 Python 内置函数

10. 以下代码的输出结果是(   )。

```python
def func(a, b):
    a *= b
    return a
s = func(5, 2)
print(s)
```

A. 25   B. 20   C. 10   D. 5

二、 请完成科云数智化财务云平台【项目一　任务 8】的课后练习的客观题和 Python 程序题的代码编辑及运行。

三、 请完成科云数智化财务云平台【项目一　任务 9】的课后练习的客观题和 Python 程序题的代码编辑及运行。

第三部分

财务大数据技术运用

项目八 财务大数据获取

学习目标

☆ 知识目标 ///

1. 掌握文件数据和网络数据的获取方法。
2. 了解爬虫含义及工作原理。
3. 了解数据 HTTP 协议、URL、Response。

☆ 技能目标 ///

1. 能够根据分析目标,确定数据的来源,并进行环境的设置。
2. 能够使用 requests 库进行简单的数据获取。

☆ 素养目标 ///

1. 培养财经商贸类专业学生充分利用大数据的意识。
2. 培养财经商贸类专业学生的效率意识。

☆ 思政目标 ///

1. 培养学生数据利用的相关技能,引导学生积极投身于数字中国建设。
2. 通过爬虫技术的运用,学生认识到数据获取过程中要充分考虑信息安全、遵纪守法,对于如何正确获取网络资源有了新的认识。

导入案例

随着中国消费者的消费能力及人均可支配收入迅速提高。预计到 2025 年,一线城市及新一线城市的人均可支配收入将分别继续增至约 10.05 万元及 6.39 万元。随着购买力的提升,中国消费者愿意在现制茶饮产品上花费更多,尤其是在高端现制茶饮店。请使用 Power BI 获取大数据中心养元饮品公司利润表数据,并对养元饮品利润表进行分析。

利润表- URL

https://keyun-oss. acctedu. com/app/bigdata/2020/company/year/lrb_603156. csv

任务一 / 文件数据获取

　　获取网络中现存的文件,要先了解数据存放地址,然后选择合适的爬虫工具,通过 requests 库从文件地址中读取文件,并通过 python 自带的函数 open()、write() 将从网页中获取的文件数据保存到本地,而对于非文件数据则需要编写专门的爬虫程序进行下载。文件类数据的爬取过程如图 8-1 所示。

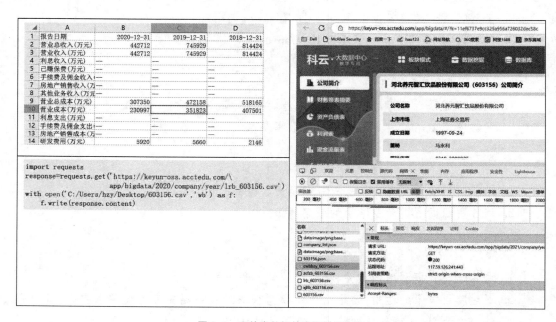

图 8-1　文件类数据的爬取过程图示

 任务实施

一、获取本地文件

1. 用 open() 函数打开文件

用 open() 函数打开一个文件,同时返回一个 File 对象。

open() 函数用于创建或打开指定文件,该函数的常用语法格式如下。

```
file = open(file, mode ='r', buffering = - 1, encoding =None, errors =
None, newline =None, closefd =True, opener =None)
```

此格式中,用括起来的部分为可选参数,即可以使用也可以省略。其中,各个参数所代表的含义如下:

(1) file,表示要创建的文件对象。

(2) file_name,要创建或打开文件的文件名称,该名称要用引号(单引号或双引号都可以)括起来。需要注意的是,如果要打开的文件和当前执行的代码文件位于同一目录,则直接写文件名即可;否则,此参数需要指定打开文件所在的完整路径。

(3) mode,可选参数,用于指定文件的打开模式。可选的打开模式如表 8-2 所示。如果不写,则默认以只读(r)模式打开文件。

(4) buffering,可选参数,用于指定对文件做读写操作时,是否使用缓冲区(本任务后续会详细介绍)。

(5) encoding,手动设定打开文件时所使用的编码格式,不同平台的 encoding 参数值也不同,以 Windows 为例,其默认为 cp936(实际上就是 GBK 编码)。

2. Write()函数

可以利用 Write()函数写入特定内容。

```
Write(data)
```

Write()函数的参数是一个字符串,分以下 2 种情况:

(1) 通过 write()函数向文件中写入一行。

```
f =open(r"C:\Users\Administrator\Desktop\test.txt",'w')
f.write(' I love my hometown!\n')   # 写入的字符串包含一个换行符。
f.close()
```

运行结果为:

```
I love my hometown!
```

(2) 通过 write()函数向文件中写入多行。

```
f =open(r"C:\Users\Administrator\Desktop\test.txt",'w')
f.write(' I love my hometown!\n I love my country!\n')   # 写入的字符串包
含多个换行符
f.close()
I love my hometown!
I love mycountry!
```

二、获取网络文件

1. 引入 requests 库

打开 Jupyter，在命令行中输入：

```
import requests
```

2. 获取 URL 地址中的资源

```
response =requests.get('https://keyun-oss.acctedu.com/\
                        app/bigdata/2020/company/year/lrb_603156.csv')
```

如果在一些需要账号和密码登录的地址中获取资源则需要调整 requests 请求的参数。

3. 将获取的资源保存到本地

```
with open('C:/Users/hzy/Desktop/603156.csv','wb') as f:
    f.write(response.content)
```

打开文件地址，文件已经保存到"C:/Users/hzy/Desktop"文件夹下，本处也就是放到了桌面，如图 8-2 所示。

图 8-2　数据爬取结果查看

打开对应的文件以查询数据下载是否正确。

本方法不仅仅对于 csv 文件有效，对所有的具有确切地址的文件类型都适用，如 jpg、MP4、PDF 等，读者可以尝试修改地址来完成。

4. 定义爬虫

1）自定义爬虫函数

对于多个文件的下载，每次都编辑文件获取，并保存到本地，也很麻烦，那么可以将文件爬虫设置为一个函数，通过调用函数的方法来获取文件，如图 8-3 所示。

```
# 引入库
import requests

# 自定义爬虫函数
def spider(url,filename):
    try:
        r = requests.get(url,timeout=5)
        r.raise_for_status()
        r.encoding = r.apparent_encoding
        if(filename.endswith("xls") or filename.endswith("xlsx")):
            with open(filename,'wb') as f:
                f.write(r.content)
        else :
            with open(filename,'w',encoding='utf-8') as f:
                f.write(r.text)
        return print('文件: ',filename,'下载成功! ')
    except:
        return print('下载失败! ')

# 调用爬虫函数
spider('https://keyun-oss.acctedu.com/app/bigdata/2020/block/hy003003.json','cky.json')
```

文件: cky.json 下载成功!

图 8-3 爬虫设置与文件下载图示

2）批量获取数据

爬虫定义完毕后，可以通过调用爬虫的方法来获取文件了。根据爬虫的定义，里面含有两个参数：url 和 filename。因此在调用爬虫函数时，要列明参数，如图 8-4 所示。

```
# 环境准备
from keyun.utils import *        # 科云第三方库
import pandas as pd              # pandas数据处理库
import numpy as np               # numpy数据处理库
from pyecharts.charts import*    # pyecharts可视化工具库

# 数据抓取
spider('https://keyun-oss.acctedu.com/app/bigdata/case/zxqydsjjyfx/qyzlgh.xlsx','企业战略规划.xlsx')
spider('https://keyun-oss.acctedu.com/app/bigdata/case/zxqydsjjyfx/lnxssj.xlsx','历年销售数据.xlsx')
spider('https://keyun-oss.acctedu.com/app/bigdata/case/zxqydsjjyfx/yjlrb.xlsx','预计利润表.xlsx')
spider('https://keyun-oss.acctedu.com/app/bigdata/case/zxqydsjjyfx/xsmxb.xlsx','销售明细表.xlsx')
spider('https://keyun-oss.acctedu.com/app/bigdata/case/zxqydsjjyfx/zcfzb.xlsx','资产负债表.xlsx')
spider('https://keyun-oss.acctedu.com/app/bigdata/case/zxqydsjjyfx/lrb.xlsx','利润表.xlsx')
spider('https://keyun-oss.acctedu.com/app/bigdata/case/zxqydsjjyfx/hycwzb.xlsx','行业财务指标.xlsx')
spider('https://keyun-oss.acctedu.com/app/bigdata/case/zxqydsjjyfx/chart_config.json','chart_config.json')
spider('https://keyun-oss.acctedu.com/app/bigdata/case/zxqydsjjyfx/BigDataConfig.py','BigDataConfig.py')
```

文件: 企业战略规划.xlsx 下载成功!
文件: 历年销售数据.xlsx 下载成功!
文件: 预计利润表.xlsx 下载成功!
文件: 销售明细表.xlsx 下载成功!
文件: 资产负债表.xlsx 下载成功!
文件: 利润表.xlsx 下载成功!
文件: 行业财务指标.xlsx 下载成功!
文件: chart_config.json 下载成功!
文件: BigDataConfig.py 下载成功!

图 8-4 爬虫函数调用与多文件爬取

任务一思维导图

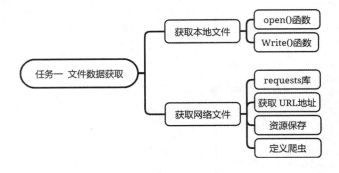

任务二 / 网络数据爬取

任务描述

众维科技公司研发部,定期从各大网站爬取信息,以供研发方向定位,其中 Solidot. org 网站就是信息来源之一,Solidot. org 是在学习国外的 Slashdot. org 而建立的中文科技信息交流平台和开源新闻平台。现在技术人员拟从其软件板块(https://software. solidot. org/)爬取相关热点技术信息,板块信息与网页代码如图 8-5 所示。

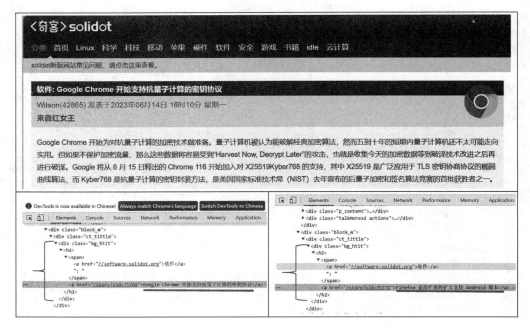

图 8-5 https://software. solidot. org 网页代码与目标数据图示

一、获取网页信息

爬虫技术可以高效便捷地获取网页中的海量数据。

有些网站会设置反爬虫技术,这就使得我们获取数据的难度增大,同时,在使用过程中,我们需要遵守相关法律法规。避免涉及他人个人信息、隐私或者机密性的文件,也不能侵犯版权、著作权、专利技术等其他受法律法规保护的内容。

1. Requests

requests 是一个很实用的 Python HTTP 客户端库,爬虫和测试服务器响应数据时经常会用到,requests 是 Python 语言的第三方的库,专门用于发送 HTTP 请求。

爬取网页方法:

```
r =requests.get(url)
```

利用 requests 函数中的 get(url)发出请求进而获取 URL 位置的资源,最终返回 response 对象。

2. Response

Response 对象用于动态响应客户端请示,控制发送给用户的信息,并将动态生成响应。request 是代表 HTTP 请求信息的对象,response 是代表 HTTP 响应信息的对象。

当浏览器发请求访问服务器中的某一个 Servlet 时,服务器将会调用 Servlet 中的 service 方法来处理请求。在调用 service 方法之前会创建出 request 和 response 对象。

其中,request 对象中封装了浏览器发送给服务器的请求信息(请求行、请求头、请求实体等),response 对象中将会封装服务器要发送给浏览器的响应信息(状态行、响应头、响应实体),在 service 方法执行完后,服务器再将 response 中的数据取出,按照 HTTP 协议的格式发送给浏览器。

每次浏览器访问服务器,服务器在调用 service 方法处理请求之前都会创建 request 和 response 对象。(即服务器每次处理请求都会创建 request 和 response 对象)

在请求处理完,响应结束时,服务器会销毁 request 和 response 对象。

二、"科云大数据中心"财务数据爬取

本处以科云大数据中心中的数据为例进行数据的爬取。

1. 网页请求

```
# 引入 requests
import requests
# 发送请求(爬取"科云大数据中心"——平安银行股份有限公司的股价信息表)
r = requests.get('https://keyun - oss.acctedu.com/app/bigdata/2021/
trade_info/000001.csv')
# 检测请求的状态码
print(r.status_code)
# 查看响应内容
r.text
```

响应结果如图 8-6 所示。

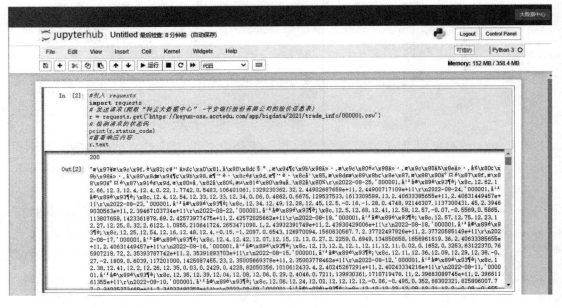

图 8-6   查看响应结果

2. 数据编码的转换

获取真实编码方式,如图 8-7 所示。

```
In  [3]: r.encoding
Out[3]: 'ISO-8859-1'

In  [5]: r.apparent_encoding
Out[5]: 'utf-8'

In  [6]: r.encoding = r.apparent_encoding # 指定编码
         r.text # 查看响应内容
Out[6]: "日期,股票代码,名称,收盘价,最高价,最低价,开盘价,前收盘,涨跌额,涨跌幅,换手率,成交量,成交金额,总市值,流通市值\r\n2022-08-25,'0
00001,平安银行,12.62,12.66,12.3,12.4,12.4,0.22,1.7742,0.5483,106401061,1329230362.32,2.44902687659e+11,2.44900717109e+11\r\n
2022-08-24,'000001,平安银行,12.4,12.54,12.33,12.33,12.34,0.06,0.4862,0.6675,129537533,1613309589.13,2.40633385655e+11,2.4063
1449457e+11\r\n2022-08-23,'000001,平安银行,12.34,12.49,12.28,12.45,12.5,-0.16,-1.28,0.4748,92146307,1137300431.45,2.39469030
563e+11,2.39467103734e+11\r\n2022-08-22,'000001,平安银行,12.5,12.68,12.41,12.58,12.57,-0.07,-0.5569,0.5865,113807658,1423361
878.69,2.42573977475e+11,2.42572025662e+11\r\n2022-08-19,'000001,平安银行,12.57,12.75,12.23,12.27,12.25,0.32,2.6122,1.0855,2
10641724,2653471090.1,2.43932391749e+11,2.43930429006e+11\r\n2022-08-18,'000001,平安银行,12.25,12.54,12.16,12.48,12.4,-0.15,
-1.2097,0.6543,126970094,1560630567.7,2.37722497926e+11,2.37720585149e+11\r\n2022-08-17,'000001,平安银行,12.4,12.42,12.07,1
2.15,12.13,0.27,2.2259,0.6949,134850658,1656961619.36,2.40633385655e+11,2.40631449457e+11\r\n2022-08-16,'000001,平安银行,12.
13,12.2,12.1,12.11,12.11,0.02,0.1652,0.3253,63122370,765907218.72,2.35393787742e+11,2.35391893703e+11\r\n2022-08-15,'000001,
平安银行,12.11,12.36,12.09,12.29,12.38,-0.27,-2.1809,0.6039,117201000,1425087455.23,2.35005669378e+11,2.35003778462e+11\r\n2
022-08-12,'000001,平安银行,12.38,12.41,12.2,12.26,12.35,0.03,0.2429,0.4228,82050356,1010612433.4,2.40245267291e+11,2.4024333
4216e+11\r\n2022-08-11,'000001,平安银行,12.35,12.39,12.04,12.08,12.06,0.29,2.4046,0.7211,139930361,1710719478.11,2.396630897
45e+11,2.39661161355e+11\r\n2022-08-10,'000001,平安银行,12.06,12.24,12.02,12.12,12.12,-0.06,-0.495,0.352,68302321,825806007.
77,2.34035373468e+11,2.34033490359e+11\r\n2022-08-09,'000001,平安银行,12.12,12.22,12.08,12.21,12.2,-0.08,-0.6557,0.2878,5584
4757,677098632.55,2.3519972856e+11,2.35197836082e+11\r\n2022-08-08,'000001,平安银行,12.2,12.36,12.16,12.25,12.31,-0.11,-0.89
36,0.2845,55199969,674950920.8,2.36752202016e+11,2.36750297047e+11\r\n2022-08-05,'000001,平安银行,12.31,12.33,11.98,12.13,1
2.16,0.15,1.2336,0.3944,76529787,930836354.1,2.38886853017e+11,2.38884930872e+11\r\n2022-08-04,'000001,平安银行,12.16,12.17,
12.02,12.1,12.03,0.13,1.0806,0.3106,60267562,729351710.02,2.35975965288e+11,2.35974066564e+11\r\n2022-08-03,'000001,平安银
```

图 8-7　生成数据

3. 数据拆分

对 txt 文本内容进行分行时，需要将文本文件按照换行符拆分，生成列表数据，如图 8-8 所示。

将文本差分为列表数据：

```
a =r.text
b =a.split('\r\n',- 1)
```

```
import requests
import xlwt
r=requests.get('https://keyun-oss.acctedu.com/app/bigdata/2021/trade_info/000001.csv')
r.encoding
r.encoding=r.apparent_encoding
a=r.text
b=a.split('\r\n',-1)
b
```

```
['日期,股票代码,名称,收盘价,最高价,最低价,开盘价,前收盘,涨跌额,涨跌幅,换手率,成交量,成交金额,总市值,流通市值'
 "2022-08-25,'000001,平安银行,12.62,12.66,12.3,12.4,12.4,0.22,1.7742,0.5483,106401061,1329230362.32,2.449026
 "2022-08-24,'000001,平安银行,12.4,12.54,12.33,12.33,12.34,0.06,0.4862,0.6675,129537533,1613309589.13,2.4063
 "2022-08-23,'000001,平安银行,12.34,12.49,12.28,12.45,12.5,-0.16,-1.28,0.4748,92146307,1137300431.45,2.39469
 "2022-08-22,'000001,平安银行,12.5,12.68,12.41,12.58,12.57,-0.07,-0.5569,0.5865,113807658,1423361878.69,2.42
 "2022-08-19,'000001,平安银行,12.57,12.75,12.23,12.27,12.25,0.32,2.6122,1.0855,210641724,2653471090.1,2.4393
 "2022-08-18,'000001,平安银行,12.25,12.54,12.16,12.48,12.4,-0.15,-1.2097,0.6543,126970094,1560630567.7,2.377
 "2022-08-17,'000001,平安银行,12.4,12.42,12.07,12.15,12.13,0.27,2.2259,0.6949,134850658,1656961619.36,2.4063
 "2022-08-16,'000001,平安银行,12.13,12.2,12.1,12.11,12.11,0.02,0.1652,0.3253,63122370,765907218.72,2.3539378
```

图 8-8　list 数据转换

将列表数据拆分为二维数据表：

```
for i in range(len(b)):
    c =b[i].split(',',- 1)
```

4. 写入 Excel 中

写入 Excel 需要导入新的第三方库 xlwt,将二维数组,分别填入到表格对应的单元格中,并保存到本地文件,效果如图 8-9 所示。

```
import requests
import xlwt
r=requests. get('https://keyun-oss. acctedu. com/app/bigdata/2021/trade_info/000001. csv')
r. encoding
r. encoding=r. apparent_encoding
a=r. text
b=a. split(' \r\n',-1)


workbook = xlwt. Workbook()
sheet = workbook. add_sheet("Sheet")


for i in range(len(b)):
    c=b[i]. split(',',-1)
    for j in range(len(c)):
        sheet. write(i, j, c[j])

workbook. save("C://Users/hzy/Desktop/test1. xls")
```

	A	B	C	D	E	F	G	H	I	J	K
1	日期	股票代码	名称	收盘价	最高价	最低价	开盘价	前收盘	涨跌额	涨跌幅	换手率
2	2022-08-25	'000001	平安银行	12.62	12.66	12.3	12.4	12.4	0.22	1.7742	0.5483
3	2022-08-24	'000001	平安银行	12.4	12.54	12.33	12.33	12.34	0.06	0.4862	0.6675
4	2022-08-23	'000001	平安银行	12.34	12.49	12.28	12.45	12.5	-0.16	-1.28	0.4748
5	2022-08-22	'000001	平安银行	12.5	12.68	12.41	12.58	12.57	-0.07	-0.5569	0.5865
6	2022-08-19	'000001	平安银行	12.57	12.75	12.23	12.27	12.25	0.32	2.6122	1.0855
7	2022-08-18	'000001	平安银行	12.25	12.54	12.16	12.48	12.4	-0.15	-1.2097	0.6543
8	2022-08-17	'000001	平安银行	12.4	12.42	12.07	12.15	12.13	0.27	2.2259	0.6949
9	2022-08-16	'000001	平安银行	12.13	12.2	12.1	12.11	12.11	0.02	0.1652	0.3253
10	2022-08-15	'000001	平安银行	12.11	12.36	12.09	12.29	12.38	-0.27	-2.1809	0.6039
11	2022-08-12	'000001	平安银行	12.38	12.41	12.2	12.26	12.35	0.03	0.2429	0.4228
12	2022-08-11	'000001	平安银行	12.35	12.39	12.04	12.08	12.06	0.29	2.4046	0.7211

图 8-9 二维数据转换

```
import xlwt
workbook = xlwt.Workbook()
sheet = workbook.add_sheet("Sheet")
for i in range(len(b)):
    c =b[i].split(',',- 1)
    for j in range(len(c)):
        sheet.write(i, j, c[j])
workbook.save("C://Users/hzy/Desktop/test1.xls")
```

5. 使用 Pandas 库直接读取

在经过上述处理后,已经将网页中的数据提取出来放到了 Excel 中,为后续的数据处理奠定了基础。但是在本处可以采用更简单的方法,比如 Pandas 来处理,步骤就非常的简单,如图 8-10 所示。

```
import pandas as pd
df = pd.read_csv('https://keyun-oss.acctedu.com/app/bigdata/2021/trade_info/000001.csv')
df
```

	日期	股票代码	名称	收盘价	最高价	最低价	开盘价	前收盘	涨跌额	涨跌幅	换手率	成交量
0	2022-08-25	'000001	平安银行	12.62	12.66	12.30	12.40	12.40	0.22	1.7742	0.5483	106401061
1	2022-08-24	'000001	平安银行	12.40	12.54	12.33	12.33	12.34	0.06	0.4862	0.6675	129537533
2	2022-08-23	'000001	平安银行	12.34	12.49	12.28	12.45	12.50	-0.16	-1.28	0.4748	92146307
3	2022-08-22	'000001	平安银行	12.50	12.68	12.41	12.58	12.57	-0.07	-0.5569	0.5865	113807658
4	2022-08-19	'000001	平安银行	12.57	12.75	12.23	12.27	12.25	0.32	2.6122	1.0855	210641724

图 8-10　Pandas 库数据读取

三、 正则表达式与信息获取

1. 解析网页信息

沿用任务描述中的资料,获取奇客网页数据。

使用 requests 库定义网页请求函数,获取网页代码,如图 8-11 所示。

2. 正则表达式截取标题信息

本处定义两步提取信息,

第一步,提取 div class＝"bg_htit" > 下的信息。

第二步,在第一步提取的内容中再次提取＜a 之间的信息。

```
import re
import requests
def main():
    req=requests.get("https://software.solidot.org/").text
    print(req)
if __name__=="__main__":
    main()
```

```
                                                </div>
                                    <div class="block_m">
            <div class="ct_title">
                <div class="bg_htit">
                    <h2>
                                                    <span><a
href='//software.solidot.org'软件</a>: </span>
                        <a href="/story?sid=75788>Google Chrome 开始支持抗量子计算的密
钥协议</a>
                    </h2>
                </div>
            </div>
```

图 8-11 奇客网目标网页解析

```
find_hiti =re.compile(r' div class ="bg_htit"> (.* ?)</div>',re.S)
title_divlist =re.findall(find_hiti,req)
```

效果如图 8-12 所示。

```
import re
import requests
find_hiti=re.compile(r' div class="bg_htit">(.*?)</div>',re.S)
find_title=re.compile(r' <a .*?>(.*?)</a>')
def main():
    req=requests.get("https://software.solidot.org/").text
    title_divlist=re.findall(find_hiti,req)
    print(title_divlist)
if __name__=="__main__":
    main()
```

```
['\r\n            <h2>\r\n\t\t\t\t\t\t<s
\r\n        <a href="/story?sid=75788>Google Chrome 开始支持抗量
<span>\r\n\t\t\t\t\t\t<a href=\'//software.solidot.o
<a href="/story?sid=75771>Firefox 桌面扩展将扩大支持 Android 版本</a>\t\t\t\t\t\t<span>\r\n
f="/story?sid=75716>Vim 作者 Bram Moolenaar 去世</a>\r\n        </h
<span><a href=\'//software.solidot.org'</span>软件</a>\r\n\t\t\t\t\t\t\t\t\t\t\t\t\t\t<a
和操作系统</a>\r\n        </h2>\r\n        ', '\r\n
\'//software.solidot.org'</span>软件</a>\r\n\t\t\t\t\t\t\t\t\t\t\t\t\t\t
</h2>\r\n        ', '\r\n            <h2>\r\n\t\t\t\t\t\t\t\t\t
</h2>\r\n\t\t\t\t\t\t\t\t\t            <a href="/story?sid=75664
</h2>\r\n\t\t\t\t\t\t\t\t\t            <a href="/story?sid=75640
'\r\n            <h2>\r\n\t\t\t\t\t\t\t\t
```

图 8-12 奇客网文章标题信息获取

3. 正则表达式截取目标信息

```
find_title =re.compile(r'<a .* ? >(.* ?)</a>')
for i in title_divlist:
    titlelist =re.findall(find_title,i)
```

在下面的信息中获取了文字信息，效果如图 8-13 所示。

```
import re
import requests
find_hiti=re.compile(r' div class="bg_htit">(.*?)</div>',re.S)
find_title=re.compile(r' <a .*?>(.*?)</a>')
def main():
    req=requests.get("https://software.solidot.org/").text
    title_divlist=re.findall(find_hiti,req)
    for i in title_divlist:
        titlelist=re.findall(find_title,i)
        print(titlelist)
if __name__=="__main__":
    main()
```

```
['软件', 'Google Chrome 开始支持抗量子计算的密钥协议']
['软件', 'Firefox 桌面扩展将扩大支持 Android 版本']
['软件', 'Vim 作者 Bram Moolenaar 去世']
['软件', 'ChromeOS 正在切分浏览器和操作系统']
['软件', 'Nim v2.0 释出']
['软件', 'Brave 表态不支持 Google 的 Web Environment Integrity']
['软件', '星际译王苹果版发布']
['科技', 'JetBrains 更新 IDE 整合 AI 助手']
['软件', '新浏览器 Arc 发布了 1.0 版本']
['软件', 'Firefox 的 Speedometer 离分超过了 Chrome']
['软件', '互联网档案馆改进 Flash 模拟支持']
['微软用 Aptos 替代 Calibri 作为办公软件默认字体']
['软件', 'Firefox 115 释出']
```

图 8-13 奇客网目标信息获取

4. 连接提取发布者与发布信息

```
if len(titlelist)> 1:
    title =titlelist[0]+ ":"+ titlelist[1]
else:
    title =titlelist[0]
    print(title)
```

通过这个设置将信息发布者与信息建立关联，效果如图 8-14 所示。

```
import re
import requests
find_hiti=re.compile(r'div class="bg_htit">(.*?)</div>',re.S)
find_title=re.compile(r'<a .*?>(.*?)</a>')
def main():
    req=requests.get("https://software.solidot.org/").text
    title_divlist=re.findall(find_hiti,req)
    for i in title_divlist:
        titlelist=re.findall(find_title,i)
        if len(titlelist)>1:
            title=titlelist[0]+":"+titlelist[1]
        else:
            title=titlelist[0]
        print(title)
if __name__=="__main__":
    main()
```

软件:Google Chrome 开始支持抗量子计算的密钥协议
软件:Firefox 桌面扩展将扩大支持 Android 版本
软件:Vim 作者 Bram Moolenaar 去世
软件:ChromeOS 正在切分浏览器和操作系统
软件:Nim v2.0 释出
软件:Brave 表态不支持 Google 的 Web Environment Integrity
软件:星际译王苹果版发布
科技:JetBrains 更新 IDE 整合 AI 助手
软件:新浏览器 Arc 发布了 1.0 版本
软件:Firefox 的 Speedometer 跑分超过了 Chrome
软件:互联网档案馆改进 Flash 模拟支持
微软用 Aptos 替代 Calibri 作为办公软件默认字体
软件:Firefox 115 释出
当数千阿根廷 Firefox 用户遭遇浏览器崩溃
软件:DuckDuckGo 发布 Beta 版 Windows 浏览器
软件:Mullvad 浏览器使用的搜索引擎 Mullvad Leta

图 8-14　奇客网目标信息数据整合

 相关知识

一、爬虫工作原理

1. 爬虫目标

爬虫是一种按照一定的规则，自动地抓取万维网信息的程序或者脚本。类似于在蜘蛛网上爬行的蜘蛛，当发现食物时，就会及时抓取，收入囊中。爬虫可以将网页中的数据（可以是电影、小说、图片、音乐、代码等）下载并保存，供后期分析使用。只要能通过浏览器访问的数据都可以通过爬虫获取。Python 为广大用户提供了高效的网络爬虫资源（例如 requests 库），代码简洁，并且在抓取过程中可以实现特定的筛选功能，大大提高了数据的利用效率。

爬虫技术本身是合法的，在使用过程中，我们要明确合法的使用目的，访问合法的网页，获取合法的数据。

2. 爬虫工作流程

爬虫技术本质上是模拟用户浏览网页的过程，先向目标站点发送请求，等待响应后

提取保存相关数据,具体流程如图 8-14 所示。

    1)发起请求

通过 URL 向服务器发送请求,等待服务器响应。

    2)获取响应

服务器能正常响应后,即可得到所要获取的页面内容。

    3)解析内容

对得到的内容进行解析,从中获取有价值的数据。

    4)保存数据

形式多样,可以存为文本格式,或是数据库及其他格式。

爬虫流程如图 8-15 所示。

图 8-15 爬虫流程

HTTP 协议又称超文本传输协议(Hyper Text Transfer Protocol,HTTP),用于万维网服务器与本地浏览器之间的传输,它指定了客户端可能发送给服务器什么样的消息以及得到什么样的响应。我们日常访问网页时,输入网址跳转到网页后,网址前面自动添加的"http://"就是遵守 HTTP 协议的体现。

表 8-1 HTTP 协议函数

方法	说明
GET	请求获取 URL 位置的资源
HEAD	请求获取 URL 位置资源的响应信息报告
POST	请求向 URL 位置的资源后附加新的消息
PUT	请求向 URL 位置存储一个资源,覆盖原 URL 位置的资源
PATCH	请求局部更新 URL 位置的资源,即改变该处资源的部分内容
DELETE	请求删除 URL 位置存储的资源

URL:即统一资源定位系统,是因特网的万维网服务程序上用于指定信息位置的表示方法。爬取数据的过程中,URL 是起到定位作用的关键信息,是爬取数据的基本依据,浏览器识别到唯一地址后,就可以准确地获取指定资源了。

爬取的数据类型常见的有 HTML 文档、json 格式化文本、二进制文件以及其他形式。

二、 文件读取参数

在 Python 中,文件写入提供了不同的模式和方法来满足不同的需求。正确地选择文件读写方式,对数据的处理非常重要。以下是关于文件写入的全部内容及示例代码,如表 8-2 所示。

表 8-2　文件读取参数表

参数	读写方式	示例
r	读取文件,若文件不存在则会报错	♯打开文件进行操作 with open (" a. txt ", "w") as file: 　file.write("123") 　file.write("456") ♯结果为 123456 虽然 w 操作模式会进行覆盖,但是此时没有 ♯再次打开文件进行操作 with open (" a. txt ", "w") as file: 　file.write("123") ♯结果为 123 此时才是覆盖原来的 a. txt
w	写入文件,若文件不存在则会先创建再写入,会覆盖原文件	
a	写入文件,若文件不存在则会先创建再写入,但不会覆盖原文件,而是追加在文件末尾	
rb,wb	分别于 r,w 类似,但是用于读写二进制文件	
r+	可读、可写,文件不存在也会报错,写操作时会覆盖	
w+	可读,可写,文件不存在先创建,会覆盖	
a+	可读,可写,文件不存在先创建,不会覆盖,追加在末尾	

💡 **任务二思维导图**

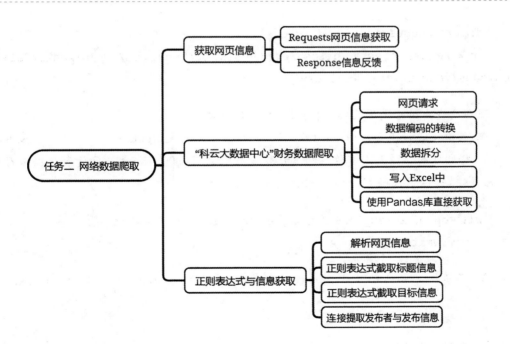

项目总结

本项目介绍了网页的基本构成要素,通过 requests 库进行网页的访问以及数据的获取,python 自带的 open()函数、write()函数在数据爬取中的使用方法以及基本爬虫程序的编写。

技能训练

一、单选题

1. 以下各项不是爬虫的基本流程的是( )。

A. 发送请求   B. 解析内容

C. 保存数据   D. 数据清洗

2. ( )是统一资源定位符,也就是网址。

A. HTTP   B. URL

C. Response   D. Requests

3. 利用爬虫获取 html 网页,可以选择的代码是( )。

A. requests. get()   B. requests. head()

C. requests. post()   D. requests. put()

4. 爬取新疆天山畜牧生物工程股份有限公司(300313)资产负债表,代码如下:

```
import requests
r = requests. get(' https://keyun-oss. acctedu. com/app/bigdata/2019/
company/year/zcfzb_300313.csv')
```

现在要查看请求是否连接成功,可以输入的代码是( )。

A. r. status_code   B. r. text   C. r. content   D. r. headers

5. 将爬取的新疆天山畜牧生物工程股份有限公司(300313)资产负债表数据保存为 csv 文件,根据以下代码 f. write()内应填入的是( )。

```
with open(' zcfzb_300313.csv','w',encoding ='utf - 8') as f:
    f.write()
```

A. 不填   B. r. encoding   C. r. content   D. r. text

二、多选题

1. 爬虫能够爬取的数据类型有( )。

A. json 格式   B. HTML 文档   C. 图片   D. 视频

2. 以下属于 HTTP 协议的请求方式的有(　　)。

A. Get　　　　　　　B. Post　　　　　　　C. Delete　　　　　　　D. Push

3. x='789',现在要把该字符串转换成二进制 y,以下代码不正确的有(　　)。

A. y＝x

B. y＝x. decode()

C. y＝x. encode()

D. y＝tybe(x)

4. 关于 python 爬虫,以下说法正确的有(　　)。

A. 用户看到的网页实质是由 HTML 代码构成的

B. 爬虫爬取数据时,必须有一个目标 URL 才可以获取数据,URL 是爬虫获取数据的基本依据

C. 在一个 HTML 页面中可能存在多个 URL,URL 是统一资源定位符,每个文件都有多个 URL

D. HTTP 协议是指超文本传输协议,采用 URL 作为定位网络资源的标识符

5. 以下代码为爬虫自定义函数,根据该代码,以下选项描述正确的有(　　)。

```python
def spider(url,filename):
    try:
        r = requests.get(url,timeout =10)
        r.raise_for_status()
        r.encoding = r.apparent_encoding
        with open(filename,'wb') as f:
            f.write(r.content)
        return print('文件:',filename,'下载成功!')
    except:
        return print('下载失败!')
```

A. 语句开始执行,如果时间超过 10 秒没有收到响应,则抛出异常,执行 return print('下载失败!')

B. 如果语句 rraise_for_status()返回状态码为 200,则执行语句 return print('下载失败!')

C. 爬取数据保存格式为 Excel 文件(xlsx/xls)、图片类文件(png/jpg)、视频类文件(mp4)等

D. try 语句先执行,若发生异常情况,则执行 except 语句

三、实操题

1. 请完成科云数智化财务云平台【项目二　任务 2】的课后练习的客观题和 Python 程序题的代码编辑及运行。

2. 浏览科云大数据平台,查询相关信息,获取真实地址,修改科云自定义爬虫,进行相关信息的下载,并简要说明数据的内容,如:

```
https://keyun-oss.acctedu.com/app/bigdata/2021/company/year/cwbbzy_
000002.csv
```

项目九 财务大数据清洗与统计

学习目标

☆ 知识目标

1. 掌握 Pandas 数据类型。
2. 掌握 Pandas 中的常用函数。
3. 掌握 Pandas 对不同文件的读写方法。
4. 理解数据筛选方法的不同应用场景。
5. 掌握 Pandas 对重复值、缺失值及异常情况的处理。
6. 掌握 Pandas 数据的统计分析、数据组合与拆分。

☆ 技能目标

1. 学会使用 Pandas 对 Excel 数据进行计算、统计等操作。
2. 能使用 Pandas 中 isna()、dropna()、fillna()等函数,进行简单的数据清洗。
3. 能使用 Pandas 中 groupby()、merge()、concat()、describe()、sort_values()函数完成数据透视与大数据分析。

☆ 素养目标

1. 培养财经商贸类专业学生具有学习新技术,不断挑战自我的能力。
2. 培养财经商贸类专业学生创新意识。
3. 培养财经商贸类专业学生认真负责、严谨细致的工作态度。

☆ 思政目标

1. 了解数据分析师岗位职责,培养学生爱岗敬业的工作态度,激发学生学习数据可视化技术的信心与兴趣。
2. 提高学生学习的主动性与创造性,养成严谨客观的学习态度,培养团结协作的意识和吃苦耐劳的精神。
3. 具备数据保密意识,遵守相关法规,恪守职业道德,养成尊重数据、务实严谨的科学态度。

导入案例

东原悦荟超市坐落在一个繁华的商业区,每天客流量很大,多个收银台连接服务器,在一天经营结束后数据库自动汇总数据。月底管理者导出销售流水,想对数据做个简单分析以便了解产品销售情况、员工业绩、客流量特点,但数据量很大,不便直观观察。信息处员工提出可以在 Python 中导入 Pandas 第三方库,使用 pandas 命令进行汇总,进行数据的描述。那么 Pandas 是什么?

Pandas 是 Python 中进行数据分析的一个重要第三方库,该库提供了高效操作大型数据集所需的工具,同时提供了大量处理数据的函数和方法,使 Python 成为强大而高效的数据分析环境。

本项目将利用 Pandas 库中的一些命令在 jupter 环境下对超市销售数据以及其他的一些财务数据进行数据描述,数据查询,为后期的数据处理、数据展示提供基础数据。

任务一 / 初识数据分析工具 Pandas

任务描述

数据分析需要先了解数据结构,使用 Pandas 就需要知道 Pandas 的数据结构,Pandas 数据结构包括:一维数据、二维数据。一维数据使用 Series 格式。二维数据结构为 DataFrame 格式。DataFrame 数据结构样式是财务大数据分析中重要的数据形式,其数据源主要来自 Excel、csv 文件,Pandas 提供了多种数据源得读取方法,如图 9-1 所示。本任务主要通过 Pandas 对各种数据源文件的处理来介绍 Pandas 数据结构及数据查询与使用。

对照基础数据表、Pandas 读入数据的命令与效果图,百度查询文件读入函数详细解释,分析各个参数设置的目的?

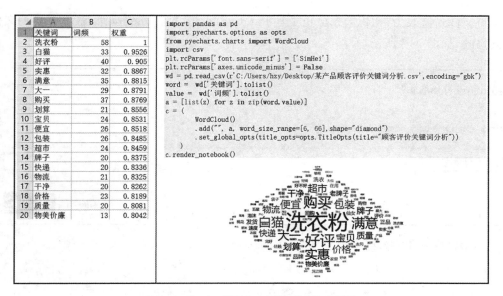

图 9-1　Pandas 读取 Excel 数据代码与效果图

任务实施

一、读取外部文件

（一）读取 Excel 文件

点击开始，打开安装的 anaconda 文件夹，选择 Jupyter Notebook，在自动打开的网页 Jupyter 右上角"New"处点击下拉三角，选择 Python 3，生成 Jupyter 文件，并在生成的第三张图中双击"Untitled＊＊"，打开文件名修改界面，准备修改文件名，如图 9-2 所示。

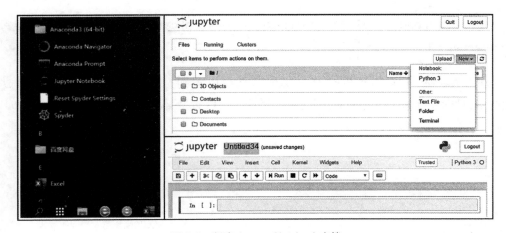

图 9-2　新建 Jupyter Notebook 文档

将文件名修改为"初识数据分析工具 Pandas",点击"Rename"按钮,就可以看到文件名被修改,如图 9-3 所示。

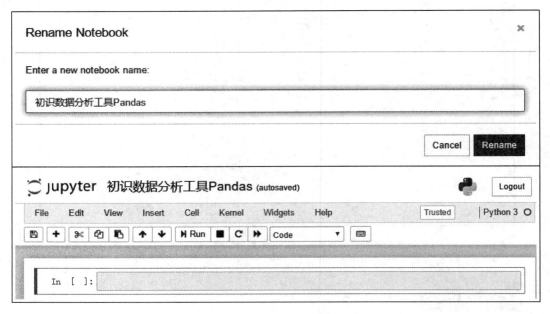

图 9-3　Jupyter Notebook 文件名修改

外网数据读入时在命令行中中录入:

```
Import pandas as pd
df = pd.read_excel(r'https://keyun- oss.acctedu.com/app/bigdata/
basics/data.xlsx',sheet_name =0,converters = {'年':str,'月':str})
```

电脑端读入时,需要确定文件所在位置:

```
df = pd.read_excel(r'C:/Users/hzy/Desktop/data.xlsx',sheet_name =0,
converters = {'年':str,'月':str})
```

输入显示命令,点击菜单栏中的"Run",就可以看到打开的文件数据,如果将命令中的 url 地址,直接粘贴到浏览器地址栏中,也可以下载 data. xlsx 文件,如图 9-4 所示。

图 9-4 科云数智化财务云平台数据读入

（二）读取其他外部文件的方法

读取 txt 文件：

```
data = pd.read_table('path', sep = '\t', header = None, names = ['第一列','第二列','第三列']);
```

读取 MySQL 数据库文件：

```
connect = pymysql.connect(host ='localhost',user = 'root',password = '1234',database = 'yy',port = 3306,charset ='utf-8')
user =pd.read_sql('select *  from yy',connect)
```

host：服务器地址，这里用的是本地 mysql；user：用户名；password：mysql 密码；database：数据库；port：端口号；charset：编码

掌握对 Excel、csv、txt 常用数据源读取方法，对学习读取其他外部文件会有很大的帮助。

二、 数据索引

（一）行列数据索引

读取文件后，我们需要浏览数据，如何按照使用者的要求让 Pandas 显示数据，就需要按照 Pandas 命令格式的要求在 Jupyter 中录入索引与查询命令。

1. 列字段索引

直接索引就是按照索引内容进行显示,这里索引内容一般为列表签。

(1) 单列字段索引。如果我们只显示平均流动资产列,那么我们可以在下一个命令中输入"df['平均流动资产'].head()",但该命令一般默认选择是前五行数据,通过在head()中录入数据,增加或减少显示数据,如图 9-5 所示。

df['平均流动资产'].head()	df['平均流动资产'].tail()
0 644977.56 1 668209.90 2 675872.23 3 692674.56 4 707906.90 Name: 平均流动资产, dtype: float64	19 968857.48 20 982145.51 21 998422.15 22 1022654.48 23 1047886.81 Name: 平均流动资产, dtype: float64
df['平均流动资产'].head(10)	df['平均流动资产'].tail(10)
0 644977.56 1 668209.90 2 675872.23 3 692674.56 4 707906.90 5 728139.23 6 746371.57 7 755603.90 8 762836.23 9 781868.56 Name: 平均流动资产, dtype: float64	14 890295.86 15 906228.14 16 921160.48 17 946492.81 18 953725.14 19 968857.48 20 982145.51 21 998422.15 22 1022654.48 23 1047886.81 Name: 平均流动资产, dtype: float64

图 9-5 单字段数据索引

第二图中使用到了 tail 函数,这个命令,大家可以思考一下 tail 函数的含义?

(2) 多列字段索引。让 Pandas 在读取 Excel 表单数据的基础上,显示某些字段的连续数据,需要列出 Excel 列名索引,如"df[['月','平均流动资产','平均流动负债']].head()",效果如图 9-6 所示。

df[['月','平均流动资产','平均流动负债']].head()	df[['年','月','平均流动资产','平均流动负债']].head()
<table><tr><th></th><th>月</th><th>平均流动资产</th><th>平均流动负债</th></tr><tr><td>0</td><td>1</td><td>644977.56</td><td>572266.12</td></tr><tr><td>1</td><td>2</td><td>668209.90</td><td>584387.34</td></tr><tr><td>2</td><td>3</td><td>675872.23</td><td>607200.23</td></tr><tr><td>3</td><td>4</td><td>692674.56</td><td>610013.12</td></tr><tr><td>4</td><td>5</td><td>707906.90</td><td>642826.01</td></tr></table>	<table><tr><th></th><th>年</th><th>月</th><th>平均流动资产</th><th>平均流动负债</th></tr><tr><td>0</td><td>2019</td><td>1</td><td>644977.56</td><td>572266.12</td></tr><tr><td>1</td><td>2019</td><td>2</td><td>668209.90</td><td>584387.34</td></tr><tr><td>2</td><td>2019</td><td>3</td><td>675872.23</td><td>607200.23</td></tr><tr><td>3</td><td>2019</td><td>4</td><td>692674.56</td><td>610013.12</td></tr><tr><td>4</td><td>2019</td><td>5</td><td>707906.90</td><td>642826.01</td></tr></table>

图 9-6 多字段数据索引

参照第一个图与命令，同学们可以思考第二张图的命令该如何修改？

2. 行数据筛选

Pandas 直接索引可以完成列索引，也能实现行索引，但是行索引依赖于按列字段查询符合条件的行：

（1）单条件数据筛选。条件索引又称布尔索引，即通过 Pandas 完成按条件筛选数据，比如筛选""平均所有者权益"小于 1 800 000 元的记录"、筛选"平均流动资产大于等于 99 000 元的记录"，在命令行中输入：

```
df[df['平均所有者权益']<1800000]
df[df['平均流动资产']>=990000]
```

得到查询数据，如图 9-7 所示。

df[df['平均所有者权益']<1800000]						
	年	月	平均流动资产	平均非流动资产	平均流动负债	平均非流动负债	平均所有者权益
0	2019	1	644977.56	3780673.82	572266.12	2120000	1733385.26
1	2019	2	668209.90	3820905.96	584387.34	2120000	1784728.52

df[df['平均流动资产']>=990000]						
	年	月	平均流动资产	平均非流动资产	平均流动负债	平均非流动负债	平均所有者权益
21	2020	10	998422.15	5841634.12	901735.50	3120000	2818320.77
22	2020	11	1022654.48	5904836.64	941657.43	3120000	2865833.69
23	2020	12	1047886.81	5959596.00	971579.36	3120000	2915903.45

df['平均所有者权益']<1800000	
0	True
1	True
2	False
3	False
4	False
5	False
6	False
7	False
8	False
9	False
10	False
11	False
12	False
13	False
14	False

图 9-7 布尔索引

对于这个命令大家会觉得有点不适应，我们提取中括号里面的内容，录入命令行，得到右边图，显示的是各行是否满足条件，结果为 True 的记录被筛选出来。

（2）多条件数据筛选。实际查询中，需要查询的信息往往具备多个条件，条件越多查询的范围越小，得到我们目标记录的可能性越大，多条件筛选通过"&"连接条件，在命令行中录入：

```
df[(df['年']=='2019')&(df['平均流动资产']>800000)]
df[(df['年']=='2020')&(df['平均流动资产']>990000)]
```

结果如图 9-8 所示。

对比 2019、2020 是加了引号的，而 990 000、800 000 没有加括号，原因是 2019、2020，在读入的时候选择的格式是 object 格式，就是字符串，而其他几项资产负债都是 float 格式，也就是数值型数据，当然平均非流动资产是 int64 格式，这是数值型数据中的整数型格式，即整数。下面是两种查询字段格式的函数。命令分别为：

图 9-8　多条件数据索引

df.info()或 df.dtypes

效果如图 9-9 所示。

图 9-9　数据格式显示

(二) 索引器索引

在前面的筛选命令中,通过条件筛选、直接筛选,可以实现按行、列筛选的目的,如果只是显示表中某一部分区域,上面的命令修改起来会非常的繁琐,为解决这个问题,Pandas 中设置 loc 以及 iloc 索引器,通过行号和列号完成数据的筛选。

1. loc 索引器

1）单行索引

loc 格式命令：

loc[行标签,列标签]

行标签和列标签默认状态下为行号，列字段。例如，我们要选择第 11 行数据、第 3 行数据、错误的索引方法可能导致的结果，可以输入：

```
df.loc[10]    df.loc[3]    df.loc['年']
```

特别提示：在 Pandas 中第一行的行号为 0

使用年进行检索的时候出现报错信息，原因是 loc 筛选，默认先是行，行里没有"年"这个检索号。如果一定要让 df.loc[10]中的 10 展示 10 月的数据，需要重新建立索引，在命令行中输入：df.index = df.index + 1，显示如图 9-10 所示。

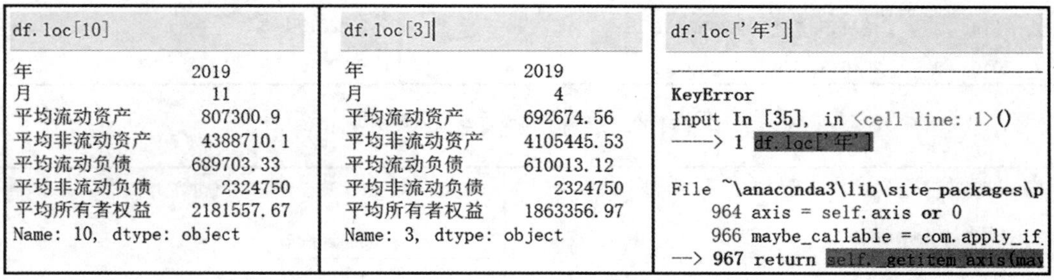

图 9-10　loc 单行数据索引

2）单列单列

行里虽然没有年这个索引，但是列里面会有，loc()默认状态下按行索引，那么可以在 loc()中添加列索引，中间以","，行索引中的":"为显示本列所有数据，索引方法代码与效果图，如图 9-11 所示。

3）多行多列的 loc 索引

如果我们要显示第 3 行和第 8 行数据，且只显示'年','月','平均所有者权益','平均流动资产'四列数据，这是索引的写法九比较复杂，包括两层"[ ]"，不连续的行与行、列与列以","连接，代码与结果，如图 9-12 所示。

4）模糊索引

Loc 索引可以按照标签进行索引，也可以进行模糊查询。例如，查询"平均所有者权益＜1 800 000"，且只显示'年','月','平均所有者权益'，可以按下图中输入命令，结果如图 9-13 所示。

df.loc[:,'年']		df.loc[:,'平均流动资产']		df.loc[:,'平均非流动负债']		df.loc[:,'月']	
0	2019	0	644977.56	0	2120000	0	1
1	2019	1	668209.90	1	2120000	1	2
2	2019	2	675872.23	2	2120000	2	3
3	2019	3	692674.56	3	2324750	3	4
4	2019	4	707906.90	4	2324750	4	5
5	2019	5	728139.23	5	2324750	5	6
6	2019	6	746371.57	6	2324750	6	7
7	2019	7	755603.90	7	2324750	7	8
8	2019	8	762836.23	8	2324750	8	9
		9	781868.56	9	2324750		

图 9-11　loc 单列数据索引

df.loc[[2,7],['年','月','平均所有者权益','平均流动资产']]				
	年	月	平均所有者权益	平均流动资产
2	2019	3	1821458.78	675872.23
7	2019	8	2046333.57	755603.90

df.loc[[2,7],['年','月']]		
	年	月
2	2019	3
7	2019	8

图 9-12　loc 索引器多行多列数据索引

df.loc[df['平均所有者权益']<1800000,['年','月','平均所有者权益']]			
	年	月	平均所有者权益
0	2019	1	1733385.26
1	2019	2	1784728.52

df.loc[df['平均流动资产']>990000,['年','月','平均所有者权益'			
	年	月	平均所有者权益
21	2020	10	2818320.77
22	2020	11	2865833.69
23	2020	12	2915903.45

图 9-13　loc 布尔索引

2. iloc 索引器

iloc 索引器是按照位置进行索引的,命令格式为:

iloc[行位置,列位置]

注意此处与 loc 索引的差别。例如,要查询第 1、2 行,第 2、5 列的数据,以及其他有选择的显示数据的方法,代码如图 9-14 所示。

三、 数据描述

进行数据分析,需要对数据有一个大致的了解,也就是数据描述,对数据进行概括性分析的函数一般使用 describe 函数,它反映了数据整体的特征以及集中程度。其命令格式为:

```
describe(percentiles = None,include = None,exclude = None)
```

图 9-14　iloc 索引器的使用

参数设置：percentiles，这个参数可以设定数值型特征的统计量，默认[.25，.5，.75]，返回 25%，50%，75%时候的数据，可修改参数；include='all'，代表对所有列进行统计，如果不加这个参数，则只对数值列进行统计；exclude=None，第三个参数可以指定不选择哪些列。

（一）数据准备

在对数据进行描述之前，需要读入数据，本处选择和美家超市 2022 年 3 月份收银员收银流水数据进行分析，命令行录入：

```
df = pd.read_excel(r'C:/Users/hzy/Desktop/超市营业额.xlsx',sheet_name = 0)
```

并描述其信息特征：

```
df.describe()
```

代码与结果如图 9-15 所示。

图 9-15　数据读取与数据基本特征显示

（二）统计描述

1. 数据总体特征描述

df.describe()这个函数在忽略参数设置时，为我们提供了基本的统计分析数据，在下面命令执行结果显示的分别是：工号记录有 249 条，交易额记录有 246 条，每单流水平均值为 1 330.31。最小交易额为 53 元，最大交易额为 12 100 元，25％的交易额在每单 1 031.25 以下，每单交易额在 1 259 元以下的占 50％，以此类推。

通过修改参数达到不同的效果，如：参数 percentiles＝[.2,.75,.8]，代表显示 20％，75％，80％的交易分位。也可以通过 include 参数将部分数据纳入分析，再通过 exclude 参数将部分数据排除，这两个参数不是必选的参数，如果忽略它们则代表将所有参数纳入分析，如图 9-16 所示。

df.describe(percentiles=[.25,.75,.8]).round(2)

	工号	交易额
count	249.00	246.00
mean	1003.47	1330.31
std	1.67	904.30
min	1001.00	53.00
25%	1002.00	1031.25
50%	1003.00	1259.00
75%	1005.00	1523.00
80%	1005.00	1581.00
max	1006.00	12100.00

In [24]: df.describe(percentiles=[.2,.75,.8])

Out[24]:

	工号	交易额
count	249.000000	246.000000
mean	1003.469880	1330.313008
std	1.668039	904.300720
min	1001.000000	53.000000
20%	1002.000000	981.000000
50%	1003.000000	1259.000000
75%	1005.000000	1523.000000
80%	1005.000000	1581.000000
max	1006.000000	12100.000000

df.describe(percentiles=[.25,.75,.8],include='all').round(2)

	工号	姓名	日期	时段	交易额	柜台
count	249.00	249	249	249	246.00	249
unique	NaN	6	31	2	NaN	4
top	NaN	李志荣	2022-03-26	14:00-21:00	NaN	蔬菜水果
freq	NaN	47	9	125	NaN	63
mean	1003.47	NaN	NaN	NaN	1330.31	NaN
std	1.67	NaN	NaN	NaN	904.30	NaN
min	1001.00	NaN	NaN	NaN	53.00	NaN
25%	1002.00	NaN	NaN	NaN	1031.25	NaN
50%	1003.00	NaN	NaN	NaN	1259.00	NaN
75%	1005.00	NaN	NaN	NaN	1523.00	NaN
80%	1005.00	NaN	NaN	NaN	1581.00	NaN
max	1006.00	NaN	NaN	NaN	12100.00	NaN

df.describe(percentiles=[.25,.75,.8],exclude=['O']).round(2)

	工号	交易额
count	249.00	246.00
mean	1003.47	1330.31
std	1.67	904.30
min	1001.00	53.00
25%	1002.00	1031.25
50%	1003.00	1259.00
75%	1005.00	1523.00
80%	1005.00	1581.00
max	1006.00	12100.00

df.describe(percentiles=[.25,.75,.8],exclude=['O']).iloc[3:100]

	工号	交易额
min	1001.0	53.00
25%	1002.0	1031.25
50%	1003.0	1259.00
75%	1005.0	1523.00
80%	1005.0	1581.00
max	1006.0	12100.00

df.dtypes

```
工号        int64
姓名        object
日期        object
时段        object
交易额       float64
柜台        object
dtype: object
```

图 9-16　describe()函数的参数设置

当我们将 include 参数设置为 all 时,每个字段都在进行数据描述,但是里面很多错误数据,去掉这个参数后,只描述工号和交易额两个字段,我们通过 dtypes 函数查看各字段的数据类型,可以看到只有工号和交易额是数值型,其他都是字符串类型。

部分命令如下:

```
df.describe(percentiles =[.25,.75,.8],include ='all').round(2)
df.describe(percentiles =[.25,.75,.8],exclude =['O']).round(2)
df.describe(percentiles =[.25,.75,.8],exclude =['O']).iloc[3:100]
```

2. 基本指标计算

数据分析总是脱不开数据系列的最大值、最小值、平均值、方差等指标,也离不开分组和汇总,排序分组将在任务三、任务四中详细介绍,本处只是采用最基本命令做数据的简单统计。Pandas 中基本指标的函数与其他数据分析软件中的函数是一样,包括:max、min、sum、mean、count、std 等,使用下面命令完成数据统计,并与 describe 函数生成的结果进行对比,如图 9-17 所示。

图 9-17　数据基本指标计算与简单分组

上面数据仅仅代表总体特征,要发现数据内部的一些数据,还要采用分组,对组内数据进行分析。分组使用的函数是 group,本处只是简单使用,在任务三、任务四中再做详细介绍,分组数据统计命令如下。

统计不同时段、不同柜台的交易额:

```
df.groupby(['时段','柜台'])['交易额'].sum()
df.groupby('时段')['交易额'].mean()
```

统计不同员工的收银额:

```
df.groupby('工号')['交易额'].sum()
```

统计不同柜台的交易额:

```
df.groupby('柜台')['交易额'].sum()
```

各命令运行效果如图 9-18 所示。

```
df.groupby(['时段','柜台'])['交易额'].sum()

时段        柜台
14: 00-21: 00  化妆品      35128.0
              日用品      38493.0
              蔬菜水果    41664.0
              食品       35943.0
9: 00-14: 00  化妆品      40261.0
              日用品      49669.0
              蔬菜水果    36868.0
              食品       49231.0
Name: 交易额, dtype: float64
```

```
df.groupby(['柜台','时段'])['交易额'].sum()

柜台        时段
化妆品      14: 00-21: 00    35128.0
          9: 00-14: 00     40261.0
日用品      14: 00-21: 00    38493.0
          9: 00-14: 00     49669.0
蔬菜水果    14: 00-21: 00    41664.0
          9: 00-14: 00     36868.0
食品       14: 00-21: 00    35943.0
          9: 00-14: 00     49231.0
Name: 交易额, dtype: float64
```

```
df.groupby('柜台')['交易额'].sum()

柜台
化妆品      75389.0
日用品      88162.0
蔬菜水果    78532.0
食品       85174.0
Name: 交易额, dtype: float64
```

图 9-18　数据的分组统计

同时我们也可以对数据进行排序,以让其更符合我们的阅读习惯,这时候就要用到 sort 函数对数据进行排序以发现更多的问题。

在命令行中录入:

对交易排序,从小到大:

```
df.sort_values(by =['交易额'],ascending =True)
```

对交易额和工号进行排序:

```
df.sort_values(by =['交易额','工号'],ascending =True)
```

对交易额排序,并计算累计:

```
df.sort_values(by =['交易额'],ascending =True).cumsum()
df.sort_values(by =['交易额'],ascending =True)['交易额'].cumsum()
```

各命令运行效果如图 9-19 所示。

df.sort_values(by=['交易额'],ascending=True)						
	工号	姓名	日期	时段	交易额	柜台
76	1005	周琪琪	2022-03-10	9: 00-14: 00	53.0	日用品
97	1002	李志荣	2022-03-13	14: 00-21: 00	98.0	日用品
194	1001	张庆云	2022-03-25	14: 00-21: 00	114.0	化妆品
86	1003	王禹军	2022-03-11	9: 00-14: 00	801.0	蔬菜水果
163	1006	钱程	2022-03-21	9: 00-14: 00	807.0	蔬菜水果
...	...	...	...	...	...	...
223	1003	王禹军	2022-03-28	9: 00-14: 00	9031.0	食品
105	1001	张庆云	2022-03-14	9: 00-14: 00	12100.0	日用品
110	1005	周琪琪	2022-03-14	14: 00-21: 00	NaN	化妆品
124	1006	钱程	2022-03-16	14: 00-21: 00	NaN	食品
168	1005	周琪琪	2022-03-21	14: 00-21: 00	NaN	食品

df.sort_values(by=['工号','交易额'],ascending=True)						
	工号	姓名	日期	时段	交易额	柜台
194	1001	张庆云	2022-03-25	14: 00-21: 00	114.0	化妆品
160	1001	张庆云	2022-03-20	14: 00-21: 00	829.0	食品
152	1001	张庆云	2022-03-19	14: 00-21: 00	844.0	食品
233	1001	张庆云	2022-03-30	14: 00-21: 00	850.0	化妆品
202	1001	张庆云	2022-03-26	14: 00-21: 00	853.0	化妆品
...	...	...	...	...	...	...
232	1006	钱程	2022-03-29	14: 00-21: 00	1639.0	食品
61	1006	钱程	2022-03-08	14: 00-21: 00	1688.0	日用品
216	1006	钱程	2022-03-27	14: 00-21: 00	1695.0	食品
82	1006	钱程	2022-03-11	9: 00-14: 00	1737.0	食品
124	1006	钱程	2022-03-16	14: 00-21: 00	NaN	食品

```
df.sort_values(by=['交易额'], ascending=True).cumsum()
```

	工号	姓名	日期	时段	交易额	柜台
76	1005	周琪琪	2022-03-10	9: 00-14: 00	53.0	日用品
97	2007	周琪琪李志荣	2022-03-102022-03-13	9: 00-14: 0014: 00-21: 00	151.0	日用品日用品
194	3008	周琪琪李志荣庆庆云	2022-03-102022-03-25	9: 00-14: 0014: 00-21: 00	265.0	日用品日用品化妆品
86	4011	周琪琪李志荣张庆云王禹军	2022-03-102022-03-132022-03-252022-03-11	9: 00-14: 0014: 00-21: 0014: 00-21: 009: 00-14: 00	1066.0	日用品日用品化妆品蔬菜水果
163	5017	周琪琪李志荣张庆云王禹军钱程	2022-03-102022-03-132022-03-252022-03-112022-0...	9: 00-14: 0014: 00-21: 009: 00-14: 00... 009: 00...	1873.0	日用品日用品化妆品蔬菜水果蔬菜水果

```
df.sort_values(by=['交易额'], ascending=True)['交易额'].cumsum()
76        53.0
97       151.0
194      265.0
86      1066.0
163     1873.0
          ...
223   315157.0
105   327257.0
110        NaN
124        NaN
168        NaN
Name: 交易额, Length: 249, dtype: float64
```

图 9-19　排序函数 sort 的基本用法

当我们看到倒数第二张图的时候,第一反应往往是这一点用处都没有,但在词云分析中,这个步骤还是一个关键步骤,同时也说明了 Pandas 中数值可以计算,字符串可以连接,这也是 Pandas 与其他数据处理软件的一个区别。

四、数据维度的转化

(一) stack( )与 unstack( )函数

在数据分析的过程中,分析师常常希望通过多个维度多种方式来观察分析数据,很多时候数据的展示形式不是我们期望的维度,也可以说索引不符合我们的需求,就需要对数据进行重塑,重塑简单说就是对原数据进行变形,Pandas 为数据重塑提供了简单易用的函数:stack 与 unstack。

stack()函数即"堆叠",作用是将列旋转到行;unstack()函数即 stack()函数的反操作,将行旋转到列。

读取 Excel 表单数据,表单中包括数据如图 9-20 所示。为了分析各销售部门以及各销售人员的销售完成情况,需要做数据透视表,效果如图 9-21 所示。

使用 stack()函数,将 data 的列索引['成本','数量','金额 转变成行索引(第三层),便得到了一个层次化的 Series,使用 unstack()函数,将第三层层行索引转变成列索引,又得到了 DataFrame。

```
import pandas as pd
df=pd.read_excel(r'C:/Users/hzy/desktop/销售情况分析表.xlsx',sheet_name=0)
df
```

	订购日期	发票号	销售部门	销售人员	工单号	ERPCO号	所属区域	产品类别	数量	金额	成本
0	2021-03-21	H00012769	三科	刘辉	A12-086	C014673-004	苏州	宠物用品	16	19269.685164	18982.847760
1	2021-04-28	H00012769	三科	刘辉	A12-087	C014673-005	苏州	宠物用品	40	39465.169800	40893.083149
2	2021-04-28	H00012769	三科	刘辉	A12-088	C014673-006	苏州	宠物用品	20	21015.944745	22294.085221
3	2021-05-31	H00012769	三科	刘辉	A12-089	C014673-007	苏州	宠物用品	20	23710.258593	24318.374118
4	2021-06-13	H00012769	三科	刘辉	A12-090	C014673-008	苏州	宠物用品	16	20015.072431	20256.694699
...	...	...	...	...	...	...	...	...	...	...	...
1215	2021-02-13	H00013048	四科	熊牧	C016021-001	D04-003	南京	睡袋	250	19990.272000	15706.504500
1216	2021-03-21	H00012990	一科	赵温江	C016067-001	Z02-006	南京	睡袋	2200	7782.003590	5182.242681
1217	2021-01-24	H00013005	一科	赵温江	C016067-002	Z02-007	南京	睡袋	1400	4952.184103	3297.790797
1218	2021-12-27	H00013005	一科	赵温江	C016068-001	Z03-035	无锡	睡袋	3500	12380.460256	9686.972848
1219	2021-12-29	H00013005	一科	赵温江	C016194-001	Z03-036	无锡	睡袋	2200	7782.003590	6087.412076

1220 rows × 11 columns

图 9-20　销售数据读入

```
df1=df[["销售部门",'销售人员','成本','数量','金额']]
df1=pd.pivot_table(df,index=["销售部门",'销售人员'],aggfunc='sum',margins_name='合计',margins='True')
df1
```

销售部门	销售人员	成本	数量	金额
一科	蒋波	4.315047e+06	80447	5.226561e+06
	赵温江	3.163027e+06	75349	3.578205e+06
三科	刘辉	5.475539e+06	22874	5.722826e+06
	张明	5.548231e+06	66880	6.555103e+06
	郑浪	2.093500e+05	14730	2.230887e+05
二科	郑浪	1.926213e+05	31790	2.111562e+05
四科	冯文	4.516917e+06	44061	5.427197e+06
	熊牧	1.517817e+06	28463	1.943477e+06
合计		2.493855e+07	364594	2.888761e+07

```
df2=df1.stack()
df2
```

```
销售部门  销售人员
一科    蒋波    成本    4.315047e+06
            数量    8.044700e+04
            金额    5.226561e+06
      赵温江  成本    3.163027e+06
            数量    7.534900e+04
            金额    3.578205e+06
三科    刘辉    成本    5.475539e+06
            数量    2.287400e+04
            金额    5.722826e+06
      张明    成本    5.548231e+06
            数量    6.688000e+04
            金额    6.555103e+06
      郑浪    成本    2.093500e+05
            数量    1.473000e+04
            金额    2.230887e+05
二科    郑浪    成本    1.926213e+05
            数量    3.179000e+04
            金额    2.111562e+05
四科    冯文    成本    4.516917e+06
```

```
df3=df2.unstack()
df3
```

销售部门	销售人员	成本	数量	金额
一科	蒋波	4.315047e+06	80447.0	5.226561e+06
	赵温江	3.163027e+06	75349.0	3.578205e+06
三科	刘辉	5.475539e+06	22874.0	5.722826e+06
	张明	5.548231e+06	66880.0	6.555103e+06
	郑浪	2.093500e+05	14730.0	2.230887e+05
二科	郑浪	1.926213e+05	31790.0	2.111562e+05
合计		2.493855e+07	364594.0	2.888761e+07
四科	冯文	4.516917e+06	44061.0	5.427197e+06
	熊牧	1.517817e+06	28463.0	1.943477e+06

图 9-21　数据透视与第三层数据行列转换代码与效果图

如果我们直接对数据透视表使用 unstack，那么第二层的行索引也转为列索引，如图 9-22 所示。

```
df5=df1.unstack()
df5['数量']
```

销售人员 销售部门	冯文	刘辉	张明	熊牧	蒋波	赵温江	郑浪
一科	NaN	NaN	NaN	NaN	NaN	80447.0	75349.0	NaN
三科	NaN	NaN	22874.0	66880.0	NaN	NaN	NaN	14730.0
二科	NaN	NaN	NaN	NaN	NaN	NaN	NaN	31790.0
合计	364594.0	NaN	NaN	NaN	NaN	NaN	NaN	NaN
四科	NaN	44061.0	NaN	NaN	28463.0	NaN	NaN	NaN

图 9-22　第一层级数据行列转换

（二）日期序列的转换

日期序列转换为年、月、日时，要专门引入第三方库——datetime，在 datetime 中设置专门的日期转换函数，本处只介绍 year、month、day，通过将日期序列转换为年月日后，数据分析就可以按照年月执行分组，显示数据的季节性与增长性，如图 9-23、图 9-24 所示。

```
df['年']=df['订购日期'].dt.year
df
```

	订购日期	发票号	销售部门	销售人员	工单号	ERPCO号	所属区域	产品类别	数量	金额	成本	年
0	2021-03-21	H00012769	三科	刘辉	A12-086	C014673-004	苏州	宠物用品	16	19269.685164	18982.847760	2021
1	2021-04-28	H00012769	三科	刘辉	A12-087	C014673-005	苏州	宠物用品	40	39465.169800	40893.083149	2021

```
df['月']=df['订购日期'].dt.month
df
```

	订购日期	发票号	销售部门	销售人员	工单号	ERPCO号	所属区域	产品类别	数量	金额	成本	年	月
0	2021-03-21	H00012769	三科	刘辉	A12-086	C014673-004	苏州	宠物用品	16	19269.685164	18982.847760	2021	3
1	2021-04-28	H00012769	三科	刘辉	A12-087	C014673-005	苏州	宠物用品	40	39465.169800	40893.083149	2021	4

```
df['日']=df['订购日期'].dt.day
df
```

	订购日期	发票号	销售部门	销售人员	工单号	ERPCO号	所属区域	产品类别	数量	金额	成本	年	月	日
0	2021-03-21	H00012769	三科	刘辉	A12-086	C014673-004	苏州	宠物用品	16	19269.685164	18982.847760	2021	3	21
1	2021-04-28	H00012769	三科	刘辉	A12-087	C014673-005	苏州	宠物用品	40	39465.169800	40893.083149	2021	4	28

图 9-23　日期时间维度的转换

```
df = pd.read_excel(r'C:/Users/hzy/Desktop/data.xlsx',sheet_name=1,converters = {'年':str,'月':str})
df1=df[['月','营业收入','营业成本','净利润']]
df1=pd.pivot_table(df1,index=['月'],aggfunc='sum',margins_name='合计',margins='True')
df1
```

月	净利润	营业成本	营业收入
1	122812.86	381499.78	620100
10	128594.59	411882.92	661470
11	114733.87	418922.80	652850
12	116152.86	466157.04	715000
2	138287.08	447480.40	717800
3	116301.18	373962.40	603630
4	124114.95	413922.85	657710
5	154367.55	347611.50	616500
6	128649.81	428525.10	685300
7	120514.33	463148.28	717700
8	136632.32	464649.40	739550
9	132387.72	437321.25	701350
合计	1533549.12	5055083.72	8088960

图 9-24　新维度下的数据透视

 相关知识

一、数据结构

Pandas 为数据分析提供了高级的数据结构与函数，这些函数和数据结构使得数据分析处理过程高速、有效。Pandas 常用的数据结构有两种：Series 数据结构和 DataFrame 数据结构，两种不同的数据结构影响着数据处理的方法。

（一）Series 数据结构

Series 是 Pandas 中的一维数据结构（也是一种数组对象），其包含一个数据序列（这一点与 NumPy 相似）和索引序列，在数据量较小的情况下，手工录入信息。比如生成一组数据系列，代码与效果图如图 9-25 所示。

在创建 Series 时并没有设置索引序列，从输出结果可见，自动生成了自然数序列索引，这一点与内置有序数据类型相似，索引都是从 0 开始的。当需要对 Series 设置给定索引时，可通过 index 选项传入指定索引序列。

```
import numpy as np
import pandas as pd
s=pd.Series([1,3,5,7,9])
s
```

```
0    1
1    3
2    5
3    7
4    9
dtype: int64
```

```
s=pd.Series([1,3,5,7,9],index=['a','b','c','d','e'])
s.name='数据系列'
s.index.name='索引项'
s
```

```
索引项
a    1
b    3
c    5
d    7
e    9
Name: 数据系列, dtype: int64
```

图9-25　Series结构数据生成与检索

Series 中数据与索引值是按位置配对的，类似于字典，因此也可以通过传递字典创建一个 Series，字典的键成为序列的索引，字典的值成为序列的值，代码与效果图如图9-26所示。

```
字典数据={'a':1,'b':3,'c':5,'d':7,'e':9}
s2=pd.Series(字典数据)
s2
```

```
a    1
b    3
c    5
d    7
e    9
dtype: int64
```

图9-26　Series结构数据生成中的字典读入

（二）DataFrame 数据结构

通常的数据分析不会是在一维的数据空间进行的，而是在二维矩阵数据中进行，DataFrame 就是矩阵形式的数据表数据结构，DataFrame 的每一列都可以是不同的数值类型，这也是其与 NumPy 数组的一个区别。

DataFrame 需要行和列两个索引。在创建随机数据的时候，NumPy 与 Pandas 经常一起使用的，比如创建八行五列数据，代码与效果图如图9-27所示。

```
dates=pd.date_range('20221001',periods=8)
dates
```

```
DatetimeIndex(['2022-10-01', '2022-10-02', '2022-10-03', '2022-10-04',
               '2022-10-05', '2022-10-06', '2022-10-07', '2022-10-08'],
              dtype='datetime64[ns]', freq='D')
```

```
df=pd.DataFrame(np.random.randn(8,5),index=dates,columns=['系列1','系列2','系列3','系列4','系列5'])
df
```

	系列1	系列2	系列3	系列4	系列5
2022-10-01	0.387568	-1.554743	-0.020278	0.734339	-0.861791
2022-10-02	0.468345	0.736056	-0.425045	0.347429	0.245880
2022-10-03	1.650689	-0.697510	0.188243	-0.242064	-0.239671
2022-10-04	-1.146736	-0.260418	-0.390059	-0.575775	-0.562033
2022-10-05	-1.823883	-1.145738	1.400357	0.657262	-0.019649
2022-10-06	0.749204	-0.608531	0.153167	-1.036859	-0.950300
2022-10-07	1.820030	-0.999225	-0.427221	-1.294480	0.610617
2022-10-08	0.315400	0.211316	0.060877	-2.090795	-0.027003

图9-27　随机生成 DataFrame 结构数据

我们也可以通过字典生成 DataFrame,方法与效果图如图 9-28 所示。

```
df2=pd.DataFrame({'日期':pd.date_range('20221001',periods=5),
                  '资产名称':['厂房','载货汽车','笔记本电脑','数据交换机','生产设备'],
                  '采购成本':np.random.randint(5,high=20,size=5)*10000,
                  '折旧方法':pd.Categorical(['年数总和法','工作量法','年限平均法','年限平均法','双倍余额递减法']),
                  '当前所属年度':pd.Series(3,index=range(5),dtype='int'),
                  '使用年度':np.array([8]*5,dtype='float32')})
df2
```

	日期	资产名称	采购成本	折旧方法	当前所属年度	使用年度
0	2022-10-01	厂房	110000	年数总和法	3	8.0
1	2022-10-02	载货汽车	80000	工作量法	3	8.0
2	2022-10-03	笔记本电脑	80000	年限平均法	3	8.0
3	2022-10-04	数据交换机	150000	年限平均法	3	8.0
4	2022-10-05	生产设备	150000	双倍余额递减法	3	8.0

图 9-28　字典方式下 DataFrame 数据生成

生成的 DataFrame 数组如图 9-28 所示,这里我们可以看到每一列都是不同的数据类型,这也是 Pandas 与 NumPy 数组的一个主要区别。

二、　数据类型

作为一种编程语言,Python 需要通过数据类型来理解和操作数据。Pandas 沿袭了 Excel 风格,弱化了数据类型概念,大部分情况下 Pandas 可以根据录入数据自行推断数据的类型。

但是,不管 Pandas 类型推断功能如何完美,还是会碰到需要显示转换数据的情况。因此还是需要了解 Pandas 的数据类型系统。与 Python 类型系统不同,Pandas 有一套自己的类型系统(dtypes),如表 9-1 所示。

表 9-1　Pandas 与 Python 数据类型关系表

Pandas 类型	Python 类型	用途
object	str/mixed	文本或数字和非数字混合值
int64	int	整数
float64	float	浮点型
bool	bool	True/False
datetime64	NA	日期和时间值
timedelta[ns]	NA	时间差值
category	NA	有限的文本列表

（一）object、datetime64[ns]、int4、float64

Pandas 中显示数据类型：df. dtypes 命令，为了查看数据类型的显示，本处在课程资料中导入“固定资产管理. xlsx”，按图 9-29 所示录入命令得到显示结果如下。

```
import pandas as pd
df = pd.read_excel(r'C:/Users/hzy/Desktop/固定资产管理.xlsx', sheet_name =0)
df
```

	固定资产名称	规格型号	购置时间	当前时间	购置成本	预计使用月份	预计净残值率	净残值	已使用月份
0	办公楼	20万平方米	2017-06-22	2022-09-03	5000000	360	0.25	1250000	63
1	厂房	80万平方米	2016-04-11	2022-09-03	16000000	240	0.25	4000000	77
2	仓库	60平方米	2016-06-12	2022-09-03	3000000	300	0.25	750000	75
3	卡车	20吨	2015-08-23	2022-09-03	350000	96	0.05	17500	85
4	计算机	dell	2018-09-16	2022-09-03	12000	48	0.01	120	48

```
df.dtypes
固定资产名称        object
规格型号            object
购置时间      datetime64[ns]
当前时间      datetime64[ns]
购置成本             int64
预计使用月份         int64
预计净残值率       float64
净残值               int64
已使用月份           int64
dtype: object
```

图 9-29　固定资产管理表的数据读入与数据类型

在这个文件中默认出现了四种数据格式：object、datetime64[ns]、int4、float64，通过对比源数据，这些数据类型是最常见的。Object 就是我们经常说到的字符串，datetime64[ns]就是最常见的日期系列格式。Int64、float64 都是数字格式，所不同是 int64 是整数型，float64 是保留小数位，当然这两种数据还能通过 format 格式命令做进一步的变化。

根据购置时间和当前时间，我们生成新的序列“已用时间”，并查看生成数据系列的数据类型，命令及效果图如图 9-30 所示。

```
df['已用时间']=df['当前时间']-df['购置时间']
df
```

	固定资产名称	规格型号	购置时间	当前时间	购置成本	预计使用月份	预计净残值率	净残值	已使用月份	已用时间
0	办公楼	20万平方米	2017-06-22	2022-09-03	5000000	360	0.25	1250000	63	1899 days
1	厂房	80万平方米	2016-04-11	2022-09-03	16000000	240	0.25	4000000	77	2336 days
2	仓库	60平方米	2016-06-12	2022-09-03	3000000	300	0.25	750000	75	2274 days
3	卡车	20吨	2015-08-23	2022-09-03	350000	96	0.05	17500	85	2568 days
4	计算机	dell	2018-09-16	2022-09-03	12000	48	0.01	120	48	1448 days

```
df.dtypes
固定资产名称          object
规格型号              object
购置时间        datetime64[ns]
当前时间        datetime64[ns]
购置成本               int64
预计使用月份           int64
预计净残值率         float64
净残值                 int64
已使用月份             int64
已用时间       timedelta64[ns]
dtype: object
```

图 9-30　datetime64 数据类型的生成

得到已用时间序列，自动被 Pandas 识别为 timedelta64[ns]，也就是说 timedelta64[ns]数据格式指的是日期之差，实际上不仅仅日期之差还有时间之差都会被自动识别为 timedelta64[ns]。

（二）bool

Bool 又称布尔值，类似 Excel 中的逻辑判断结果，只有两个结果：True/False。在此处，查询固定资产是否长期服役，可以在命令行中录入命令并查询数据类型，如图 9-31 所示。

（四）category

这个数据类型无法通过数据之间的计算得出，只能在数据录入之前定义，category 表

```
df['是否超期服役']=df['已使用月份']>=df['预计使用月份']
```

```
df
```

	固定资产名称	规格型号	购置时间	当前时间	购置成本	预计使用月份	预计净残值率	净残值	已使用月份	已用时间	是否超期服役
0	办公楼	20万平方米	2017-06-22	2022-09-03	5000000	360	0.25	1250000	63	1899 days	False
1	厂房	80万平方米	2016-04-11	2022-09-03	16000000	240	0.25	4000000	77	2336 days	False
2	仓库	60平方米	2016-06-12	2022-09-03	3000000	300	0.25	750000	75	2274 days	False
3	卡车	20吨	2015-08-23	2022-09-03	350000	96	0.05	17500	85	2568 days	False
4	计算机	dell	2018-09-16	2022-09-03	12000	48	0.01	120	48	1448 days	True

```
df.dtypes

固定资产名称              object
规格型号                  object
购置时间          datetime64[ns]
当前时间          datetime64[ns]
购置成本                   int64
预计使用月份               int64
预计净残值率             float64
净残值                     int64
已使用月份                 int64
已用时间         timedelta64[ns]
是否超期服役                bool
dtype: object
```

图 9-31　布尔值数据类型的生成

示数量固定的系列变量，如果后期进一步补充数据，那么超出这个范围的数据无效，比如：性别只有男、女；折旧方法有平均年限法、双倍余额递减法、年数总和法、工作量法四种；血型有 A 型、B 型、AB 型、O 型等。

输入命令并查询数据类型，代码与效果图如图 9-32 所示。

```
df['折旧方法']= pd.Series(["平均年限法", "年数总和法", "双倍余额递减法", "工作量法", "平均年限法"], dtype="category")
df
```

	固定资产名称	规格型号	购置时间	当前时间	购置成本	预计使用月份	预计净残值率	净残值	已使用月份	已用时间	是否超期服役	折旧方法
0	办公楼	20万平方米	2017-06-22	2022-09-03	5000000	360	0.25	1250000	63	1899 days	False	平均年限法
1	厂房	80万平方米	2016-04-11	2022-09-03	16000000	240	0.25	4000000	77	2336 days	False	年数总和法
2	仓库	60平方米	2016-06-12	2022-09-03	3000000	300	0.25	750000	75	2274 days	False	双倍余额递减法
3	卡车	20吨	2015-08-23	2022-09-03	350000	96	0.05	17500	85	2568 days	False	工作量法
4	计算机	dell	2018-09-16	2022-09-03	12000	48	0.01	120	48	1448 days	True	平均年限法

```
df.dtypes

固定资产名称              object
规格型号                  object
购置时间          datetime64[ns]
当前时间          datetime64[ns]
购置成本                   int64
预计使用月份               int64
预计净残值率             float64
净残值                     int64
已使用月份                 int64
已用时间         timedelta64[ns]
是否超期服役                bool
折旧方法                category
dtype: object
```

图 9-32　category 数据类型的生成

任务一总结

本任务在介绍 pandas 数据源读取的基础上，介绍了数据的索引方法：loc()、iloc()；对读入的数据进行数据类型的判断，掌握了基本的数据描述函数：describe()、dtypes；并对数据进行简单的分组汇总 df. groupby()[]. mean()、排序 df. sort_values(by)；在对数透视的基础上进行理解索引维度以及降维的方法 stack()，在日期数据系列的基础上增添数据维度的命令与方法。为后期从海量数据中选取有价值数据奠定了基础。

任务一 思维导图

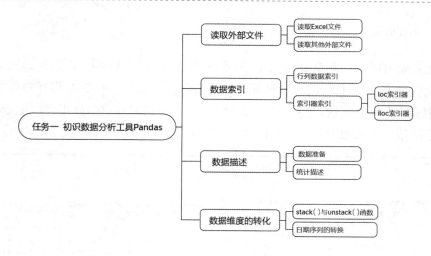

```
                                        ┌── 读取外部文件 ──┬── 读取Excel文件
                                        │                └── 读取其他外部文件
                                        │
                                        ├── 数据索引 ──┬── 行列数据索引
                                        │             └── 索引器索引 ──┬── loc索引器
任务一 初识数据分析工具Pandas ──┤                              └── iloc索引器
                                        │
                                        ├── 数据描述 ──┬── 数据准备
                                        │             └── 统计描述
                                        │
                                        └── 数据维度的转化 ──┬── stack( )与unstack( )函数
                                                          └── 日期序列的转换
```

任务二 / 财务大数据清洗

任务描述

　　数据分析中最占时间的是数据的清洗,从网上完成数据采集,总会有一些数据出现异常。数据清洗,要先找出有数据异常的地方,在完成大数据采集之后,通过统计分析,完成异常值的查找,并按照一定的规则进行数据修改,可以是单个数据修改,也可以是批量修改。修改过程中需要掌握一定的处理方法,让数据清洗变得相对容易。

　　找到异常数据,并查看处理的方法,代码与效果如图 9-33 所示。

```
df9.sort_values('单价',ignore_index=True)
```

	出库号	销售部	销售员	销售时间	商品名称	单价	销售数量	销售金额
0	116	北京分部	张丽丽	2021-04-11	艾利标签	1.0	176.0	176.0
1	170	上海分部	李富贵	2021-08-03	艾利标签	1.0	221.0	221.0
2	179	北京分部	张丽丽	2021-08-22	艾利标签	1.0	126.0	126.0
3	276	北京分部	张丽丽	2022-02-15	接线板	2.0	170.0	340.0
4	270	上海分部	李辉	2022-02-07	接线板	2.0	97.0	194.0
...	...	...	...	...	...	...	...	...
142	93	北京分部	张丽丽	2021-02-17	订书机	50.0	53.0	2650.0
143	27	北京分部	刘有三	2020-10-12	订书机	50.0	97.0	4850.0
144	55	北京分部	张丽丽	2020-12-01	47	50.0	129.0	6450.0
145	52	北京分部	刘有三	2020-11-27	订书机	NaN	260.0	13000.0
146	282	上海分部	李富贵	2022-02-26	电池	NaN	174.0	47.0

147 rows × 8 columns

```
df20=df9[df9['单价'].isna()]
df20
```

	出库号	销售部	销售员	销售时间	商品名称	单价	销售数量	销售金额
16	52	北京分部	刘有三	2020-11-27	订书机	NaN	260.0	13000.0
147	282	上海分部	李富贵	2022-02-26	电池	NaN	174.0	47.0

```
df21=df20.fillna(50,limit=1)
df21
```

	出库号	销售部	销售员	销售时间	商品名称	单价	销售数量	销售金额
16	52	北京分部	刘有三	2020-11-27	订书机	50.0	260.0	13000.0
147	282	上海分部	李富贵	2022-02-26	电池	NaN	174.0	47.0

图 9-33　异常数据查询与处理

一、 数据准备

迅驰商贸有限公司北京分部、上海分部、深圳分部、长沙分部提交了 2020 年、2021 年两年的销售数据,现在已经将四个分部的数据整理到一个 Excel 表中,但在整理中发现几个分部中有些数据有问题,也有一些记录重复,这些脏数据对数据分析会产生影响,进而影响经营决策。读入数据与合并数据的方法如图 9-34 所示。

```
import pandas as pd
df1 = pd.read_excel(r'C:/Users/hzy/Desktop/销售情况分析表——合并资料修改.xlsx',
sheet_name='北京分部', converters = {'出库号':int})
df1
```

	出库号	销售部	销售员	销售时间	商品名称	单价	销售数量	销售金额
0	1	北京分部	张丽丽	2020-08-01	单片夹	48.0	75.0	3600.0
1	2	北京分部	刘有三	2020-08-01	纽扣袋拉链袋	17.0	147.0	2499.0
2	5	北京分部	刘有三	2020-08-06	报刊架	45.0	241.0	10845.0
3	11	北京分部	张丽丽	2020-08-24	绿板	21.0	167.0	3507.0
4	12	北京分部	刘有三	2020-08-28	数据流带	41.0	108.0	4428.0
...	...	...	...	...	...	...	...	...
70	277	北京分部	张丽丽	2022-02-19	单片夹	48.0	277.0	13296.0
71	277	NaN	NaN	NaT	NaN	NaN	NaN	NaN
72	280	北京分部	刘有三	2022-02-26	视保屏	23.0	131.0	3013.0
73	283	北京分部	张丽丽	2022-02-26	PDA	11.0	76.0	836.0
74	285	北京分部	张丽丽	2022-03-08	挂式文件架车	20.0	128.0	2560.0

75 rows × 8 columns

```
df2 = pd.read_excel(r'C:/Users/hzy/Desktop/销售情况分析表——合并资料修改.xlsx',
sheet_name='上海分部', converters = {'出库号':int})
df2
```

	出库号	销售部	销售员	销售时间	商品名称	单价	销售数量	销售金额
0	4	上海分部	李富贵	2020-08-06	信封	30.0	213.0	6390.0
1	8	上海分部	李辉	2020-08-19	文件柜	11.0	207.0	2277.0
2	9	上海分部	李富贵	2020-08-23	标价机	14.0	199.0	2786.0
3	20	上海分部	李辉	2020-09-23	资料架	45.0	239.0	10755.0
4	26	上海分部	李富贵	2020-10-09	白翎塑铁夹	15.0	273.0	4095.0
...	...	...	...	...	...	...	...	...
71	273	上海分部	李辉	2022-02-12	书立	27.0	164.0	4428.0
72	282	上海分部	李富贵	2022-02-26	电池	NaN	174.0	NaN
73	287	上海分部	李富贵	2022-03-13	硒鼓	26.0	114.0	2964.0
74	287	NaN	NaN	NaT	NaN	NaN	NaN	NaN
75	290	上海分部	李富贵	2022-03-15	装订机	14.0	227.0	3178.0

76 rows × 8 columns

```
df3 = pd.read_excel(r'C:/Users/hzy/Desktop/销售情况分析表——合并资料修改.xlsx',
sheet_name='深圳分部', converters = {'出库号':int})
df3
```

	出库号	销售部	销售员	销售时间	商品名称	单价	销售数量	销售金额
0	7	深圳分部	王鹏宇	2020-08-14	铅笔	32	245	7840
1	10	深圳分部	王鹏宇	2020-08-23	铅笔	32	255	8160
2	13	深圳分部	王鹏宇	2020-09-02	白板	29	138	4002
3	17	深圳分部	王鹏宇	2020-09-14	修正液	31	94	2914
4	23	深圳分部	高晓丽	2020-10-01	配件	49	98	4802
...	...	...	...	...	...	...	...	...
68	278	深圳分部	王鹏宇	2022-02-19	皮面本	21	235	4935
69	281	深圳分部	王鹏宇	2022-02-26	更衣柜	41	211	8651
70	286	深圳分部	王鹏宇	2022-03-12	硬面抄	48	216	10368
71	288	深圳分部	高晓丽	2022-03-14	传真纸	14	133	1862
72	289	深圳分部	王鹏宇	2022-03-15	光盘	34	275	9350

73 rows × 8 columns

```
df4 = pd.read_excel(r'C:/Users/hzy/Desktop/销售情况分析表——合并资料修改.xlsx',
sheet_name='长沙分部', converters = {'出库号':int})
df4
```

	出库号	销售部	销售员	销售时间	商品名称	单价	销售数量	销售金额
0	3	长沙分部	高磊	2020-08-02	信封	30	248	7440
1	6	长沙分部	高磊	2020-08-10	报刊架	45	262	11790
2	15	长沙分部	邓强	2020-09-08	便签	33	297	9801
3	21	长沙分部	高磊	2020-09-23	吊式文件夹	14	105	1470
4	22	长沙分部	高磊	2020-09-27	赠盒	28	56	1568
...	...	...	...	...	...	...	...	...
65	247	长沙分部	邓强	2021-12-18	复印纸	25	258	6450
66	253	长沙分部	高磊	2021-12-31	回形针盒	7	292	2044
67	257	长沙分部	邓强	2022-01-09	硬面抄	48	128	6144
68	279	长沙分部	邓强	2022-02-24	铅笔	32	194	6208
69	284	长沙分部	邓强	2022-03-03	胶水	9	171	1539

70 rows × 8 columns

```
df5=pd.concat([df1, df2,df3,df4], axis=0, join='outer', ignore_index=True)
df5
```

	出库号	销售部	销售员	销售时间	商品名称	单价	销售数量	销售金额
0	1	北京分部	张丽丽	2020-08-01	单片夹	48.0	75.0	3600.0
1	2	北京分部	刘有三	2020-08-01	纽扣袋拉链袋	17.0	147.0	2499.0
2	5	北京分部	刘有三	2020-08-06	报刊架	45.0	241.0	10845.0
3	11	北京分部	张丽丽	2020-08-24	绿板	21.0	167.0	3507.0
4	12	北京分部	刘有三	2020-08-28	数据流带	41.0	108.0	4428.0
...	...	...	...	...	...	...	...	...
289	247	长沙分部	邓强	2021-12-18	复印纸	25.0	258.0	6450.0
290	253	长沙分部	高磊	2021-12-31	回形针盒	7.0	292.0	2044.0
291	257	长沙分部	邓强	2022-01-09	硬面抄	48.0	128.0	6144.0
292	279	长沙分部	邓强	2022-02-24	铅笔	32.0	194.0	6208.0
293	284	长沙分部	邓强	2022-03-03	胶水	9.0	171.0	1539.0

294 rows × 8 columns

图 9-34 多表单数据合并

在数据读入中我们明显能看到第一条出库号 277、287 有重复且没有数据,第二个图中出库号 282 有数据缺失,当然本数据中还存在其他问题,需要慢慢发现,并进行数据清洗。

二、重复行查询与清理

(一)重复行查询

Pandas 中查询重复数据的方法,一般是使用 duplicated()函数,伴随着查重,就有数据的删除命令 drop_duplicates()。命令格式为:

```
duplicated(subset =None, keep ='first'),
drop_duplicates(subset =None, keep ='first', inplace =False)
```

各参数含义如表 9-2 所示。

表 9-2　duplicated()、drop_duplicates()函数的参数设置

参数	说明	示例
subset	用于识别重复的列标签或列标签序列	默认识别所有的列标签,即只有两行数据的所有条目的值都相等时,duplicated()函数才判断其存在重复值。除此之外,duplicated(函数也可以单独对某一列进行重复值判断
keep	标记重复项并保留第一次出现的项	(1) keep=' first',从前向后查找,除了第一次出现外,其余相同的项被标记为重复,默认为此选项。 (2) keep='last',从后向前查找,除了最后一次出现外,其余相同的项被标记为重复。 (3) keep=' False',所有相同的项都被标记为重复
inplace	是否生成副本	True 表示直接修改原数据

根据下面分析要求设置代码并生成效果图:

要求:①根据出库号,找到重复行(True 被掩盖在大量数据中,无法显现);②根据出库号,寻找重复记录,后面出现的为重复记录;③根据出库号、商品名称、销售数量,寻找重复记录,代码与效果如图 9-35 所示。

观察出现重复记录实际上只有 27 号和 80 号,我们选择保留前面的记录,删除后面重复的记录。

(二)删除重复数据

删除重复数据代码,在删除重复记录后,记录条数从 294 下降到 292,如图 9-36 所示。

```
df5.duplicated(subset=['出库号'], keep='first')
```

```
0       False
1       False
2       False
3       False
4       False
       ...
289     False
290     False
291     False
292     False
293     False
Length: 292, dtype: bool
```

```
df5[df5.duplicated(subset=['出库号'], keep='first')]
```

	出库号	销售部	销售员	销售时间	商品名称	单价	销售数量	销售金额
10	27	北京分部	刘有三	2020-10-12	订书机	50.0	97.0	4850.0
71	277	NaN	NaN	NaT	NaN	NaN	NaN	NaN
93	80	上海分部	李辉	2021-01-23	电池	24.0	297.0	7128.0
149	287	NaN	NaN	NaT	NaN	NaN	NaN	NaN

```
df5[df5.duplicated(subset=['出库号'], keep='last')]
```

	出库号	销售部	销售员	销售时间	商品名称	单价	销售数量	销售金额
9	27	北京分部	刘有三	2020-10-12	订书机	50.0	97.0	4850.0
70	277	北京分部	张丽丽	2022-02-19	单片夹	48.0	277.0	13296.0
92	80	上海分部	李辉	2021-01-23	电池	24.0	297.0	7128.0
148	287	上海分部	李富贵	2022-03-13	硒鼓	26.0	114.0	2964.0

```
df5[df5.duplicated(subset=['出库号','商品名称','销售数量'], keep='first')]
```

	出库号	销售部	销售员	销售时间	商品名称	单价	销售数量	销售金额
10	27	北京分部	刘有三	2020-10-12	订书机	50.0	97.0	4850.0
93	80	上海分部	李辉	2021-01-23	电池	24.0	297.0	7128.0

图 9-35　duplicated 查询重复数据

```
df7=df5
df7.drop_duplicates(subset=['出库号','商品名称','销售数量'], keep='first', inplace=True)
df7
```

	出库号	销售部	销售员	销售时间	商品名称	单价	销售数量	销售金额
0	1	北京分部	张丽丽	2020-08-01	单片夹	48.0	75.0	3600.0
1	2	北京分部	刘有三	2020-08-01	纽扣袋拉链袋	17.0	147.0	2499.0
2	5	北京分部	刘有三	2020-08-06	报刊架	45.0	241.0	10845.0
3	11	北京分部	张丽丽	2020-08-24	绿板	21.0	167.0	3507.0
4	12	北京分部	刘有三	2020-08-28	数据流带	41.0	108.0	4428.0
...	...	...	...	...	...	...	...	...
289	247	长沙分部	邓强	2021-12-18	复印纸	25.0	258.0	6450.0
290	253	长沙分部	高霞	2021-12-31	回形针盒	7.0	292.0	2044.0
291	257	长沙分部	邓强	2022-01-09	硬面抄	48.0	128.0	6144.0
292	279	长沙分部	邓强	2022-02-24	铅笔	32.0	194.0	6208.0
293	284	长沙分部	邓强	2022-03-03	胶水	9.0	171.0	1539.0

292 rows × 8 columns

图 9-36　drop_duplicated 函数处理重复数据

三、数据缺失值查询与清洗

（一）缺失值查询

Pandas 为缺失值检测设置了命令为 isna()、isnull()，两个函数实际是一样，这个命令类似于 Excel 中 isna()函数的作用;在 isna()函数中有一个重要参数 axis,0 表示按列查询,1 按行查询。

接前面案例,进行以下处理:按列查询是否有缺失值;按行查询是否有缺失值;查询各列缺失值数量;使用 lamda()函数完成缺失值的统计,处理代码与效果图如图 9-37 所示。

```
df7.isna().any(axis=0)

出库号       False
销售部       True
销售员       True
销售时间      True
商品名称      True
单价        True
销售数量      True
销售金额      True
dtype: bool
```

```
df7.isnull().sum()

出库号       0
销售部       2
销售员       2
销售时间      2
商品名称      3
单价        5
销售数量      2
销售金额      3
dtype: int64
```

```
df7.isna().any(axis=1)

0      False
1      False
2      False
3      False
4      False
       ...
289    False
290    False
291    False
292    False
293    False
Length: 292, dtype: bool
```

```
df7.isna().sum()

出库号       0
销售部       2
销售员       2
销售时间      2
商品名称      3
单价        5
销售数量      2
销售金额      3
dtype: int64
```

df7.isna().apply(lambda x:x.value_counts())

	出库号	销售部	销售员	销售时间	商品名称	单价	销售数量	销售金额
False	292.0	290	290	290	289	287	290	289
True	NaN	2	2	2	3	5	2	3

df7.isnull().apply(lambda x:x.value_counts())

	出库号	销售部	销售员	销售时间	商品名称	单价	销售数量	销售金额
False	292.0	290	290	290	289	287	290	289
True	NaN	2	2	2	3	5	2	3

图 9-37　缺失数据查询与统计

可以看出从销售部到销售金额每列都有缺失值。在增加的 sum()统计中看出单价有 5 个缺失值、销售金额、商品名称有 3 处缺失值,其他都有 2 处缺失值,但这种分析并不能给我们带来解决问题的方案,我们需要做进一步的处理:查询具体的有缺失值的行信息,代码与效果图如图 9-38 所示。

df7[df7.isna().any(axis=1)]

	出库号	销售部	销售员	销售时间	商品名称	单价	销售数量	销售金额
12	32	北京分部	刘有三	2020-10-19	封箱带	NaN	151.0	7097.0
16	52	北京分部	刘有三	2020-11-27	订书机	NaN	260.0	13000.0
17	55	北京分部	张丽丽	2020-12-01	NaN	50.0	129.0	6450.0
71	277	NaN	NaN	NaT	NaN	NaN	NaN	NaN
147	282	上海分部	李富贵	2022-02-26	电池	NaN	174.0	NaN
149	287	NaN	NaN	NaT	NaN	NaN	NaN	NaN

图 9-38　isna()函数查询缺失数据

在查询显示后,我们发现实际上真正需要删除的只有 277 号、287 号,而 32 号、52 号、55 号、282 号应该只是需要补充数据,对于不同的缺失值采用不同的处理方法。

(二) 缺失值清洗

1. 删除全部为 NaN 的行

Pandas 为缺失值删除设置了 dropna()函数,函数的格式为:

```
dropna(axis =0, how =' any', thresh =None, subset =None, inplace =False)
```

各参数设置如表 9-3 所示。

表 9-3　dropna()函数的参数

参数	说明	示例
axis	指定删除方向	(1) axis＝0,默认按行删除 (2) axis＝1,按列删除
how	确定删除的标准	(1) how=' any',默认值,表示这一行或列中只要有空值或缺失值就删除这一行或列。 (2) how=' all',表示这一行或列中的数据全部缺失,才删除这一行或列
thresh	一行或一列中至少出现了 hresh 个才删除	thresh＝2,表示至少出现两个空值或缺失值的行或列才会被删除
subsct	在特定的子集中寻找缺失值	subset＝[5,6,7],若 axis＝1,则表示删除第 5、6、7 行存在空值或缺失值的列
inplace	表示是否在原数据上操作	(1) inplace＝False,表示修改原数据的副本,返回新的数据,默认为此选项。 (2) inplace＝True,表示直接修改原数据

按照要求删除整列缺失值记录,代码与效果图如图 9-39 所示。

图 9-39　整行缺失值的删除

经过数据清洗现在还保留着四条记录中的缺失值。

2. 使用 fillna() 函数缺失值的填充

Pandas 为缺失值填充设置了为 fillna()，fillna() 函数格式为：

```
fillna(value =None,method =None, axis =None, inplace =False, limit =
None,downcast =None, )
```

各参数设置如表 9-4 所示。

表 9-4　fillna( )函数的常用参数

参数	说明	示　例
value	用于填充的数值	value=0，表示用 0 填补空值
method	表示填充方式，默认值为 None	(1) method='pad '/ffill '，将最后一个有效的数据向后传播，即用缺失值前面的一个值代替缺失值。 (2) method=' backfill/bfill '，将最后一个有效的数据向前传播，即用缺失值后面的一个值代替缺失值
limit	可以连续填充的最大数量	limit=3，表示最多填充 3 个连续空值

但是 fillna()函数的填充带有很大的风险。因为很多空值数据并不具备相互填充的条件。为保证数据处理无误，本处只做一个 fillna()函数的填充，具体步骤如下：重设索引顺序，生成新的数据结构；重新查询缺失值记录；查询封箱带单价，得出封箱带的价格为 47；数据填充，查询仍然有数据缺失的记录。

```
df10.fillna(value =47, method =None, axis =None, inplace =True, limit
=1, downcast =None)
```

本处最终的改变就是 inplace 参数设置为 True，也就是直接在当前数据中修改。

各步骤代码与效果如图 9-40 所示。

但在 fillna 填充中我们发现我们设置 limit=1，但是查询缺失值时，少了两个，对比两次缺失值查询记录，我们发现其实 55 也被修改了，因为在商品名称列中 55 条记录是这一列的第一个。因此 fillna 函数进行快速填充时，条件过于苛刻，数据清洗需要更多的耐心。

3. 索引查询

我们对剩下的记录需要一点点地修改。我们观察数据可以看到每种商品出库的单价是固定的，所以我们可以通过用金额除以数量来计算，也可以直接填充，步骤如下：

查询价格为 50 的商品，我们发现是订书机，因此确定第 55 条记录商品的名字应该

```
df10=df9.sort_values(by='出库号')
df10.reset_index(drop=True, inplace=True)
df10
```

	出库号	销售部	销售员	销售时间	商品名称	单价	销售数量	销售金额
0	1	北京分部	张丽丽	2020-08-01	单片夹	48.0	75.0	3600.0
1	2	北京分部	刘有三	2020-08-01	纽扣袋拉链袋	17.0	147.0	2499.0
2	3	长沙分部	高鑫	2020-08-02	信封	30.0	248.0	7440.0
3	4	上海分部	李富贵	2020-08-06	信封	30.0	213.0	6390.0
4	5	北京分部	刘有三	2020-08-06	报刊架	45.0	241.0	10845.0
...	...	...	...	...	...	...	...	...
285	286	深圳分部	王鹏宇	2022-03-12	硬面抄	40.0	216.0	10368.0
286	287	上海分部	李富贵	2022-03-13	砷磺	26.0	114.0	2964.0
287	288	深圳分部	高晓丽	2022-03-14	传真纸	14.0	133.0	1862.0
288	289	深圳分部	王鹏宇	2022-03-15	光盘	34.0	275.0	9350.0
289	290	上海分部	李富贵	2022-03-15	装订机	14.0	227.0	3178.0

290 rows × 8 columns

```
df10[df10['商品名称']=='封箱带']
```

	出库号	销售部	销售员	销售时间	商品名称	单价	销售数量	销售金额
28	29	北京分部	刘有三	2020-10-13	封箱带	47.0	202.0	9494.0
31	32	北京分部	刘有三	2020-10-19	封箱带	NaN	151.0	7097.0
40	41	上海分部	李富贵	2020-11-05	封箱带	47.0	269.0	12643.0
114	115	上海分部	李辉	2021-04-11	封箱带	47.0	106.0	4982.0
130	131	北京分部	张丽丽	2021-05-19	封箱带	47.0	74.0	3478.0
137	138	长沙分部	邓强	2021-06-06	封箱带	47.0	254.0	11938.0

```
df10[df10.isna().any(axis=1)]
```

	出库号	销售部	销售员	销售时间	商品名称	单价	销售数量	销售金额
31	32	北京分部	刘有三	2020-10-19	封箱带	NaN	151.0	7097.0
51	52	北京分部	刘有三	2020-11-27	订书机	NaN	260.0	13000.0
54	55	北京分部	张丽丽	2020-12-01	NaN	50.0	129.0	6450.0
281	282	上海分部	李富贵	2022-02-26	电池	NaN	174.0	NaN

```
df10[df10['商品名称']=='封箱带']
```

	出库号	销售部	销售员	销售时间	商品名称	单价	销售数量	销售金额
28	29	北京分部	刘有三	2020-10-13	封箱带	47.0	202.0	9494.0
31	32	北京分部	刘有三	2020-10-19	封箱带	NaN	151.0	7097.0
40	41	上海分部	李富贵	2020-11-05	封箱带	47.0	269.0	12643.0
114	115	上海分部	李辉	2021-04-11	封箱带	47.0	106.0	4982.0
130	131	北京分部	张丽丽	2021-05-19	封箱带	47.0	74.0	3478.0
137	138	长沙分部	邓强	2021-06-06	封箱带	47.0	254.0	11938.0

```
df11[df11.isna().any(axis=1)]
```

	出库号	销售部	销售员	销售时间	商品名称	单价	销售数量	销售金额
51	52	北京分部	刘有三	2020-11-27	订书机	NaN	260.0	13000.0
281	282	上海分部	李富贵	2022-02-26	电池	NaN	174.0	47.0

图 9-40　部分缺失值的查询

是订书机:loc 索引赋值;查询电池的价格,并赋值;再次查询缺失值,各步骤代码及效果如图 9-41 所示。

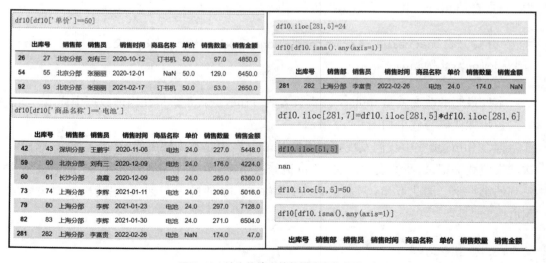

```
df10[df10['单价']==50]
```

	出库号	销售部	销售员	销售时间	商品名称	单价	销售数量	销售金额
26	27	北京分部	刘有三	2020-10-12	订书机	50.0	97.0	4850.0
54	55	北京分部	张丽丽	2020-12-01	NaN	50.0	129.0	6450.0
92	93	北京分部	张丽丽	2021-02-17	订书机	50.0	53.0	2650.0

```
df10[df10['商品名称']=='电池']
```

	出库号	销售部	销售员	销售时间	商品名称	单价	销售数量	销售金额
42	43	深圳分部	王鹏宇	2020-11-06	电池	24.0	227.0	5448.0
59	60	北京分部	刘有三	2020-12-09	电池	24.0	176.0	4224.0
60	61	长沙分部	高鑫	2020-12-09	电池	24.0	265.0	6360.0
73	74	上海分部	李辉	2021-01-11	电池	24.0	209.0	5016.0
79	80	上海分部	李辉	2021-01-23	电池	24.0	297.0	7128.0
82	83	上海分部	李辉	2021-01-30	电池	24.0	271.0	6504.0
281	282	上海分部	李富贵	2022-02-26	电池	NaN	174.0	47.0

```
df10.iloc[281,5]=24
```

```
df10[df10.isna().any(axis=1)]
```

	出库号	销售部	销售员	销售时间	商品名称	单价	销售数量	销售金额
281	282	上海分部	李富贵	2022-02-26	电池	24.0	174.0	NaN

```
df10.iloc[281,7]=df10.iloc[281,5]*df10.iloc[281,6]
```

```
df10.iloc[51,5]
```

nan

```
df10.iloc[51,5]=50
```

```
df10[df10.isna().any(axis=1)]
```

出库号	销售部	销售员	销售时间	商品名称	单价	销售数量	销售金额

图 9-41　缺失值填充的数据确定与处理

通过上面的数据处理,表格中的所有数据都已经清洗完毕,为数据分析奠定了基础。

四、其他异常处理

在财务数据读取中,由于会计计数格式差异会导致 Pandas 在读入数据时误认为文本或字符串(string)格式,需要消除其中的逗号以及转化为数字浮点(float)格式。在 Pandas 中可以使用 map()、astype()函数完成逗号、特殊字符的替换以及数字格式的转换。

(一)特殊字符处理

外部数据采集中总会遇到格式中的不一致,如数字格式不一样,字符串中大小写不一致,字符串中存在大量空格等。如何删除表格中各元素中的特殊符号、将所有数字列转换为浮点数,是数据处理中比较繁琐的一个工作。

1. 发现异常

本处我们采用科云大数据平台资料,先引入数据,代码与效果图如图 9-42 所示。

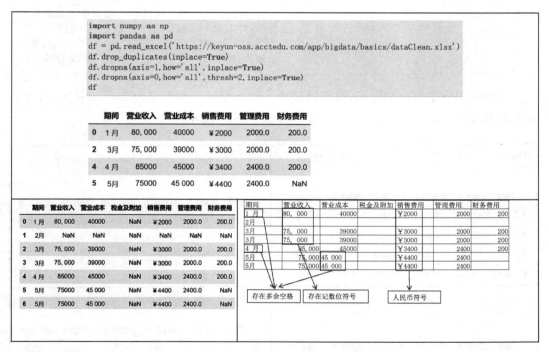

图 9-42 异常数据分析

在删除空行、重复行数据后,剩下四条记录。仔细观察四条记录,应该还存在以下的问题:期间中,1 月中 1 与月之间存在空格,营业收入中 80 000,存在记数位应该也存在空格等。

2. replace()完成数据替换

Pandas 中提供了 replace()函数进行处理,replace()函数格式如下:

```
replace(to_replace = None, value = None, inplace = False, limit = None,
regex =False,method ='pad')
```

各参数设置如表 9-5 所示。

表 9-5 replace( )函数的常用参数

参数	说明	示例
to_replace	被替换的值	'\s+'表示括但不限于空格、回车(\r)、换行(\n)、tab 或者叫水平制表符(\t)等
value	替换后的值	'¥','',前面表示需要替换掉¥,以空替换,也就是删除
inplace	是否要改变原数据	False 是不改变,True 是改变,默认是 False
limit	可以连续填充的最大数量	limit=3,表示最多填充 3 个连续空值
method	表示填充方式,默认值为 None	(1) method=' pad '/ffill ',将最后一个有效的数据向后传播,即用缺失值前面的一个值代替缺失值。 (2) method=' backfill/bfill ',将最后一个有效的数据向前传播,即用缺失值后面的一个值代替缺失值

为避免对源数据产生影响,我们通过输入命令“df4=df1”,先将其转换新数据,然后按照清理步骤先后输入命令,命令与效果图如图 9-43 所示。

```
df4.replace('\s+','',regex=True, inplace=True)
df4
```

	期间	营业收入	营业成本	销售费用	管理费用	财务费用
0	1月	80,000	40000	¥2000	2000.0	200.0
2	3月	75,000	39000	¥3000	2000.0	200.0
4	4月	85000	45000	¥3400	2400.0	200.0
5	5月	75000	45000	¥4400	2400.0	NaN

```
df4.replace(',','',regex=True, inplace=True)
df4
```

	期间	营业收入	营业成本	销售费用	管理费用	财务费用
0	1月	80000	40000	¥2000	2000.0	200.0
2	3月	75000	39000	¥3000	2000.0	200.0
4	4月	85000	45000	¥3400	2400.0	200.0
5	5月	75000	45000	¥4400	2400.0	NaN

```
df4.replace('¥','',regex=True, inplace=True)
df4
```

	期间	营业收入	营业成本	销售费用	管理费用	财务费用
0	1月	80000	40000	2000	2000.0	200.0
2	3月	75000	39000	3000	2000.0	200.0
4	4月	85000	45000	3400	2400.0	200.0
5	5月	75000	45000	4400	2400.0	NaN

```
df4.reset_index(drop=True)
```

	期间	营业收入	营业成本	销售费用	管理费用	财务费用
0	1月	80000	40000	2000	2000.0	200.0
1	3月	75000	39000	3000	2000.0	200.0
2	4月	85000	45000	3400	2400.0	200.0
3	5月	75000	45000	4400	2400.0	NaN

图 9-43 replace( )函数完成格式调整

(二) 数位调整

对于财务费用中的缺失值,我们可以采用 fillna()函数完成填充,结合财务费用前几个月都是 200,我们就用 200 或者 df5. mean()进行填充,如图 9-44 所示。

```
df5.fillna(df5.mean(),axis =None, inplace =True, limit =1, downcast =
None)
```

```
df5.fillna(df5.mean(),axis=None, inplace=True, limit=1, downcast=None)
df5
```

```
C:\Users\hzy\AppData\Local\Temp\ipykernel_11508\1098243941.py:1: FutureWa
'numeric_only=None') is deprecated; in a future version this will raise 
  df5.fillna(df5.mean(),axis=None, inplace=True, limit=1, downcast=None)
```

	期间	营业收入	营业成本	销售费用	管理费用	财务费用
0	1月	80000.00	40000.00	2000.00	2000.00	200.00
2	3月	75000.00	39000.00	3000.00	2000.00	200.00
4	4月	85000.00	45000.00	3400.00	2400.00	200.00
5	5月	75000.00	45000.00	4400.00	2400.00	200.00

图 9-44　fillna()函数填充缺失值

经过上面的处理,完成了格式的转换,但是不符合财务记账的规则,保留两位有效数字,Pandas 中 DataFrame 数据结构无法统一对数位的调整调整,只能采用单列修改的方式。可以使用 lambda()函数完成数据的转换,命令与效果图如图 9-45 所示。

```
df5['营业收入']=df5['营业收入'].apply(lambda x:format(x, '.2f'))
df5['营业成本']=df5['营业成本'].apply(lambda x:format(x, '.2f'))
df5['销售费用']=df5['销售费用'].apply(lambda x:format(x, '.2f'))
df5['管理费用']=df5['管理费用'].apply(lambda x:format(x, '.2f'))
df5['财务费用']=df5['财务费用'].apply(lambda x:format(x, '.2f'))
df5
```

	期间	营业收入	营业成本	销售费用	管理费用	财务费用
0	1月	80000.00	40000.00	2000.00	2000.00	200.00
2	3月	75000.00	39000.00	3000.00	2000.00	200.00
4	4月	85000.00	45000.00	3400.00	2400.00	200.00
5	5月	75000.00	45000.00	4400.00	2400.00	nan

```
df5.reset_index(drop=True)
```

	期间	营业收入	营业成本	销售费用	管理费用	财务费用
0	1月	80000.00	40000.00	2000.00	2000.00	200.00
1	3月	75000.00	39000.00	3000.00	2000.00	200.00
2	4月	85000.00	45000.00	3400.00	2400.00	200.00
3	5月	75000.00	45000.00	4400.00	2400.00	nan

图 9-45　format()函数格式化数据类型

(三) 其他格式的转换

数据处理到这里,我们应该发现没有问题了,但是实际问题还是存在的,那就是数字格式的问题,比如我们现在要汇总两个科目的总金额,代码与效果图如图 9-46 所示。

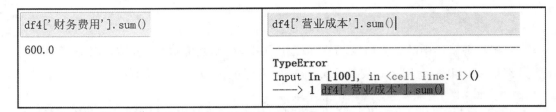

图 9-46　数据类型引发的统计问题

为什么会出现一个科目可以汇总,另一个科目不能汇总的情况? 此处通过查询各字段数据类型的方式发现问题,数据类型采用 info()函数或 dtypes()函数,录入命令与结果如图 9-47 所示。

```
df4.info()

<class 'pandas.core.frame.DataFrame'>
Int64Index: 4 entries, 0 to 5
Data columns (total 6 columns):
 #   Column   Non-Null Count  Dtype
---  ------   --------------  -----
 0   期间       4 non-null      object
 1   营业收入   4 non-null      object
 2   营业成本   4 non-null      object
 3   销售费用   4 non-null      object
 4   管理费用   4 non-null      float64
 5   财务费用   3 non-null      float64
dtypes: float64(2), object(4)
memory usage: 224.0+ bytes
```

```
df4.dtypes

期间         object
营业收入     object
营业成本     object
销售费用     object
管理费用     float64
财务费用     float64
dtype: object
```

图 9-47　info( )函数完成数据类型查询

期间、营业收入、营业成本和销售费用都是 object 类型,也就是 str 格式的数据,很明显她们应该和财务费用一样是 float64,至少应该是 int64 格式的数据。那么下面的工作就很简单了,我们直接转换数据类型就行了。

Pandas 中进行数据转换的函数为 astype(),其命令格式为:

astype(dtype, copy =True, errors ='raise')

各参数设置如表 9-6 所示。

表 9-6　astype( )函数的常用参数

参数	说明	示例
dtype	数据类型	'float64',将现有字段转换为浮点数
copy	否拷贝副本	False,表示直接修改数据,不生成副本
error	是否报错	选择 ignore,则当无法转换时不报错

命令与效果图如图 9-48 所示。

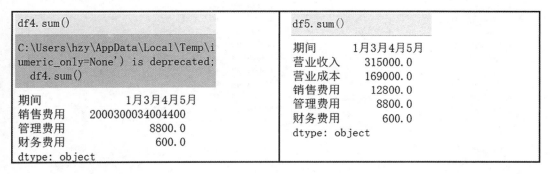

图 9-48 数据类型转换函数的使用

最后再次将字段数据进行加总，可以看出数据字段已经可以加总，而月份是字符串的简单连接。转换前后数据汇总结果的差异，如图 9-49 所示。

```
df4.sum()

C:\Users\hzy\AppData\Local\Temp\i
umeric_only=None') is deprecated;
  df4.sum()

期间                1月3月4月5月
销售费用       2000300034004400
管理费用                  8800.0
财务费用                   600.0
dtype: object
```

```
df5.sum()

期间          1月3月4月5月
营业收入        315000.0
营业成本        169000.0
销售费用         12800.0
管理费用          8800.0
财务费用           600.0
dtype: object
```

图 9-49 不同数据类型加总的差异

（四）数据替换

完成前述操作后，数据清理基本已经到了尾声，但是数据处理中还会存在一些数据转换的问题。例如，性别可以有多种写法：可以是男、女，也可以是 male、female，来自多部门统计的结果，有可能存在多种写法，数据合并中需要进行统一，这时可以采用转换函数进行处理。

1. map()函数

利用 map()函数，对性别进行按函数关系赋值，我们需要将其中的"F"修改为女，将"M"修改为男，代码与效果如图 9-50 所示。

2. lambda()函数

lambda()函数在 Python 编程语言中使用频率非常高，使用起来非常灵活、巧妙；使用 lambda()函数可以直接在数据中进行执行。在本案例中使用 lambda()函数完成性别转换，如图 9-51 所示。

```
import pandas as pd
data = pd.DataFrame(
['姓名':['周沫', '赵辉', '刘军', '符迪', '鲁鑫', '张驰', '徐峰', '关城', '李悦', '孟星'],
'性别':['F', 'M', 'F', 'F', 'M', 'F', 'M', 'M', 'F', 'F'],
'年龄':[25, 34, 49, 42, 28, 23, 45, 21, 34, 29]])
data
```

	姓名	性别	年龄
0	周沫	F	25
1	赵辉	M	34
2	刘军	F	49
3	符迪	F	42
4	鲁鑫	M	28
5	张驰	F	23
6	徐峰	M	45
7	关城	M	21
8	李悦	F	34
9	孟星	F	29

```
data['性别']=data['性别'].map({'F':'女性', 'M':'男性'})
data
```

	姓名	性别	年龄
0	周沫	女性	25
1	赵辉	男性	34
2	刘军	女性	49
3	符迪	女性	42
4	鲁鑫	男性	28
5	张驰	女性	23
6	徐峰	男性	45
7	关城	男性	21
8	李悦	女性	34
9	孟星	女性	29

图 9-50　map( )函数转换数据

```
data['性别']=data.性别.map(lambda x:'女性' if x == 'F' else '男性')
data
```

	姓名	性别	年龄
0	Jack	女性	25
1	Alice	男性	34
2	Lily	女性	49
3	Mshis	女性	42
4	Gdli	男性	28
5	Agosh	女性	23
6	Filu	男性	45
7	Mack	男性	21
8	Lucy	女性	34
9	Pony	女性	29

```
data['性别']=data.性别.apply(lambda x:'女性' if x == 'F' else '男性')
data
```

	姓名	性别	年龄
0	Jack	女性	25
1	Alice	男性	34
2	Lily	女性	49
3	Mshis	女性	42
4	Gdli	男性	28
5	Agosh	女性	23
6	Filu	男性	45
7	Mack	男性	21
8	Lucy	女性	34
9	Pony	女性	29

图 9-51　lambda( )函数数据转换

3. applymap( )函数

applymap( )是与 map( )方法相对应的专属于 DataFrame 对象的方法，与 lambda( )函数共同组成数据转换的重要处理工具，类似 map( )方法传入函数、字典等，代码与效果如图 9-52 所示。

```
data['性别']=data[['性别']].applymap(lambda x:'女性' if x == 'F' else '男性')
data
```

	姓名	性别	年龄
0	Jack	男性	25
1	Alice	男性	34
2	Lily	男性	49
3	Mshis	男性	42
4	Gdli	男性	28
5	Agosh	男性	23
6	Filu	男性	45
7	Mack	男性	21
8	Lucy	男性	34
9	Pony	男性	29

```
data['年龄']=data['年龄'].apply(lambda x:x+1)
data
```

	姓名	性别	年龄
0	周沫	女性	26
1	赵辉	男性	35
2	刘军	女性	50
3	符迪	女性	43
4	鲁鑫	男性	29
5	张驰	女性	24
6	徐峰	男性	46
7	关城	男性	22
8	李悦	女性	35
9	孟星	女性	30

图 9-52　applymap( )函数完成数据转换

4. apply()函数

apply()方法既支持 Series,也支持 DataFrame,在对 Series 操作时会作用到每个值上,在对 DataFrame 操作时会作用到所有行或所有列(通过 axis 参数控制)。因此对于 apply()函数使用时,一般要选择 DataFrame 相关的列,如图 9-52 所示。

 相关知识

<h2 style="text-align:center">数据清洗的一般工作流程</h2>

数据清洗,是整个数据分析过程中不可缺少的一个环节,其结果质量直接关系到模型效果和最终结论。在将数据导入处理工具后处理之前一般要进行人工查看,看元数据,掌握字段解释、数据来源、代码表等描述数据的信息;抽取一部分数据,对数据本身有一个直观的了解,并且初步发现一些问题,为之后的处理做准备。明确了数据采集中可能会存在的问题,按照步骤进行数据清洗,避免步骤之间的相互冲突。数据清洗包括以下五步。

第一步:缺失值清洗

缺失值是最常见的数据问题,处理缺失值也有很多方法,一般按照四个步骤进行。

1. 确定缺失值范围

对每个字段都计算其缺失值比例,然后按照缺失比例和字段重要性,分别制定策略,命令格式如下:

```
count_missing = data.apply(lambda x:'{}% '.format(round(100* sum(x.
isnull())/len(x),2)))
print(count_missing)
```

2. 去除不需要的字段

这一步很简单,直接删掉,但是一定要做好备份,可以使用 df.drop()命令处理。命令格式如下:

```
df.drop(index =['A'])
```

3. 填充缺失内容

某些缺失值可以进行填充,这步的处理需要清洗人员具有很强的专业素养,需要了解怎样的填充才不会对数据分析产生大的影响,填充命令为 df.fillna(x)。

填充值包括:同一指标的计算结果(均值、中位数、众数等)填充缺失值;以不同指标的计算结果填充缺失值等,填充方式也有很多中:向上填充、向下填充,填充一次,填充多次等。

```
data['下次计划还款利息'].fillna(value =data['下次计划还款利息'].mean(),
inplace =True)
```

4. 重新取数

如果某些指标非常重要又缺失率高,那就需要向取数人员或业务人员了解,是否有其他渠道可以取到相关数据。

第二步:格式内容清洗

一般如果数据是由系统日志而来,那么通常在格式和内容方面,会与元数据的描述一致。而如果数据是由人工收集或用户填写而来,则有很大可能性在格式和内容上存在一些问题,格式内容问题有以下几类。

1. 时间、日期、数值、全半角等显示格式不一致

这种问题通常与输入端有关,在整合多来源数据时也有可能遇到,一个字段有多种数据格式、以及多种显示格式,需要通过 pandas 命令予以修改。整列修改常用的命令为 astype(),对于日期类字段就有更多的显示格式 strftime()、format()等函数调整。

命令示例:

```
df['date'].dt.strftime('% Y -% m -% d')
df['管理域'].astype('float')
```

2. 内容中有不该存在的字符

这种情况以头、尾、中间的空格最为普遍,其次英文中大写、小写规范性问题等,也可能出现姓名中存在数字符号、身份证号中出现汉字等问题。这种情况下,需要以半自动校验半人工方式来找出可能存在的问题,并去除不需要的字符。可以使用的命令包括:df. strip(rm)、df. split()、df. str. replace()等。

应用示例:df['金额'].str.replace('<a>',")。

3. 内容与该字段应有内容不符

姓名写了性别,身份证号写了手机号等,均属这种问题。但该问题特殊性在于:并不能简单地以删除来处理,因为成因有可能是人工填写错误,也有可能是前端没有校验,还有可能是导入数据时部分或全部存在列没有对齐的问题,因此要详细识别问题类型,应用前面的清洗方法以及 Pandas 中其他命令做对应的处理,本处不做展开。

第三步:逻辑错误清洗

这部分的工作是去掉一些使用简单逻辑推理就可以直接发现问题的数据,防止分析结果走偏。主要包含以下几个步骤。

1. 去重

一般来讲去重放在格式内容清洗之后,比如多余空格导致工具认为"陈丹奕"和"陈丹奕"不是一个人,去重失败。去重命令一般使用。其命令为 df. drop_duplicates(),格式

与参数如下：

```
data.drop_duplicates(subset =['A','B'],keep =' first',inplace =True)
```

2. 去除异常值

不合理值一般是由于数据录入不细致或者数据整理超出范围导致，如年龄多录入一个 0、收入填写没有看到单位、成绩超过 100 的正常值等，处理数据先要发现这个数据。发现的方法可用但不限于箱形图（Box-plot），命令格式：plt. boxplot(data['成绩'])。

3. 修正矛盾内容

在数据以及数据表之间有些字段是可以互相验证的，比如在报税工作环节中，多个表单之间数据矛盾导致无法申报，身份证号中的年龄信息与填报的年龄之间矛盾，在这种时候，需要根据字段的数据来源，来判定哪个字段提供的信息更为可靠，去除或重构不可靠的字段。

第四步：非需求数据清洗

非需求数据清洗简单来说就是数据没有错误，但是在本分析中没有用处，为了保证数据处理的高效，可以简单删除，但实际操作起来，有很多问题，比如自己的判断失误，容易误删数据，因此恰当的做法是如果数据量没有大到不删字段就没办法处理的程度，那么能不删的字段尽量不删，当然还要多备份数据。

第五步：关联性验证

这个工作一般发生在多个数据信息表汇总阶段，要正确寻找关联字段，比如在汇总工资各个项目的时候，有工号、姓名可供选择，汇总的每条数据应该满足唯一性，选择姓名就会导致数据出错，通过对姓名字段统计不重复计算进行关联性验证。关联性验证可以通过分组、数据透视功能来实现，如图 9-53 所示。

```
import pandas as pd
df = pd. DataFrame({'a' : ['A', 'A', 'A', 'B', 'C'],
                    'b' : ['H', 'H', 'I', 'J', 'J']})
pt3 = pd. pivot_table(df,
                values=['b'],
                index=['a'],
                aggfunc=[lambda x: len(x.unique()), 'nunique', len, set, list])
pt3
```

| a | <lambda> | nunique | len | set | list |
	b	b	b	b	b
A	2	2	3	{H, I}	[H, H, I]
B	1	1	1	{J}	[J]
C	1	1	1	{J}	[J]

图 9-53　数据透视检验重复数据

当然这已经脱离数据清洗的范畴了，应该属于数据库模型该处理的问题。

很多学术机构会专门研究如何做数据清洗，根据不同的领域清洗工作的特点，形成一个专门的清洗工具，比如在科云实训系统中就专门创建了自己的数据清洗函数（dataclean），其函数中包括几个步骤的工作：替换字符、删除空行、填充空值等。其具体的使用方法为：

```
from keyun.utils import *
df.dropna(axis = 1).applymap(dataClean)
```

使用这个函数,先要导入科云第三方库,然后对读入的文件调用这个函数就可以实现基本的数据清洗。

任务二总结

在数据分析中,数据清洗是前期准备工作。对于数据分析师来说,我们会遇到各种各样的数据,在分析前,要投入大量的时间和精力把数据"整理裁剪"成自己想要或需要的样子。好的数据分析师必定是一名数据清洗高手,在整个数据分析过程中,不论是在时间还是功夫上,数据清洗大概都占到了 80％。本任务重点介绍了重复值、缺失值以及异常值的查询与删除,并对所用的函数做了适当的拓展。

💡 任务二思维导图

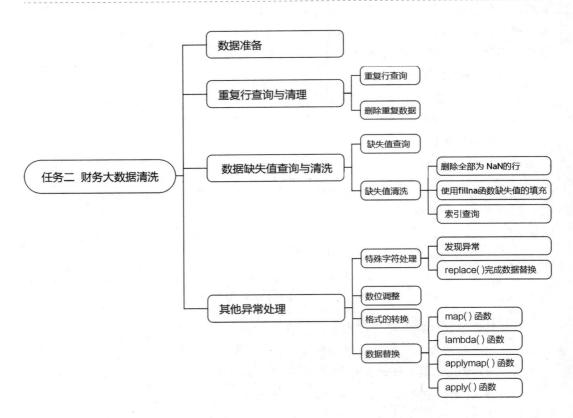

任务三 财务大数据汇总

任务描述

数据分析需要基础数据,基础数据可能来自 Excel 表单,可能来自文本文件,甚至有可能来自数据库文件,即使这些文件是同一类型,也不一定在同一个文件,因此需要对文件进行汇总。本任务将介绍不同文件的汇总。Pandas 提供了文件汇总的一些重要函数,这些函数需要通过设置参数来完成汇总。参数不同,其汇总结果也就不同。请简要查看下面文件的合并,比较后面两张结果分析是什么原因导致的这些差异的产生。除了这些参数之外,该函数还有哪些参数?这些参数将如何影响合并结果,如图 9-54 所示。

```
import pandas as pd
df1 = pd.read_excel(r'C:/Users/hzy/Desktop/工资核算基础资料.xlsx',
sheet_name =0, index_col=1, converters = {'员工编号':str})
df1=df1.iloc[:,0:]
df1
```

姓名	员工编号	销售业绩	提成收入	基本工资	社保金额
赵宇辉	001	30000	6000	2500	125
钱程程	002	20000	4000	2500	125
周志远	003	50000	10000	2500	125
李富贵	004	40000	8000	2500	125
马明宇	005	30000	3000	2500	125
曾智宏	006	20000	2000	2500	125

```
import pandas as pd
df2 = pd.read_excel(r'C:/Users/hzy/Desktop/工资核算基础资料.xlsx',
sheet_name =1, index_col=1, converters = {'员工编号':str})
df2=df2.iloc[:,1:]
df2
```

姓名	销售业绩	提成收入	创造效益	是否达标	公司名称	性别
赵宇辉	30000	6000	21375	False	弃舍培训公司	女
钱程程	20000	4000	13375	False	弃舍培训公司	男
李富贵	40000	8000	37375	True	弃舍培训公司	男
马明宇	30000	3000	29375	False	弃舍培训公司	女

```
pd.concat([df1,df2],axis=1,join='outer')
```

姓名	员工编号	销售业绩	提成收入	基本工资	社保金额	销售业绩	提成收入	创造效益	是否达标	公司名称	性别
赵宇辉	001	30000	6000	2500	125	30000.0	6000.0	21375.0	False	弃舍培训公司	女
钱程程	002	20000	4000	2500	125	20000.0	4000.0	13375.0	False	弃舍培训公司	男
周志远	003	50000	10000	2500	125	NaN	NaN	NaN	NaN	NaN	NaN
李富贵	004	40000	8000	2500	125	40000.0	8000.0	37375.0	True	弃舍培训公司	男
马明宇	005	30000	3000	2500	125	30000.0	3000.0	29375.0	False	弃舍培训公司	女
曾智宏	006	20000	2000	2500	125	NaN	NaN	NaN	NaN	NaN	NaN

```
pd.concat([df1,df2],axis=1,join='inner')
```

姓名	员工编号	销售业绩	提成收入	基本工资	社保金额	销售业绩	提成收入	创造效益	是否达标	公司名称	性别
赵宇辉	001	30000	6000	2500	125	30000	6000	21375	False	弃舍培训公司	女
钱程程	002	20000	4000	2500	125	20000	4000	13375	False	弃舍培训公司	男
李富贵	004	40000	8000	2500	125	40000	8000	37375	True	弃舍培训公司	男
马明宇	005	30000	3000	2500	125	30000	3000	29375	False	弃舍培训公司	女

图 9-54 数据合并

一、 数据准备

在浏览器地址栏中录入"https://keyun-oss.acctedu.com/app/bigdata/basics/data.xlsx",自动弹出文件下载页面,下载 data.xlsx 文件,打开表单,如图 9-55 所示。

图 9-55 科云数智化财务云平台资源下载

二、 财务数据指标计算

(一) 数据读入

在本案例中引入迅驰商贸公司的 2019—2020 年月度经营数据,在命令行中录入命令读入网页中的 Excel 表单数据,命令与效果如图 9-56 所示。

```
import pandas as pd
df = pd.read_excel(r'https://keyun-oss.acctedu.com/app/bigdata/basics/data.xlsx',
                   sheet_name=1,converters={'年':str,'月':str})
df
```

	年	月	营业收入	营业成本	净利润
0	2019	1	274400	168756.00	55401.36
1	2019	2	329800	203816.40	64179.08
2	2019	3	248850	155630.79	45912.83
3	2019	4	285410	181235.35	52372.74
4	2019	5	294500	172282.50	67234.35
5	2019	6	301100	190897.40	53385.03

图 9-56　科云数智化财务云平台数据读取

（二）指标计算

1. 数据特征指标

想成为财务大数据分析人员，需要掌握一定的统计学知识，统计学在数据分析方面已经形成一个较为系统的知识体系，而且很多技术经过了实践的检验。大数据分析是基于统计学理论进行的，统计学中基本指标在大数据分析中基本可以通过 describe() 函数来得到。

比如我们输入命令：df.describe().loc['count','营业收入']，可以得到数据表中总的数据条数，修改参数，可以得到如下结果：比如最大值、最小值、总行数等信息，如图 9-57 所示。

df.describe().loc['max','营业收入']	df.describe().loc['min','营业收入']
424000.0	248850.0
df.describe().loc['mean','营业收入']	df.describe().loc['count','营业收入']
337040.0	24.0

图 9-57　利润表数据特征指标计算

2. 动态指标

（1）环比增长率的计算。动态指标为数据分析提供趋势性的判断依据，Pandas 中计算环比增长率使用 pct_change 函数。命令与效果图如图 9-58 所示。

此时第一个月份因为没有上一月度的数据，出现计算错误，可以采用上一任务中填充的数据进行修改。

（2）累计统计。计算表数据累计时，Pandas 给出的函数 cumsum()，命令与效果如图 9-59 所示。

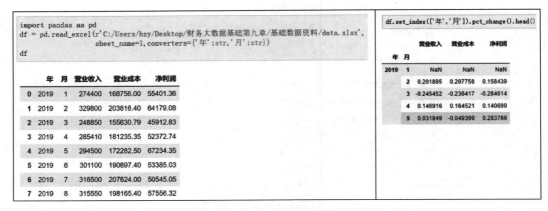

图 9-58　利润表数据环比增长率计算

图 9-59　利润表数据累计指标计算

三、数据排序与检索

(一) sort 函数

Pandas 可以对数据进行排序,一般命令为 sort_values(),其命令参数相对较多,格式如下:

```
sort_values(by, axis = 0, ascending = True, inplace = False, kind =
'quicksort', na_position = 'last', ignore_index = False, key = None)
```

各参数设置如表 9-7 所示。

表 9-7　sort_values( ) 函数的常用参数

参数	说明	示例
by	选择哪个字段进行排序	df. sort_values('净利润')
axis	排序是在横轴还是纵轴	默认是纵轴 axis＝0

（续表）

参数	说明	示例
ascending	升序还是降序	默认是升序,df. sort_values('净利润', ascending = False). head()
na_position	缺失值的位置处理	: last, first;默认是 last
ignore_index	新生成的数据帧的索引是否重排	认 False(采用原数据的索引)

命令与效果如图 9-60 所示。

图 9-60　sort 函数完成数据排序

（二）set_index( )与 reset_index( )函数

Pandas 读取外部文件,默认的检索方式是行号,但实际工作中有时候需要重设检索方式,Pandas 进行索引重设的方式是 reset_index()函数,其命令格式如下:

```
set_index(keys, drop = True, append = False, inplace = False,verify_
integrity = False)
```

各参数设置如表 9-8 所示。

表 9-8　set_index( )函数的常用参数

参数	说明	示例
keys	设置为索引的列	列标签或列标签
drop	删除用作新索引的列	默认为 True
append	是否将列附加到现有索引	默认为 False
verify_integrity	是否生成新索引的副本	默认为 false

命令与效果图如图 9-61 所示。

重设索引之后,显示效果不再以行号为索引,改为月。当然作为索引可以有多个字

```
import pandas as pd
df = pd.read_excel(r'https://keyun-oss.acctedu.com/app/bigdata/basics/data.xlsx',
                   sheet_name=1,converters=['年':str,'月':int])
df
```

	年	月	营业收入	营业成本	净利润
0	2019	1	274400	168756.00	55401.36
1	2019	2	329800	203816.40	64179.08
2	2019	3	248850	155630.79	45912.83
3	2019	4	285410	181235.35	52372.74
4	2019	5	294500	172282.50	67234.35
5	2019	6	301100	190897.40	53385.03
6	2019	7	316500	207624.00	50545.05
7	2019	8	315550	198165.40	57556.32

```
df.set_index('月', drop=True, append=False, inplace=False, verify_integrity=False)
```

月	年	营业收入	营业成本	净利润
1	2019	274400	168756.00	55401.36
2	2019	329800	203816.40	64179.08
3	2019	248850	155630.79	45912.83
4	2019	285410	181235.35	52372.74
5	2019	294500	172282.50	67234.35
6	2019	301100	190897.40	53385.03
7	2019	316500	207624.00	50545.05
8	2019	315550	198165.40	57556.32

图 9-61　数据读取中的单字段索引设置

段,比如在下面案例中将年和月作为索引,代码与效果如图 9-61 所示。

```
df.set_index(['月','年'], drop=True, append=False, inplace=False, verify_integrity=False)
```

月	年	营业收入	营业成本	净利润
1	2019	274400	168756.00	55401.36
2	2019	329800	203816.40	64179.08
3	2019	248850	155630.79	45912.83
4	2019	285410	181235.35	52372.74
5	2019	294500	172282.50	67234.35
6	2019	301100	190897.40	53385.03
7	2019	316500	207624.00	50545.05
8	2019	315550	198165.40	57556.32

```
df.set_index(['年','月'], drop=True, append=False, inplace=False, verify_integrity=False)
```

年	月	营业收入	营业成本	净利润
2019	1	274400	168756.00	55401.36
	2	329800	203816.40	64179.08
	3	248850	155630.79	45912.83
	4	285410	181235.35	52372.74
	5	294500	172282.50	67234.35
	6	301100	190897.40	53385.03
	7	316500	207624.00	50545.05
	8	315550	198165.40	57556.32
	9	309350	196437.25	54105.32
	10	306650	191042.95	59582.10
	11	309350	197365.30	55342.72
	12	313800	202087.20	53565.66
2020	1	345700	212743.78	67411.50

图 9-61　多字段索引设置

当我们重新设置索引后，发现设置出现问题，可以使用 reset_index 函数解除索引，reset_index()函数格式如下：

```
reset_index(level = None, drop = False, inplace = False, col_level =
0, col_fill = '')
```

各参数设置如表 9-9 所示。

表 9-9　reset_index()函数的常用参数

参数	说明	示例
drop	重新设置索引后是否将原索引作为新的一列	默认为 False
inplace	是否在原 DataFrame 上改动	默认为 False
level	如果索引（index）有多个列，从索引中删除 level 指定的列	默认删除所有列
col_level	如果列名（columns）有多个级别，决定被删除的索引将插入哪个级别	默认插入第一级
col_fill	如果列名（columns）有多个级别，决定其他级别如何命名	

设置命令，执行效果如图 9-62 所示。

```
df.reset_index(level=None, drop=False, inplace=False, col_level=0, col_fill='')
df
```

	年	月	营业收入	营业成本	净利润
0	2019	1	274400	168756.00	55401.36
1	2019	2	329800	203816.40	64179.08
2	2019	3	248850	155630.79	45912.83
3	2019	4	285410	181235.35	52372.74
4	2019	5	294500	172282.50	67234.35
5	2019	6	301100	190897.40	53385.03
6	2019	7	316500	207624.00	50545.05
7	2019	8	315550	198165.40	57556.32
8	2019	9	309350	196437.25	54105.32
9	2019	10	306650	191042.95	59582.10
10	2019	11	309350	197365.30	55342.72

图 9-62　解除索引设置

（三）query 查询

在任务二中介绍了 loc、iloc 索引器数据查询方法，Pandas 还提供了一种灵活的方法来使用布尔表达式查询与数据关联的列，根据某些特定条件从数据框中查询必要的列和行。这个函数就是 query 函数，该函数一般会用到 expr、inplace 两个参数。

expr:查询的表达式;inplace:是否生成副本,如果选择 false,生成副本,在副本中修改。

比如我们查询营业收入大于 400 000 的数据,查询 2020 年 10 月的数据,查询营业收入大于 400 000 且净利润小于 70 000 等,命令设置与效果如图 9-63 所示。

df.query(' 营业收入>400000')						df.query('(月==10)&(年==2020)')					
	年	月	营业收入	营业成本	净利润		年	月	营业收入	营业成本	净利润
18	2020	7	401200	255524.28	69969.28	21	2020	10	354820	220839.97	69012.49
19	2020	8	424000	266484.00	79076.00						
23	2020	12	401200	264069.84	62587.20						

df.query('(营业收入>400000)&(净利润<70000)')						df.query('(月==10)&(净利润<70000)')					
	年	月	营业收入	营业成本	净利润		年	月	营业收入	营业成本	净利润
18	2020	7	401200	255524.28	69969.28	9	2019	10	306650	191042.95	59582.10
23	2020	12	401200	264069.84	62587.20	21	2020	10	354820	220839.97	69012.49

图 9-63　query 函数完成数据索引

四、数据合并

在处理日常业务时,可能会遇到这样的情况:一家公司旗下有多家门店,各门店每天向公司上报营业数据,公司需将这些数据合并在一起,然后进行营业情况分析;将不同系统中的数据按照一定的规则进行连接、合并、再进行数据分析,Pandas 提供了 merge()、concat()、append()、join()函数用于数据的连接与合并。

数据合并必然要涉及多个数据源,因此合并之前要先收集数据,然后根据数据的特点设置合并方式。数据采用科云大数据平台资料。

(一)数据准备

导入 Pandas 库,读取 data. xlsx,这个文件中包括 sheet1、sheet2 两个表单。
在命令行录入命令:

```
import pandas as pd
df1 = pd.read_excel(r'https://keyun - oss.acctedu.com/app/bigdata/
basics/data.xlsx',
    sheet_name = 0,converters = {'年':str,'月':str})
df2 = pd.read_excel(r'https://keyun- oss.acctedu.com/app/bigdata/
basics/data.xlsx',
    sheet_name = 1,converters = {'年':str,'月':str})
```

显示效果如图 9-64 所示。

图 9-64　科云数智化财务云平台数据读取

(二) 数据合并方式

Pandas 中对多数据源合并的函数有：merge、concat、join、append，在学习这些函数进行合并的时候，要关注函数参数的要求。

1. merge()函数

merge()函数支持多种数据连接方式，常用参数如表 9-10 所示。其函数格式为：

```
merge(left, right, how ='inner', on =None, left_on =None, right_on =None,
left_index =False, right_index =False, sort =True, suffixes =('_x', '_y'))
```

各参数设置如表 9-10 所示。

表 9-10　merge()函数的常用参数

参数	说明	示例
left	参与合并的左侧 DataFrame 对象	如参数 left 指定为 df1，表示参与合并的左侧 DataFrame 对象为 df1
right	参与合并的右侧 DataFrame 对象	如参数 right 指定为 df2，表示参与合并的右侧 DataFrame 对象为 df2
how	连接的方式	(1) how='inner'，默认，内连接 (2) how='left'，左连接 (3) how='right'，右连接 (4) how='outer'，全连接
on	用于连接的列名	df1 和 df2 同时存在的列名，如"科目代码"
left_on	指定左侧 DataFrame 中作连接键的列名	当要合并的 df1 和 df2 不存在相同的列名时，left on 参数用来指定左侧 DataFrame 对象的列名
right_on	指定右侧 DataFrame 中作连接键的列名	当要合并的 df1 和 df2 不存在相同的列名时，right on 参数用来指定右侧 DataFrame 对象的列名

资产负债表数据与利润表数据合并时，必须明白合并的条件是什么，很明显年、月是两个表的共同数据。

录入命令并生成效果如图 9-65 所示。

图 9-65　merge( )函数完成数据合并

2. concat( )函数

merge 用于表单结构完全相同数据合并本身已经很简单了，但是实际工作中往往会出现结构相同，但是内容差异很大的表单，比如资产负债表和利润表，虽然都可以使用年月做索引，但是内容差异很大，这时候就需要 concat( )函数来解决这个问题。

concat( )函数基本语法：

```
pd.concat(objs,axis =0,join ='outer',join_axes =None,ignore_index =
False,keys =None,levels =None, names =None, verify_integrity =False, sort
=None, copy =True)
```

各参数设置如表 9-11 所示。

表 9-11　concat( )函数的常用参数

参数	说明	示例
objs	需要连接的对象，可以实现更多表单数据的合并	[df1，df2]表示要合并 df1 与 df2 的数据
axis＝0	拼接方式	axis＝1 表示左右拼接，axis＝0 表示上下拼接
join	外连接还是内连接	在 axis＝1 时可用 join='outer'表示外连接，保留两个表中的所有信息；join="inner"表示内连接，拼接结果只保留两个表共有的信息
ignore_index	合并时是否忽略现有索引	默认 False，如果设置为 True，表示清除现有索引并重置索引值

（续表）

参数	说明	示例
verify_integrity	检查新连接的轴是否包含重复项	默认为 False，如果设置 verify_integrity＝True，如果拼接的多个表中有相同的索引，会报错

1）纵向合并

使用 concat()函数将 data.xlsx 中的资产负债表项目和利润表项目进行纵向合并。效果如图 9-66 所示。

```
df4 = pd.concat([df1,df2],sort=False)
df4[21:]
```

	年	月	平均流动资产	平均非流动资产	平均流动负债	平均非流动负债	平均所有者权益	营业收入	营业成本	净利润
21	2020	10	998422.15	5841634.12	901735.50	3120000.0	2818320.77	NaN	NaN	NaN
22	2020	11	1022654.48	5904836.64	941657.43	3120000.0	2865833.69	NaN	NaN	NaN
23	2020	12	1047886.81	5959596.00	971579.36	3120000.0	2915903.45	NaN	NaN	NaN
0	2019	1	NaN	NaN	NaN	NaN	NaN	274400.0	168756.00	55401.36
1	2019	2	NaN	NaN	NaN	NaN	NaN	329800.0	203816.40	64179.08
2	2019	3	NaN	NaN	NaN	NaN	NaN	248850.0	155630.79	45912.83
3	2019	4	NaN	NaN	NaN	NaN	NaN	285410.0	181235.35	52372.74
4	2019	5	NaN	NaN	NaN	NaN	NaN	294500.0	172282.50	67234.35

图 9-66　concat()函数中纵向合并数据

2）横向合并

使用 concat()函数将 data.xlsx 中的资产负债表项目和利润表项目进行纵向合并。效果如图 9-67 所示。

```
df5 = pd.concat([df1,df2],axis=1)
df5.head()
```

	年	月	平均流动资产	平均非流动资产	平均流动负债	平均非流动负债	平均所有者权益	年	月	营业收入	营业成本	净利润
0	2019	1	644977.56	3780673.82	572266.12	2120000	1733385.26	2019	1	274400	168756.00	55401.36
1	2019	2	668209.90	3820905.96	584387.34	2120000	1784728.52	2019	2	329800	203816.40	64179.08
2	2019	3	675872.23	3872786.78	607200.23	2120000	1821458.78	2019	3	248850	155630.79	45912.83
3	2019	4	692674.56	4105445.53	610013.12	2324750	1863356.97	2019	4	285410	181235.35	52372.74
4	2019	5	707906.90	4176813.56	642826.01	2324750	1917144.45	2019	5	294500	172282.50	67234.35

图 9-67　concat()函数中横向合并数据

在横向合并中，利润表被简单的加在资产负债表的右面。

3. join 函数()

join 函数能通过索引或指定列来连接 DataFrame，语法格式如下：

join(other,on =None,how =' left',lsuffix =',rsuffix =',sort =False) join()方法默认使用的左连接方式,即以左表为基准,join()方法进行合并后左表的数据会全部展示。

为不影响各个数组之间的关系,我们增加一个 df6 数据,并执行 join 命令,

```
df6.join(df2.set_index(['年','月']),on =['年','月']).head()
```

效果如图 9-68 所示。

```
df6=df1
df6
```

	年	月	平均流动资产	平均非流动资产	平均流动负债	平均非流动负债	平均所有者权益
0	2019	1	644977.56	3780673.82	572266.12	2120000	1733385.26
1	2019	2	668209.90	3820905.96	584387.34	2120000	1784728.52
2	2019	3	675872.23	3872786.78	607200.23	2120000	1821458.78
3	2019	4	692674.56	4105445.53	610013.12	2324750	1863356.97
4	2019	5	707906.90	4176813.56	642826.01	2324750	1917144.45

```
df6.join(df2.set_index(['年','月']),on=['年','月']).head()
```

	年	月	平均流动资产	平均非流动资产	平均流动负债	平均非流动负债	平均所有者权益	营业收入	营业成本	净利润
0	2019	1	644977.56	3780673.82	572266.12	2120000	1733385.26	274400	168756.00	55401.36
1	2019	2	668209.90	3820905.96	584387.34	2120000	1784728.52	329800	203816.40	64179.08
2	2019	3	675872.23	3872786.78	607200.23	2120000	1821458.78	248850	155630.79	45912.83
3	2019	4	692674.56	4105445.53	610013.12	2324750	1863356.97	285410	181235.35	52372.74
4	2019	5	707906.90	4176813.56	642826.01	2324750	1917144.45	294500	172282.50	67234.35

图 9-68　join( )函数完成数据合并

4. append()函数

append()函数的特点是向已有的数据中添加行,当添加数据的列与原数据不一样,增加新列,其语法结构为:

```
append(other, ignore_index =False, verify_integrity =False, sort =None)
```

为不影响各个数组之间的关系,我们增加一个 df7 数据,输入命令:

```
df7 =df1
df7.append(df2,sort =False,)[21:]
```

效果如图 9-69 所示。

图 9-69　append( )函数完成数据合并

📖 相关知识

　　不管用哪一种函数，对于多个表格数据的合并与拼接，都需要告诉 Pandas 如何拼接。Pandas 各个函数会通过参数来领会使用者的意图并完成拼接。拼接方式一般有四个：内连接（inner）、左连接（left）、右连接（right）、外连接（outer）。在不同的参数设置下，可能会产生很多的结果，实际进行数据处理时，可以根据需要选择合适的连接方式。为完成数据拼接，我们需要在命令行中录入以下命令：

```
import pandas as pd
df1 = pd.read_excel(r ' C:/Users/hzy/Desktop/产品销售情况表.xlsx ',
sheet_name =0,converters = {'出库号':str})
df2 = pd.read_excel(r ' C:/Users/hzy/Desktop/产品销售情况表.xlsx ',
sheet_name = 1,converters = {'出库号':str})
df3 =pd.merge(df1,df2,how =' inner ',on =None,left_on =None,right_on =None,
left_index =False, right_index =False, sort =True, suffixes =('_x','_y'))
```

　　代码与效果如图 9-70 所示。

一、how 与 join 参数设置

　　merge( )函数提供了 4 种连接方式，通过 how="进行设置，concat( )通过 join="来完成拼接。下面通过修改 merge( )与 concat( )函数中参数进行设置，按 right、left、outer、inner 分别拼接，根据结果体会两个函数在不同参数设置中，效果的差异，代码与效果如图 9-71 所示。

	单号	产品名称	成本价 (元/个)	销售价 (元/个)	销售数量 (个)
0	6123001	背包	16	65	600
1	6123007	钱包	90	187	780
2	6123005	手提包	36	147	260
3	6123006	行李箱	22	88	850

	单号	产品名称	销售数量 (个)
0	6123006	行李箱	850
1	6123007	钱包	780
2	6123004	背包	230
3	6123005	手提包	260

```
df3=pd.merge(df1, df2, how='inner',
             on=None,
             left_on=None,right_on=None,
             left_index=False, right_index=False,
             sort=True,
             suffixes=('_x', '_y'))
df3
```

	单号	产品名称	成本价 (元/个)	销售价 (元/个)	销售数量 (个)
0	6123005	手提包	36	147	260
1	6123006	行李箱	22	88	850
2	6123007	钱包	90	187	780

```
df3=pd.merge(df1, df2, how='outer',
             on=None,
             left_on=None, right_on=None,
             left_index=False, right_index=False,
             sort=True,
             suffixes=('_x', '_y'))
df3
```

	单号	产品名称	成本价 (元/个)	销售价 (元/个)	销售数量 (个)
0	6123001	背包	16.0	65.0	NaN
1	6123004	背包	NaN	NaN	230.0
2	6123005	手提包	36.0	147.0	260.0
3	6123006	行李箱	22.0	88.0	850.0
4	6123007	钱包	90.0	187.0	780.0

图 9-70　merge()函数内连接数据合并

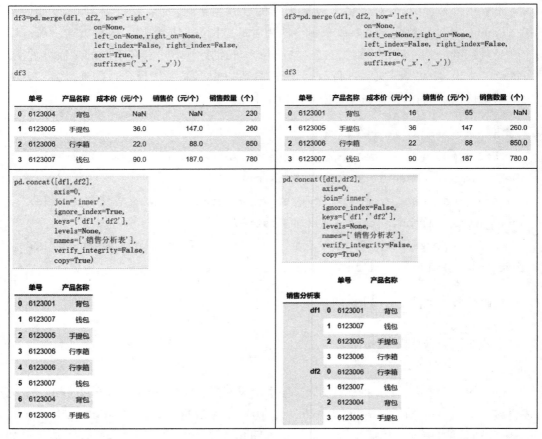

图 9-71　how 与 join 参数设置

二、 on、axis 参数设置

concat() 函数中不设置 on 参数，通过 axis 参数进行补充，按相同字段汇总数据；merge() 函数中使用 on 用来合并的列名，这个参数需要保证两个 dataframe 有相同的列名。在忽略参数时，Pandas 以默认所有相同列名的数据为依据进行拼接。

效果如图 9-72 所示。

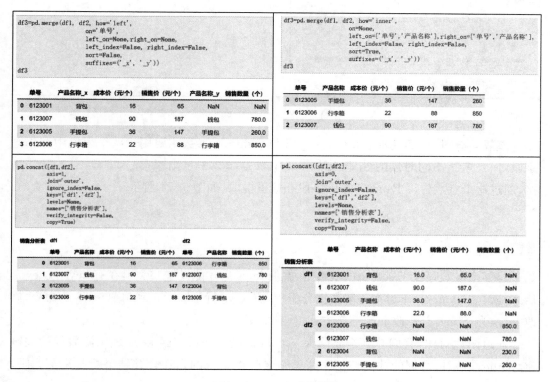

图 9-72　on、axis 参数设置

三、 left_on、right_on、suffixes 参数设置

在 merge() 函数中，如果有共同参数，可以通过 on 参数设置拼接字段；如果两个数据源不存在共同名称的字段，可以通过设置 left_on、right_on 来实现；对于相同的非关键字段，可以通过 suffixes 参数中的方法添加后缀以示区别。在查看各个参数设置导致的结果后，说明 suffixes 代表的就是当两个表格具有相同字段的时候，且非关键键值拼接时，为了区别表示，在各自的字段上加个后缀。

在命令提示行中录入图 9-73 中的命令，效果如图 9-73 所示。

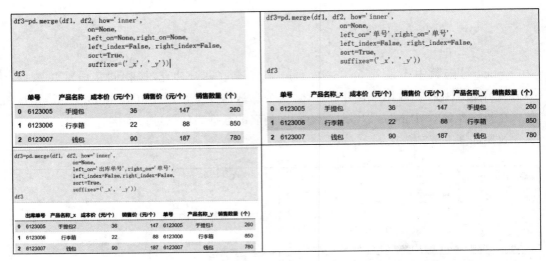

图 9-73　merge( ) 函数 left_on、right_on 参数设置及效果

　　该效果与图 9-72 基本上相似，left_on 与 right_on 参数主要用于两个表格中有相同字段，但是名字不同时候的处理，比如 df1 中单号，df2 中是出库单号，字段不同，无法拼接，通过这个参数告诉 Pandas，相同字段在这里提取，如图 9-74 所示。

四、 keys、levels、names

　　这三个参数存在于 concat() 函数中，在有 keys 后才能设置 levels，在有 keys 或 levels 后才能设置 names。不过在一般数据分析中，有 keys 就足够了。复制图 9-73 的命令，修改 keys 为 None，并修改 join 连接方式，得到如图 9-74 所示。

　　通过图片对比，我们看到当删除 keys、names 后的效果，因 keys 表示源数据的关键字，names 表示源数据的共同特征。这两个参数设置目的是让合并结果看起来更明晰，并没有实质性的改变。

```
pd.concat([df1,df2],
         axis=0,
         join='inner',
         ignore_index=False,
         keys=None,
         levels=None,
         names=['销售分析表'],
         verify_integrity=False,
         copy=True)
```

	单号	产品名称
0	6123001	背包
1	6123007	钱包
2	6123005	手提包
3	6123006	行李箱
0	6123006	行李箱
1	6123007	钱包
2	6123004	背包
3	6123005	手提包

```
pd.concat([df1,df2],
         axis=0,
         join='outer',
         ignore_index=False,
         keys=None,
         levels=None,
         names=['销售分析表'],
         verify_integrity=False,
         copy=True)
```

	单号	产品名称	成本价 (元/个)	销售价 (元/个)	销售数量 (个)
0	6123001	背包	16.0	65.0	NaN
1	6123007	钱包	90.0	187.0	NaN
2	6123005	手提包	36.0	147.0	NaN
3	6123006	行李箱	22.0	88.0	NaN
0	6123006	行李箱	NaN	NaN	850.0
1	6123007	钱包	NaN	NaN	780.0
2	6123004	背包	NaN	NaN	230.0
3	6123005	手提包	NaN	NaN	260.0

图 9-74 concat( )函数 keys、levels、name 参数设置

五、 lsuffix、rsuffix 参数设置

lsuffix、rsuffix 类似 suffixes，只是将 suffixes 后缀添加方式进一步分为第一个数据源与第二个数据源相同字段的后缀添加。

通过观察 join(other,on=None,how=' left ',lsuffix='',rsuffix='',sort=False)的格式，其实很容易发现在 join()函数中的参数在前面两个函数中基本上都有介绍：other 指的是其他数据库，on 数据连接采用的字段。在忽视字段设置与采用单号进行连接时，产生的结果都是很乱的，join()函数完成数据拼接需要进行特殊设置，如图 9-75 所示。

图 9-75 join( )函数 on 参数设置

join()函数中一定要对数据进行正确的检索引设置。索引的方法就是对 other 进行索引设置。下面我们对 other 数据源设置检索，分别按单号、单号与产品名称分别合并，代码与效果如图 9-76 所示。

通过上面最后两张图的对比，我们很容易发现即使设置了检索，也需要进一步告诉join 函数，按什么进行连接，就需要设置 on 参数，否则系统同样会报错。

```
df1.join(df2.set_index(['单号']),
         on='单号',
         how='outer',
         lsuffix='_x', rsuffix='_y',
         sort=True)
```

	单号	产品名称_x	成本价 (元/个)	销售价 (元/个)	产品名称_y	销售数量 (个)
0.0	6123001	背包	16.0	65.0	NaN	NaN
NaN	6123004	NaN	NaN	NaN	背包	230.0
2.0	6123005	手提包	36.0	147.0	手提包	260.0
3.0	6123006	行李箱	22.0	88.0	行李箱	850.0
1.0	6123007	钱包	90.0	187.0	钱包	780.0

```
df1.join(df2.set_index(['单号','产品名称']),
         on=['单号','产品名称'],
         how='outer',
         lsuffix='_x', rsuffix='_y',
         sort=True)
```

	单号	产品名称	成本价 (元/个)	销售价 (元/个)	销售数量 (个)
0	6123001	背包	16.0	65.0	NaN
3	6123004	背包	NaN	NaN	230.0
2	6123005	手提包	36.0	147.0	260.0
3	6123006	行李箱	22.0	88.0	850.0
1	6123007	钱包	90.0	187.0	780.0

```
df1.join(df2.set_index(['单号','产品名称']),
         on=['单号','产品名称'],
         how='inner',
         lsuffix='_x', rsuffix='_y',
         sort=True)
```

	单号	产品名称	成本价 (元/个)	销售价 (元/个)	销售数量 (个)
2	6123005	手提包	36	147	260
3	6123006	行李箱	22	88	850
1	6123007	钱包	90	187	780

```
df1.join(df2.set_index(['单号','产品名称']),
         on=['单号','产品名称'],
         how='left',
         lsuffix='_x', rsuffix='_y',
         sort=True)
```

	单号	产品名称	成本价 (元/个)	销售价 (元/个)	销售数量 (个)
0	6123001	背包	16	65	NaN
2	6123005	手提包	36	147	260.0
3	6123006	行李箱	22	88	850.0
1	6123007	钱包	90	187	780.0

```
df1.join(df2.set_index(['单号','产品名称']),
         on=['单号','产品名称'],
         how='right',
         lsuffix='_x', rsuffix='_y',
         sort=True)
```

	单号	产品名称	成本价 (元/个)	销售价 (元/个)	销售数量 (个)
3	6123004	背包	NaN	NaN	230
2	6123005	手提包	36.0	147.0	260
3	6123006	行李箱	22.0	88.0	850
1	6123007	钱包	90.0	187.0	780

```
df1.join(df2.set_index(['单号','产品名称']),
         on=None,
         how='outer',
         lsuffix='_x', rsuffix='_y',
         sort=True)
```

```
File "~\anaconda3\lib\site-packages\pandas\core\indexes\base.py:4368, in
   4366        pass
   4367    else:
-> 4368        return self._join_multi(other, how='how')
   4370 # join on the level
   4371 if level is not None and (self._is_multi or other._is_multi):
File "~\anaconda3\lib\site-packages\pandas\core\indexes\base.py:4479, in
```

图 9-76 join( )函数其他参数设置及效果

任务三总结

实际数据分析中,数据来源方式往往不同,导致了数据格式、数据描述、数据类型不一致。财务人员需要根据任务要求,灵活利用数据索引、数据连接与合并等方式,完成数据的提取、聚合和清洗等工作,为下一步的数据分析和价值挖掘做好准备。

任务三思维导图

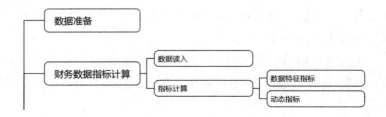

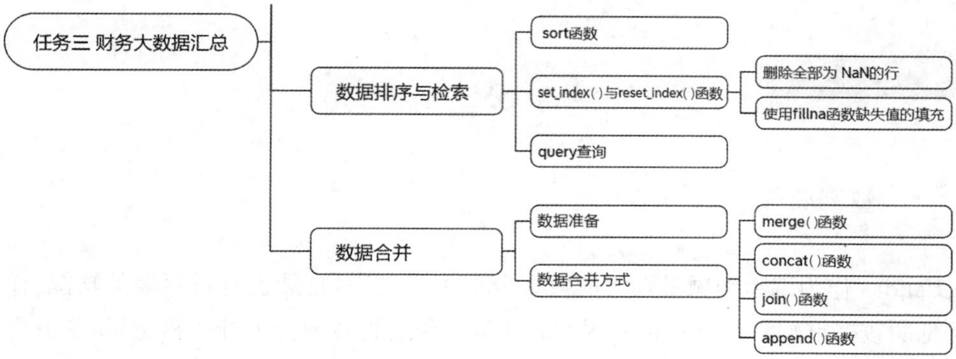

任务四　财务大数据统计

任务描述

数据分组和透视是进行数据分析的最重要的手段，原始数据的行标签、列标签、分组方式与透视表的参数设置之间存在着对应关系，我们要做的就是将这些关系理清楚，如图 9-77 中表单与透视表之间的关联，请简要说明原始表单数据与透视表字段之间的关系。

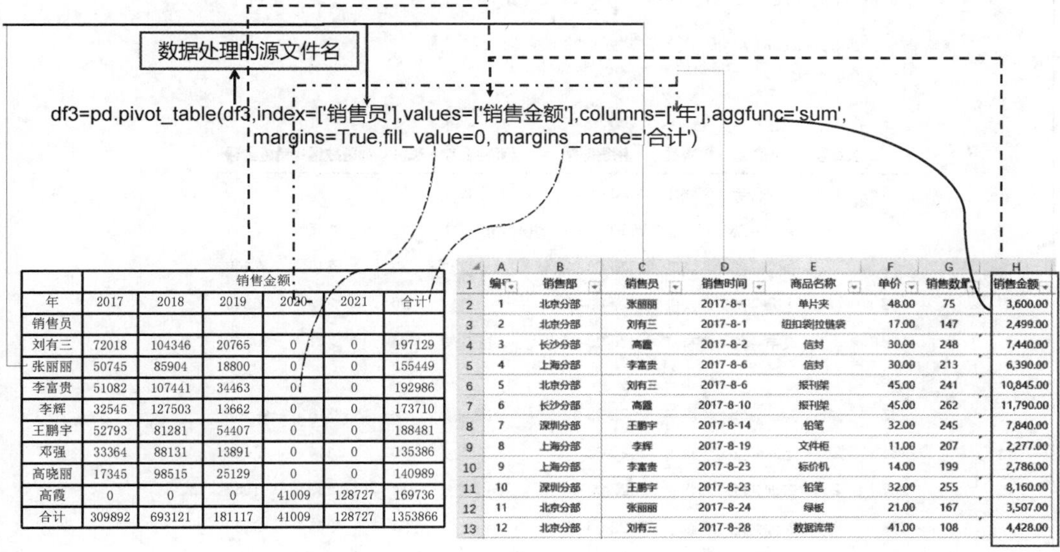

	销售金额					
年	2017	2018	2019	2020	2021	合计
销售员						
刘有三	72018	104346	20765	0	0	197129
张丽丽	50745	85904	18800	0	0	155449
李富贵	51082	107441	34463	0	0	192986
李辉	32545	127503	13662	0	0	173710
王鹏宇	52793	81281	54407	0	0	188481
邓强	33364	88131	13891	0	0	135386
高晓丽	17345	98515	25129	0	0	140989
高霞	0	0	0	41009	128727	169736
合计	309892	693121	181117	41009	128727	1353866

	A	B	C	D	E	F	G	H
1	编号	销售部	销售员	销售时间	商品名称	单价	销售数量	销售金额
2	1	北京分部	张丽丽	2017-8-1	单片夹	48.00	75	3,600.00
3	2	北京分部	刘有三	2017-8-1	纽扣袋拉链袋	17.00	147	2,499.00
4	3	长沙分部	高露	2017-8-2	信封	30.00	248	7,440.00
5	4	上海分部	李富贵	2017-8-6	信封	30.00	213	6,390.00
6	5	北京分部	刘有三	2017-8-6	报刊架	45.00	241	10,845.00
7	6	长沙分部	高露	2017-8-10	报刊架	45.00	262	11,790.00
8	7	深圳分部	王鹏宇	2017-8-14	铅笔	32.00	245	7,840.00
9	8	上海分部	李辉	2017-8-19	文件柜	11.00	207	2,277.00
10	9	上海分部	李富贵	2017-8-23	标价机	14.00	199	2,786.00
11	10	深圳分部	王鹏宇	2017-8-23	铅笔	32.00	255	8,160.00
12	11	北京分部	张丽丽	2017-8-24	绿板	21.00	167	3,507.00
13	12	北京分部	刘有三	2017-8-28	数据流带	41.00	108	4,428.00

图 9-77　数据透视表函数参数与原始数据关系图

本任务基于 Excel 表单数据，使用 Pandas 完成数据分组聚合以及数据透视处理。

 任务实施

一、数据准备

Pandas 作为编程领域最强大的数据分析工具之一,自然也有透视表的功能,作为十分常见的数据重塑手段。其将数据的表达从一种逻辑转换为另外一种逻辑,使其更适合进一步分析。

本案例使用前期迅驰商贸公司各销售分部交来,并由元宇汇总数据,数据已经存在本文件中一个页标签为"案例1"的表单里面,新建"任务四财务大数据统计"Jupyter 文件,读取数据,完成数据读入,命令与效果图如图 9-78 所示。

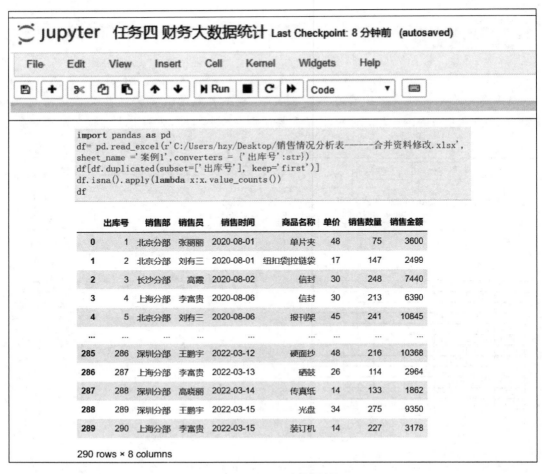

图 9-78 Pandas 中数据读取

二、数据分组与聚合

(一) 数据分组

对于通过调查得到的数据,虽然经过审核、排序等整理手段进行了处理,但由于数据庞杂,还不能直接进入对数据的分析阶段。在此之前,有必要对数据进行分组处理,以反映数据分布的特征及规律。Pandas 中对数据分组使用 groupby()函数.

其命令格式:

```
groupby(by =None, axis = 0, level = None, as_index = True, sort = True, group_keys =True)
```

各参数设置如表 9-12 所示。

表 9-12　groupby( )函数的常用参数

参数	说明	示例
by	以那个字段分组	df. groupby(by=[' key1 ',' key2 ']). sum( )
axis	分组方法	默认为 0,表示按行分组,1 为按列分组
level	接收 int、级别名称或序列	默认为 None,如果轴是一个多索引(层次化),则按一个或多个特定级别分组;
group_keys	只有在组内数据显示时才能看到	默认为 True
sort	分组后排序	Sort=True
as_index	Ture 返回以组标签为索引的对象,False 则不以组标签为索引	默认 Ture

Pandas 中使用 groupby()函数,完成数据分组,根据分析的需要,我们需要不同的分组方法,本处我们分别选择集中分组方法:只按部门分组,按部门、销售人员分组,按部门、人员、商品分组,按商品、部门分组,命令与效果如图 9-79 所示。

同时我们比较几个命令来体会两个参数设置导致的差异,命令与效果如图 9-80 所示。

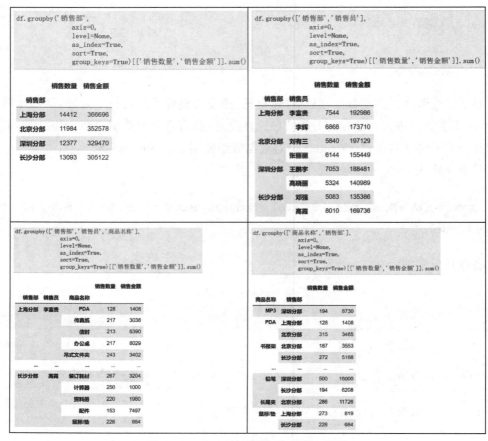

图 9-79 groupby( )函数完成不同分组设置

```
    df.groupby('销售部', axis = 0, level = None, as_index = True, sort = True,
group_keys =True)
    df.groupby('销售部', axis = 0, level = None, as_index = True, sort = True,
group_keys =True).apply(lambda x:x.iloc[[0,1]])
    df.groupby(['销售员'], axis =0, level =None, as_index = True, sort = True,
group_keys =False).apply(lambda x:x.iloc[[0,1]])
    df.groupby(['销售员'], axis =0, level =None, as_index = True, sort = True,
group_keys =True).apply(lambda x:x.iloc[[0,1]])
    df.groupby(['销售员'], axis =0, level =None, as_index =False, sort = True,
group_keys =True).apply(lambda x:x.iloc[[0,1]])
```

```
df.groupby('销售部',axis=0,level=None,as_index=True,sort=True, group_keys=True)
```
```
<pandas.core.groupby.generic.DataFrameGroupBy object at 0x0000017EE9FA1880>
```

```
df.groupby('销售部',axis=0,level=None,as_index=True,sort=True, group_keys=True).apply(lambda x:x.iloc[[0,1]])
```

销售部		出库号	销售部	销售员	销售时间	商品名称	单价	销售数量	销售金额
上海分部	3	4	上海分部	李富贵	2020-08-06	信封	30	213	6390
	7	8	上海分部	李辉	2020-08-19	文件柜	11	207	2277
北京分部	0	1	北京分部	张丽丽	2020-08-01	单片夹	48	75	3600
	1	2	北京分部	刘有三	2020-08-01	纽扣袋拉链袋	17	147	2499
深圳分部	6	7	深圳分部	王鹏宇	2020-08-14	铅笔	32	245	7840
	9	10	深圳分部	王鹏宇	2020-08-23	铅笔	32	255	8160
长沙分部	2	3	长沙分部	高霞	2020-08-02	信封	30	248	7440
	5	6	长沙分部	高霞	2020-08-10	报刊架	45	262	11790

```
df.groupby(['销售员'],axis=0,level=None,as_index=True,sort=True, group_keys=False).apply(lambda x:x.iloc[[0,1]])
```

	出库号	销售部	销售员	销售时间	商品名称	单价	销售数量	销售金额
1	2	北京分部	刘有三	2020-08-01	纽扣袋拉链袋	17	147	2499
4	5	北京分部	刘有三	2020-08-06	报刊架	45	241	10845
0	1	北京分部	张丽丽	2020-08-01	单片夹	48	75	3600
10	11	北京分部	张丽丽	2020-08-24	绿板	21	167	3507
3	4	上海分部	李富贵	2020-08-06	信封	30	213	6390
8	9	上海分部	李富贵	2020-08-23	标价机	14	199	2786
7	8	上海分部	李辉	2020-08-19	文件柜	11	207	2277
19	20	上海分部	李辉	2020-09-23	资料架	45	239	10755
6	7	深圳分部	王鹏宇	2020-08-14	铅笔	32	245	7840
9	10	深圳分部	王鹏宇	2020-08-23	铅笔	32	255	8160
14	15	长沙分部	邓强	2020-09-08	橡皮	33	297	9801
24	25	长沙分部	邓强	2020-10-06	文件柜	11	205	2255
22	23	深圳分部	高晓丽	2020-10-01	配件	49	98	4802
23	24	深圳分部	高晓丽	2020-10-06	软盘	11	56	616
2	3	长沙分部	高霞	2020-08-02	信封	30	248	7440
5	6	长沙分部	高霞	2020-08-10	报刊架	45	262	11790

```
df.groupby(['销售员'],axis=0,level=None,as_index=True,sort=True, group_keys=True).apply(lambda x:x.iloc[[0,1]])
```

销售员		出库号	销售部	销售员	销售时间	商品名称	单价	销售数量	销售金额
刘有三	1	2	北京分部	刘有三	2020-08-01	纽扣袋拉链袋	17	147	2499
	4	5	北京分部	刘有三	2020-08-06	报刊架	45	241	10845
张丽丽	0	1	北京分部	张丽丽	2020-08-01	单片夹	48	75	3600
	10	11	北京分部	张丽丽	2020-08-24	绿板	21	167	3507
李富贵	3	4	上海分部	李富贵	2020-08-06	信封	30	213	6390
	8	9	上海分部	李富贵	2020-08-23	标价机	14	199	2786
李辉	7	8	上海分部	李辉	2020-08-19	文件柜	11	207	2277
	19	20	上海分部	李辉	2020-09-23	资料架	45	239	10755

```
df.groupby(['销售员'],axis=0,level=None,as_index=False,sort=True, group_keys=True).apply(lambda x:x.iloc[[0,1]])
```

	出库号	销售部	销售员	销售时间	商品名称	单价	销售数量	销售金额
0	1	2 北京分部	刘有三	2020-08-01	纽扣袋拉链袋	17	147	2499
	4	5 北京分部	刘有三	2020-08-06	报刊架	45	241	10845
1	0	1 北京分部	张丽丽	2020-08-01	单片夹	48	75	3600
	10	11 北京分部	张丽丽	2020-08-24	绿板	21	167	3507
2	3	4 上海分部	李富贵	2020-08-06	信封	30	213	6390
	8	9 上海分部	李富贵	2020-08-23	标价机	14	199	2786
3	7	8 上海分部	李辉	2020-08-19	文件柜	11	207	2277
	19	20 上海分部	李辉	2020-09-23	资料架	45	239	10755

图 9-80　groupby 函数中的参数设置

从图 9-80 可知,第一个子图中因为没有明确分组后汇总哪些数据,也没有明确分组后以什么方式显示数据,导致显示出现问题。

(二) 分组数据聚合

在前面分组过程后,都是对列字段采用 sum 汇总的方式,但是实际工作中很多数据加总可能并没有实际意义,比如说价格,价格加总是没有意义的,平均价格、最高价格等才有实际意义。而这些数据分析的方式还有 max、min、mean 等。在数据聚合中一般可以采用 agg 函数来实现。

函数的格式:agg(func, axis, args, kwargs);各参数设置如表 9-13 所示。

表 9-13　agg( )函数的参数

参数	说明	示例
func	表示用于汇总数据的函数,可以为单个函数或函数列表	(1) agg(sum),求每组的和。 (2) agg([sum, max]),求每组的和及最大值
axis	表示函数作用于轴的方向	(1) axis=0,默认值,将函数作用于每一列 (2) axis=1,将函数作用于每一行

agg 函数可以根据需要做不同的设置,如提取不同商品销售金额的最大值与最小值,提取不同商品的价格最大值、最小值、平均值,提取销售员、不同商品的总销量、单价平均值、销售总金额,提取不同商品、销售员的总销量、价格的平均值,命令与效果如图 9-81 所示。

| df. groupby('商品名称').agg({'销售金额':['max','min']}) |

	销售金额	
	max	min
商品名称		
MP3	8730	8730
PDA	2629	836
书报架	5168	3553
书立	5562	4077
会议桌	1722	1314

| df. groupby('商品名称').agg({'单价':['max','min','mean']}) |

	单价		
	max	min	mean
商品名称			
MP3	45	45	45.0
PDA	11	11	11.0
书报架	19	19	19.0
书立	27	27	27.0
会议桌	6	6	6.0
...	...	...	...

| df. groupby(['销售员','商品名称',]).agg({'销售数量':['sum'],'单价':['mean'],'销售金额':['sum']}) |

		销售数量	单价	销售金额
		sum	mean	sum
销售员	**商品名称**			
刘有三	修正液	218	31.0	6758
	光盘	291	34.0	9894
	双面胶	71	6.0	426
	吊式文件夹	74	14.0	1036
	回形针盒	81	7.0	567

| df. groupby(['商品名称','销售员']).agg({'销售数量':['sum'],'单价':['mean'],'销售金额':['sum']}) |

		销售数量	单价	销售金额
		sum	mean	sum
商品名称	**销售员**			
MP3	高晓丽	194	45.0	8730
PDA	张丽丽	315	11.0	3465
	李富贵	128	11.0	1408
书报架	张丽丽	187	19.0	3553
	邓强	272	19.0	5168

图 9-81 agg( )函数完成数据聚合

三、数据透视

透视表是一种可以对数据动态排布并且分类汇总的表格格式。大多数人都在 Excel 使用过数据透视表，也体会到它的强大功能，而在 Pandas 中它被称作 pivot_table。pivot_table 具有灵活性高，可以随意定制你的分析计算要求，具有脉络清晰、易于理解，操作性强等特点，其函数的格式如下：

```
pivot_table(data, values =None, index =None, columns =None, aggfunc =
'mean', fill_value =None, margins =False, dropna =True, margins_name ='All')
```

各参数设置如表 9-14 所示。

表 9-14 pivot_table( )函数的参数

参数	说明	示例
data	要应用透视表的 DataFrame 对象	如 df,表示要对 df 行数据透视分析
values	待聚合的列的名称	如 values＝['销售额,利润额],表示要对"销售额"和"利润额"列进行聚合操作
index	用于分组的列名或其他分组键,出现在结果透视表的行中	index＝[区域],表示基于"区域"进行分组,相当于行索引
columns	用于分组的列名或其他分组键,出现在结果透视表的列中	columns＝[订单等级],表示基于"订单等级"进行分组,相当于列索引
aggfung	聚合函数或函数列表	默认为 mean,可以是任何对分组有效的函数
Fill_value	用于替换结果集表中的缺失值	默认不填充。若用 0 填充缺失值,则 fill value＝0
margins	是否添加行/列小计和总计	margins＝True 时,表示添加行/列汇总。默认为 False
Margins_name	汇总行/列的名称	margins_name＝True 时,表示设定汇总行/列的名称。默认为 All

本处将通过迅驰商贸有限公司的几个分部的销售业绩情况,完成数据透视的参数设置。

（一）读取数据

数据集是迅驰商贸有限公司几个分部的汇总数据,为了更多呈现 pivot_table 中参数的意义,本处通过日期函数将销售时间中的年份、月份提取出来,以便更好地反映数据的变化。读取、提取与数据类型命令与操作结果如图 9-82 所示。

读取文件:

```
df = pd.read_excel(r'C:/Users/hzy/Desktop/销售情况分析表——合并资料
修改.xlsx',
sheet_name = '案例 1',converters = {'出库号':str});
提取销售年份:df['年']=df['销售时间'].dt.year;
提取销售月份:df['月']=d[['销售时间'].dt.month;
```

分析各列数据类型:df.dtypes。

```
df = pd.read_excel(r'C:/Users/hzy/Desktop/销售情况分析表———合并资料修改.xlsx',
sheet_name ='案例1',converters = {'出库号':str})
df
```

	出库号	销售部	销售员	销售时间	商品名称	单价	销售数量	销售金额
0	1	北京分部	张丽丽	2020-08-01	单片夹	48	75	3600
1	2	北京分部	刘有三	2020-08-01	纽扣袋拉链袋	17	147	2499
2	3	长沙分部	高霖	2020-08-02	信封	30	248	7440
3	4	上海分部	李富贵	2020-08-06	信封	30	213	6390
4	5	北京分部	刘有三	2020-08-06	报刊架	45	241	10845
...	...	...	...	...	...	...	...	...
285	286	深圳分部	王鹏宇	2022-03-12	硬面抄	48	216	10368
286	287	上海分部	李富贵	2022-03-13	硒鼓	26	114	2964
287	288	深圳分部	高晓丽	2022-03-14	传真纸	14	133	1862
288	289	深圳分部	王鹏宇	2022-03-15	光盘	34	275	9350
289	290	上海分部	李富贵	2022-03-15	装订机	14	227	3178

290 rows × 8 columns

```
df['月']=df['销售时间'].dt.month
df
```

	出库号	销售部	销售员	销售时间	商品名称	单价	销售数量	销售金额	年	月
0	1	北京分部	张丽丽	2020-08-01	单片夹	48	75	3600	2020	8
1	2	北京分部	刘有三	2020-08-01	纽扣袋拉链袋	17	147	2499	2020	8
2	3	长沙分部	高霖	2020-08-02	信封	30	248	7440	2020	8
3	4	上海分部	李富贵	2020-08-06	信封	30	213	6390	2020	8
4	5	北京分部	刘有三	2020-08-06	报刊架	45	241	10845	2020	8
...	...	...	...	...	...	...	...	...	...	...
285	286	深圳分部	王鹏宇	2022-03-12	硬面抄	48	216	10368	2022	3
286	287	上海分部	李富贵	2022-03-13	硒鼓	26	114	2964	2022	3
287	288	深圳分部	高晓丽	2022-03-14	传真纸	14	133	1862	2022	3
288	289	深圳分部	王鹏宇	2022-03-15	光盘	34	275	9350	2022	3
289	290	上海分部	李富贵	2022-03-15	装订机	14	227	3178	2022	3

290 rows × 10 columns

```
df['年']=df['销售时间'].dt.year
df
```

	出库号	销售部	销售员	销售时间	商品名称	单价	销售数量	销售金额	年
0	1	北京分部	张丽丽	2020-08-01	单片夹	48	75	3600	2020
1	2	北京分部	刘有三	2020-08-01	纽扣袋拉链袋	17	147	2499	2020
2	3	长沙分部	高霖	2020-08-02	信封	30	248	7440	2020
3	4	上海分部	李富贵	2020-08-06	信封	30	213	6390	2020
4	5	北京分部	刘有三	2020-08-06	报刊架	45	241	10845	2020
...	...	...	...	...	...	...	...	...	...
285	286	深圳分部	王鹏宇	2022-03-12	硬面抄	48	216	10368	2022
286	287	上海分部	李富贵	2022-03-13	硒鼓	26	114	2964	2022

```
df.dtypes
```

```
编号                 int64
销售部              object
销售员              object
销售时间    datetime64[ns]
商品名称            object
单价                 int64
销售数量             int64
销售金额             int64
年                   int64
dtype: object
```

```
df1=pd.pivot_table(df,index=["年"],
                   values=['销售数量','销售金额'],
                   aggfunc='sum')
df1
```

年	销售数量	销售金额
2020	12339	350901
2021	32789	821848
2022	6738	181117

图 9-82　数据读取与时间维度数据的生成

（二）设置 pivot_table 中的 Index 与 values

每个 pivot_table 必须拥有一个 index，如果想查看各年度销售金额，我们在命令行输入命令：

```
df1 =pd.pivot_table(df,index =["年"], values =['销售数量','销售金额'],
aggfunc ='sum')
```

执行命令，显示效果图如图 9-83 所示。

在此处，如果我们将 aggfunc 参数与 values 参数删掉，然后增加 index 项目，以及列标签转换为行标签的处理后得到效果如图 9-83 所示。

在上述处理中我们可以看到去掉 aggfunc=' sum '参数后，销售数量与销售金额不再是汇总，变成默认的平均，于是销售数量和销售金额因为商品品种的不同变得没有分析意义。当然通过增加月份的 index 之后，我们也能明白第一张图销售数量平均为什么不等于 aggfunc='sum '时销售数量的五分之一，因为 2017 年以及 2020 年统计数据并不完全包括 12 个月。

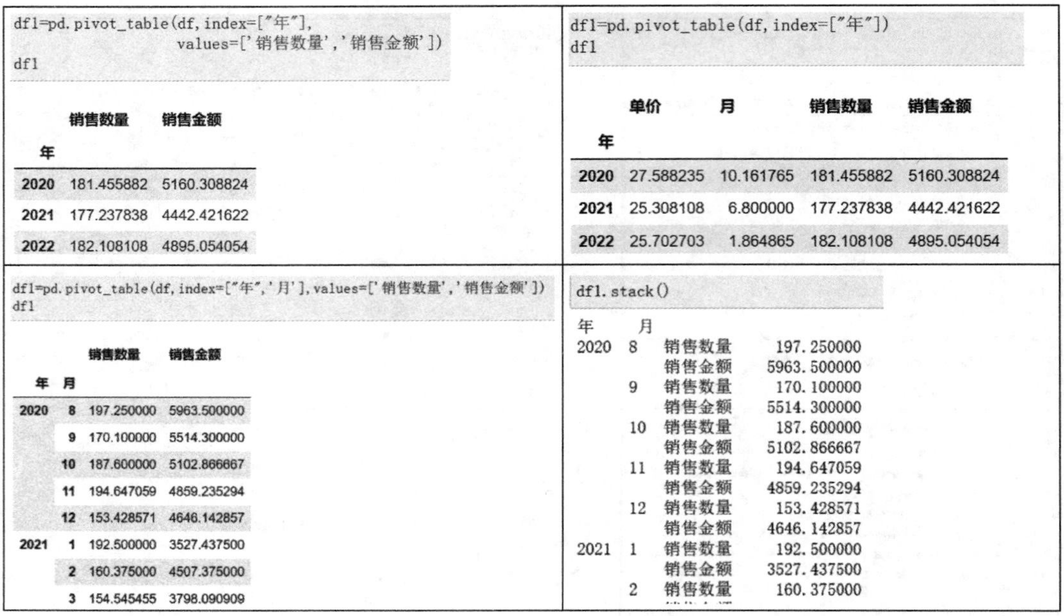

```
df1=pd.pivot_table(df, index=["年"],
                   values=['销售数量','销售金额'])
df1
```

年	销售数量	销售金额
2020	181.455882	5160.308824
2021	177.237838	4442.421622
2022	182.108108	4895.054054

```
df1=pd.pivot_table(df, index=["年"])
df1
```

年	单价	月	销售数量	销售金额
2020	27.588235	10.161765	181.455882	5160.308824
2021	25.308108	6.800000	177.237838	4442.421622
2022	25.702703	1.864865	182.108108	4895.054054

```
df1=pd.pivot_table(df, index=["年",'月'], values=['销售数量','销售金额'])
df1
```

年	月	销售数量	销售金额
2020	8	197.250000	5963.500000
	9	170.100000	5514.300000
	10	187.600000	5102.866667
	11	194.647059	4859.235294
	12	153.428571	4646.142857
2021	1	192.500000	3527.437500
	2	160.375000	4507.375000
	3	154.545455	3798.090909

```
df1.stack()
```

```
年     月
2020  8    销售数量      197.250000
           销售金额     5963.500000
      9    销售数量      170.100000
           销售金额     5514.300000
      10   销售数量      187.600000
           销售金额     5102.866667
      11   销售数量      194.647059
           销售金额     4859.235294
      12   销售数量      153.428571
           销售金额     4646.142857
2021  1    销售数量      192.500000
           销售金额     3527.437500
      2    销售数量      160.375000
```

图 9-83　pivot_table 函 Index 参数设置

（三）Aggfunc 设置

通过上面的操作，我们基本知道 values 参数的设置是透视哪一列的数据，如果不设置，pivot_table 将默认选择所有的数字格式数据，Aggfunc 参数可以设置我们对数据聚合时进行的函数操作。当我们未设置 Aggfunc 时，它默认 Aggfunc='mean'计算均值，其他的聚合方式还有 max、min、sum、median 等。

在本案例中为 int64 格式的数据系列，因为出库号设置为 int64，所以也做了透视处理，这很明显，出库单号不管是汇总处理还是平均处理都是没有任何意义的，我们可以对编号数据进行格式转换。各步骤处理如下：

为避免污染源数据，生成新的数据：df2＝df。

将新数据编号列，转换为 str 格式，将单价和月也转换为 str 格式：

```
df2['编号'] = df2['编号'].astype(str)
df2[['单价','月']] = df2[['单价','月']].astype(str)
```

查询新的数据各字段类型：df2. dtypes。

生成新的按年检索的数据透视，如图 9-84 所示。

```
df2=df
df2
```

	出库号	销售部	销售员	销售时间	商品名称	单价	销售数量	销售金额	年	月
0	1	北京分部	张丽丽	2020-08-01	单片夹	48	75	3600	2020	8
1	2	北京分部	刘有三	2020-08-01	纽扣袋|拉链袋	17	147	2499	2020	8
2	3	长沙分部	高霞	2020-08-02	信封	30	248	7440	2020	8
3	4	上海分部	李富贵	2020-08-06	信封	30	213	6390	2020	8
4	5	北京分部	刘有三	2020-08-06	报刊架	45	241	10845	2020	8
...	...	...	...	...	...	...	...	...	...	...
285	286	深圳分部	王鹏宇	2022-03-12	硬面抄	48	216	10368	2022	3

```
df2['出库号'] = df2['出库号'].astype(str)
df2
```

	出库号	销售部	销售员	销售时间	商品名称	单价	销售数量	销售金额	年	月
0	1	北京分部	张丽丽	2020-08-01	单片夹	48	75	3600	2020	8
1	2	北京分部	刘有三	2020-08-01	纽扣袋|拉链袋	17	147	2499	2020	8
2	3	长沙分部	高霞	2020-08-02	信封	30	248	7440	2020	8
3	4	上海分部	李富贵	2020-08-06	信封	30	213	6390	2020	8
4	5	北京分部	刘有三	2020-08-06	报刊架	45	241	10845	2020	8
...	...	...	...	...	...	...	...	...	...	...
285	286	深圳分部	王鹏宇	2022-03-12	硬面抄	48	216	10368	2022	3

```
df2[['单价','月']] = df2[['单价','月']].astype(str)
df2
```

	出库号	销售部	销售员	销售时间	商品名称	单价	销售数量	销售金额	年	月
0	1	北京分部	张丽丽	2020-08-01	单片夹	48	75	3600	2020	8
1	2	北京分部	刘有三	2020-08-01	纽扣袋|拉链袋	17	147	2499	2020	8
2	3	长沙分部	高霞	2020-08-02	信封	30	248	7440	2020	8
3	4	上海分部	李富贵	2020-08-06	信封	30	213	6390	2020	8
4	5	北京分部	刘有三	2020-08-06	报刊架	45	241	10845	2020	8
...	...	...	...	...	...	...	...	...	...	...
285	286	深圳分部	王鹏宇	2022-03-12	硬面抄	48	216	10368	2022	3

```
df2.dtypes
```

```
出库号              object
销售部              object
销售员              object
销售时间    datetime64[ns]
商品名称            object
单价               object
销售数量             int64
销售金额             int64
年                 int64
月                object
dtype: object
```

```
df2=pd.pivot_table(df2,index=["年"],
                   values=['销售数量','销售金额'],
                   aggfunc='sum')
df2
```

	销售数量	销售金额
年		
2020	12339	350901
2021	32789	821848
2022	6738	181117

```
df2=pd.pivot_table(df2,index=["年"],aggfunc='sum')
df2
```

	销售数量	销售金额
年		
2020	12339	350901
2021	32789	821848
2022	6738	181117

图 9-84　数据类型转换与 pivot_table 函数 aggfunc 参数设置

通过上述设置，values 参数录入与忽略效果是一样的，代码与效果如图 9-84 所示。

（四）columns、margin 及其他参数设置

Columns 类似 Index，用来设置列层次字段，它不是一个必要参数，只是作为一种分割数据的可选方式。结合 columns 及其他参数，本处完成以下操作，同学们可以在处理中体会参数对数据的影响。

提取各商品在各部门的销售数量，不增加汇总：

```
df3 =pd.pivot_table(df3,index =["商品名称"],columns =['销售部'],values =['销售数量'],aggfunc =' sum')
```

提取各商品在各部门的销售数量，无汇总数据以 0 填充：

```
df3 =pd.pivot_table(df3,index =["商品名称"],columns =['销售部'],values =['销售数量'],aggfunc =' sum',fill_value =0,margins =False)
```

提取各商品在各部门的销售数量,增加汇总:

```
df3 = pd.pivot_table(df3, index = [ " 商品名称 " ], columns = [' 销售部 '],
values =[' 销售数量 '],
    aggfunc =' sum ',margins =True)
```

提取各部门销售人员三年的销售情况:

```
df3 =pd.pivot_table(df3,index =[' 销售员 '], values =[' 销售金额 '],
    columns =[' 年 '],aggfunc =' sum ', margins = True,fill_value =0,margins_
name =' 合计 ')
```

各命令执行效果如图 9-85 所示。

```
df3=pd.pivot_table(df, index=["商品名称"],
                columns=['销售部'],
                values=['销售数量'],
                aggfunc='sum')
df3
```

销售部	销售数量			
商品名称	上海分部	北京分部	深圳分部	长沙分部
MP3	NaN	NaN	194.0	NaN
PDA	128.0	315.0	NaN	NaN
书报架	NaN	187.0	NaN	272.0
书立	164.0	151.0	406.0	NaN
会议桌	NaN	NaN	506.0	NaN
...	...	...	...	...
配件	NaN	NaN	430.0	153.0

```
df3=pd.pivot_table(df, index=["商品名称"],
                columns=['销售部'],
                values=['销售数量'],
                aggfunc='sum',
                margins=True)
df3
```

销售部	销售数量				
商品名称	上海分部	北京分部	深圳分部	长沙分部	All
MP3	NaN	NaN	194.0	NaN	194
PDA	128.0	315.0	NaN	NaN	443
书报架	NaN	187.0	NaN	272.0	459
书立	164.0	151.0	406.0	NaN	721
会议桌	NaN	NaN	506.0	NaN	506
...	...	...	...	...	...
金笔	413.0	NaN	NaN	337.0	750

```
df3=df
df3=pd.pivot_table(df, index=["商品名称"],
                columns=['销售部'],
                values=['销售数量'],
                aggfunc='sum',
                fill_value=0,
                margins=False)
df3
```

销售部	销售数量			
商品名称	上海分部	北京分部	深圳分部	长沙分部
MP3	0	0	194	0
PDA	128	315	0	0
书报架	0	187	0	272
书立	164	151	406	0
会议桌	0	0	506	0
...	...	...	...	...
配件	0	0	430	153

```
df3=df
df3=pd.pivot_table(df, index=["销售员"],
                columns=['年'],
                values=['销售金额'],
                aggfunc='sum',
                fill_value=0,
                margins=True,
                margins_name='合计')
df3
```

年	销售金额			
销售员	2020	2021	2022	合计
刘有三	72018	104346	20765	197129
张丽丽	50745	85904	18800	155449
李富贵	51082	107441	34463	192986
李辉	32545	127503	13662	173710
王鹏宇	52793	81281	54407	188481

```
df3=df
df3=pd.pivot_table(df,index=["销售部"],
                      columns=['销售员'],
                      values=['销售金额'],
                      aggfunc='sum',
                      fill_value=0,
                      margins=True,
                      margins_name='合计')
df3
```

销售员 销售部	销售金额 刘有三	张丽丽	李富贵	李辉	王鹏宇	邓强	高晓丽	高霞	合计
上海分部	0	0	192986	173710	0	0	0	0	366696
北京分部	197129	155449	0	0	0	0	0	0	352578
深圳分部	0	0	0	0	188481	0	140989	0	329470
长沙分部	0	0	0	0	0	135386	0	169736	305122
合计	197129	155449	192986	173710	188481	135386	140989	169736	1353866

图 9-85　pivot_table 函数 columns、margin 参数设置

（五）结果输出

大数据处理的结果，有时候需要输出到单独的文件中，文件格式不同，输出的命令不同，在输出 Excel 文件的时候，使用 to_excel 函数。

函数的格式为：

> df.to_excel(excel_writer,sheet_name ='Sheet1',index =True)

to_excel 函数还有很多，在此处，我们只是选择了其中几个重要参数进行解读：

excel_writer：ExcelWriter 目标路径；sheet_name ='Sheet1'：表单页标签；index：默认为 True，显示索引名称。

生成新表，命令行输入：

> df3.to_excel(r'C:/Users/hzy/Desktop/数据透视结果.xlsx', index =True)

于是在桌面位置生成一个新的表单：数据透视结果. xlsx，打开这个 Excel 文件，就是我们最后一个数据透视结果，如图 9-86 所示。当然如果写入源文件中还要引入其他第三方库设置，本处暂不做介绍。

▲	A	B	C	D	E	F	G	H	I	J
1	销售金额									
2	销售员	刘有三	张丽丽	李富贵	李辉	王鹏宇	邓强	高晓丽	高霞	合计
3	销售部									
4	上海分部	0	0	192986	173710	0	0	0	0	366696
5	北京分部	197129	155449	0	0	0	0	0	0	352578
6	深圳分部	0	0	0	0	188481	0	140989	0	329470
7	长沙分部	0	0	0	0	0	135386	0	169736	305122
8	合计	197129	155449	192986	173710	188481	135386	140989	169736	1353866

图 9-86　数据透视结果的输出

如果在原表中增加表单，命令行录入：

```
with pd.ExcelWriter('C:/Users/hzy/Desktop/C:/Users/hzy/Desktop/销售情况分析表——合并资料修改.xlsx', mode ='a',engine ="openpyxl") as writer:
df3.to_excel(writer, sheet_name ='数据透视结果', index =False)
```

四、新序列数据生成

在数据分析中，有一些分析需要添加新的数据系列，在 Dataframe 中新数据系列生成相对较为简单，只需要按照 Pandas 要求的格式进行计算就可以得到，比如计算毛利，我们可以使用营业收入减去营业成本，在 Python 中简化命令为：

```
df1['毛利']=df1['营业收入']- df1['营业成本']
```

如果要计算每个月净利润在总利润中的占比，以显示产品销售中的淡季和旺季，可以在命令行中录入：

```
df['占比']=df['净利润']/df['净利润'].sum()
```

其中 df['净利润']为各月份实现的利润，df['净利润']. sum()为各月份利润总和。

```
import pandas as pd
df1 = pd.read_excel(r'https://keyun-oss.acctedu.com/app/bigdata/basics/data.xlsx',
                    sheet_name=1,converters={'年':str,'月':str})
df1
```

	年	月	营业收入	营业成本	净利润
0	2019	1	274400	168756.00	55401.36
1	2019	2	329800	203816.40	64179.08
2	2019	3	248850	155630.79	45912.83
3	2019	4	285410	181235.35	52372.74
4	2019	5	294500	172282.50	67234.35
5	2019	6	301100	190897.40	53385.03
6	2019	7	316500	207624.00	50545.05

```
df1['毛利']=df1['营业收入']-df1['营业成本']
df1
```

	年	月	营业收入	营业成本	净利润	毛利
0	2019	1	274400	168756.00	55401.36	105644.00
1	2019	2	329800	203816.40	64179.08	125983.60
2	2019	3	248850	155630.79	45912.83	93219.21
3	2019	4	285410	181235.35	52372.74	104174.65
4	2019	5	294500	172282.50	67234.35	122217.50
5	2019	6	301100	190897.40	53385.03	110202.60
6	2019	7	316500	207624.00	50545.05	108876.00
7	2019	8	315550	198165.40	57556.32	117384.60
8	2019	9	309350	196437.25	54105.32	112912.75

```
df1['占比']=df1['净利润']/df1['净利润'].sum()
df1['占比']=df1['占比'].round(2)
df1
```

	年	月	营业收入	营业成本	净利润	毛利	占比
0	2019	1	274400	168756.00	55401.36	105644.00	0.04
1	2019	2	329800	203816.40	64179.08	125983.60	0.04
2	2019	3	248850	155630.79	45912.83	93219.21	0.03
3	2019	4	285410	181235.35	52372.74	104174.65	0.03
4	2019	5	294500	172282.50	67234.35	122217.50	0.04
5	2019	6	301100	190897.40	53385.03	110202.60	0.03
6	2019	7	316500	207624.00	50545.05	108876.00	0.03
7	2019	8	315550	198165.40	57556.32	117384.60	0.04
8	2019	9	309350	196437.25	54105.32	112912.75	0.04

```
df1['完成情况']=df1['净利润'].cumsum()/df1['净利润'].sum()
df1
```

	年	月	营业收入	营业成本	净利润	毛利	占比	完成情况
0	2019	1	274400	168756.00	55401.36	105644.00	0.04	0.036126
1	2019	2	329800	203816.40	64179.08	125983.60	0.04	0.077976
2	2019	3	248850	155630.79	45912.83	93219.21	0.03	0.107915
3	2019	4	285410	181235.35	52372.74	104174.65	0.03	0.142067
4	2019	5	294500	172282.50	67234.35	122217.50	0.04	0.185909
5	2019	6	301100	190897.40	53385.03	110202.60	0.03	0.220720
6	2019	7	316500	207624.00	50545.05	108876.00	0.03	0.253680
7	2019	8	315550	198165.40	57556.32	117384.60	0.04	0.291211
8	2019	9	309350	196437.25	54105.32	112912.75	0.04	0.326492
9	2019	10	306650	191042.95	59582.10	115607.05	0.04	0.365345

图 9-87 新数据系列的生成

当然也可以计算利润目标完成情况,不过在读入数据时最好先将月份设置为数字格式中 int,否则容易导致排序错误。命令行录入命令:

```
import pandas as pd
df = pd.read_excel(r'https://keyun - oss.acctedu.com/app/bigdata/
basics/data.xlsx',
                   sheet_name = 1,converters = {'年':str,'月':int})
df1['完成情况']=df1['净利润'].cumsum()/df1['净利润'].sum()
```

结果如图 9-87 所示。

一、 数据分组

统计分组就是根据统计研究的需要,按照一定的标准,将统计总体划分为若干个组成部分的一种统计方法。这些组成部分,称为"组"。通过分组,使同一组内的各单位在分组标志的性质相同,不同组之间的性质相异。分组后,组内的差距尽可能小,而组与组之间则有明显的差异,从而使大量无序、混沌的数据变为有序、层次分明,显示总体数量特征的资料。

统计分组根据分组标志的性质,分为按品质标志分组和按数量标志分组。品质标志上是说明事物的性质或属性特征的,它反映的是总体单位在性质上的差异,它不能用数值来表现。数量标志是直接反映事物的数量特征的,它反映的是事物在数量上的差异。如人口的年龄、企业的产值等。

在选择分组标志时,主要有以下三个依据。

(一) 根据研究目的选择分组标志

同一现象由于研究目的不同,选择的分组标志也就不同,应选择与研究目的有密切关系的标志作为分组标志,才能使统计分组提供符合要求的分组资料。例如,要研究工业企业经济类型的构成,就要选择所有制这个标志。

(二) 选择能够反映现象本质的标志

客观现象的标志多种多样,有的标志能够揭示现象的本质特征,是具有决定意义的重要标志;有的则是非本质、无关紧要的标志。只有选择那些能够揭示现象本质特征的重要标志作为分组标志,才能得到反映现象本质特征的分组资料。

（三）考虑现象所处的历史条件或经济条件

社会经济现象随时间、地点、条件的不同而经常发生变化。同一分组标志在某一时期、同一条件下适用，在另一时期、另一条件就不一定适用。某一标志在一定历史条件下是重要的分组标志，但时过境迁，可能失去其重要意义。因此，在选择分组标志时，应考虑到现象所处的具体历史条件或经济条件，做到与时俱进。

二、 数据重塑

在数据分析的过程中，分析师常常希望通过多个维度多种方式来观察分析数据，原始数据的结构有时候不符合分组与透视要求，需要对数据结构进行重塑，重塑方法可以使用 stack 和 unstack，stack 和 unstack 根据索引来进行堆叠和拆堆，在 Pandas 中有更好的方法对数据进行结构重塑，就是 melt 函数。melt 通过指定哪些列固定，哪些列转换成行完成数据转换。

melt 函数语法格式：

```
pandas.melt(frame, id_vars =None, value_vars =None, var_name =None,
value_name ='value', col_level =None, ignore_index =True)
```

参数设置：frame：要处理的数据；id_vars：不需要被转换的列名；value_vars：需要转换的列名，默认剩余全部；var_name、value_name：自定义设置对应的列名；ignore_index：是否忽略原始索引；col_level：多层索引 MultiIndex。

（一）引入数据

本处以科云大数据为基础进行 melt 函数的处理，在命令行中录入数据：

```
df = pd.read_excel('C:\\Users\\hzy\\Desktop\\财务大数据基础第九章\\
基础数据资料\\data.xlsx')
df.columns =[['时间','时间','资产','资产','负债','负债','所有者权益'],['年','月','平
均流动资产','平均非流动资产','平均流动负债','平均非流动负债','平均所有者权益']]
```

为数据重新命名，并重新组和字段效果如图 9-88 所示。

（二）重新融合

通过上面的处理，我们将数据做了分类，现在对数据进行重新构建，在命令行中录入命令：

```
import pandas as pd
df = pd.read_excel('C:\\Users\\hzy\\Desktop\\财务大数据基础第九章\\基础数据资料\\data.xlsx')
df
```

	年	月	平均流动资产	平均非流动资产	平均流动负债	平均非流动负债	平均所有者权益
0	2019	1	644977.56	3780673.82	572266.12	2120000	1733385.26
1	2019	2	668209.90	3820905.96	584387.34	2120000	1784728.52
2	2019	3	675872.23	3872786.78	607200.23	2120000	1821458.78
3	2019	4	692674.56	4105445.53	610013.12	2324750	1863356.97
4	2019	5	707906.90	4176813.56	642826.01	2324750	1917144.45
5	2019	6	728139.23	4182102.13	625638.89	2324750	1959852.47
6	2019	7	746371.57	4187118.72	608451.78	2324750	2000288.51

```
df.columns=[['时间','时间','资产','资产','负债','负债','所有者权益'],
            ['年','月','平均流动资产','平均非流动资产','平均流动负债','平均非流动负债','平均所有者权益']]
df
```

	时间		资产		负债		所有者权益
	年	月	平均流动资产	平均非流动资产	平均流动负债	平均非流动负债	平均所有者权益
0	2019	1	644977.56	3780673.82	572266.12	2120000	1733385.26
1	2019	2	668209.90	3820905.96	584387.34	2120000	1784728.52
2	2019	3	675872.23	3872786.78	607200.23	2120000	1821458.78
3	2019	4	692674.56	4105445.53	610013.12	2324750	1863356.97
4	2019	5	707906.90	4176813.56	642826.01	2324750	1917144.45
5	2019	6	728139.23	4182102.13	625638.89	2324750	1959852.47
6	2019	7	746371.57	4187118.72	608451.78	2324750	2000288.51
7	2019	8	755603.90	4246744.34	631264.67	2324750	2046333.57
8	2019	9	762836.23	4305609.15	654077.56	2324750	2089617.82

图 9-88　数据读入与字段组合

df.melt(id_vars =['年','月'],value_vars =['平均流动资产','平均非流动资产'], var_name ='资产', value_name ='金额',col_level =1)

df1 =df.melt(id_vars =['年','月'],value_vars =['平均流动资产','平均非流动资产', 平均流动负债','平均非流动负债','平均所有者权益'],var_name =['资产负债表项目'], value_name ='金额',col_level =1)

代码运行结果如图 9-89 所示。

（三）重新完成数据透视

对新产生的数据进行透视,这个结果似乎又回到之前读入原始数据的样子,但是不同的是,现在是带有数据检索与透视后的结果。

```
df.melt(id_vars=['年','月'],
         value_vars=['平均流动资产','平均非流动资产'],
         var_name='资产',
         value_name='金额',col_level=1).tail()
```

	年	月	资产	金额
43	2020	8	平均非流动资产	5773519.02
44	2020	9	平均非流动资产	5852778.83
45	2020	10	平均非流动资产	5841634.12
46	2020	11	平均非流动资产	5904836.64
47	2020	12	平均非流动资产	5959596.00

```
len(df)
```

```
24
```

```
df1=df.melt(id_vars=['年','月'],
         value_vars=['平均流动资产','平均非流动资产',
                     '平均流动负债','平均非流动负债','平均所有者权益'],
         var_name='资产负债表项目',
         value_name='金额',col_level=1)
df1
```

	年	月	资产负债表项目	金额
0	2019	1	平均流动资产	644977.56
1	2019	2	平均流动资产	668209.90
2	2019	3	平均流动资产	675872.23
3	2019	4	平均流动资产	692674.56
4	2019	5	平均流动资产	707906.90
...	...	...	...	...
115	2020	8	平均所有者权益	2700484.85
116	2020	9	平均所有者权益	2763110.77
117	2020	10	平均所有者权益	2818320.77
118	2020	11	平均所有者权益	2865833.69
119	2020	12	平均所有者权益	2915903.45

120 rows × 4 columns

图 9-89　数据融合效果图

数据重塑需要明确两个概念：宽数据和长数据。宽数据是在同一行，标识变量（一列或多列）能够唯一标识两个或多个变量的值；长数据是 ID 列（多列或单列）＋变量名唯一确定变量的值，并且每一行只能确定一个变量的值。重塑数据，首先把宽数据融合（melt），以使每一行都只表示一个变量，然后把数据重塑为想要的任何形状。在重塑过程中，可以使用函数对数据进行整合，也可以把长格式转换为宽格式，这种操作类似于 Excel 的透视和逆透视，代码与效果如图 9-90 所示。

```
df1.pivot(index=['年','月'],columns='资产负债表项目',values='金额')
```

	资产负债表项目	平均所有者权益	平均流动负债	平均流动资产	平均非流动负债	平均非流动资产
年	月					
2019	1	1733385.26	572266.12	644977.56	2120000.0	3780673.82
	2	1784728.52	584387.34	668209.90	2120000.0	3820905.96
	3	1821458.78	607200.23	675872.23	2120000.0	3872786.78
	4	1863356.97	610013.12	692674.56	2324750.0	4105445.53
	5	1917144.45	642826.01	707906.90	2324750.0	4176813.56
	6	1959852.47	625638.89	728139.23	2324750.0	4182102.13
	7	2000288.51	608451.78	746371.57	2324750.0	4187118.72
	8	2046333.57	631264.67	755603.90	2324750.0	4246744.34
	9	2089617.82	654077.56	762836.23	2324750.0	4305609.15
	10	2137283.50	666890.45	781868.56	2324750.0	4347055.39
	11	2181557.67	689703.33	807300.90	2324750.0	4388710.10
	12	2224410.20	702516.22	845098.81	2324750.0	4406577.61
2020	1	2278339.40	722438.15	862331.14	2324750.0	4463196.41
	2	2337625.80	741310.08	875863.47	2324750.0	4527822.41
	3	2393936.48	732482.01	890295.86	2324750.0	4560872.63

```
df = pd.read_excel('C:\\Users\\hzy\\Desktop\\财务大数据基础第九章\\基础数据资料\\data.xlsx')
df=df[['年','月','平均流动资产','平均非流动资产']]
df.columns=[['时间','时间','资产','资产'],
            ['年','月','平均流动资产','平均非流动资产']]
df=df.melt(id_vars=['年','月'],
            value_vars=['平均流动资产','平均非流动资产'],
            var_name=['资产'],
            value_name='金额',col_level=1)
df.pivot(index=['年','月'],columns='资产',values='金额')
```

资产		平均流动资产	平均非流动资产
年	月		
2019	1	644977.56	3780673.82
	2	668209.90	3820905.96
	3	675872.23	3872786.78
	4	692674.56	4105445.53
	5	707906.90	4176813.56
	6	728139.23	4182102.13
	7	746371.57	4187118.72
	8	755603.90	4246744.34
	9	762836.23	4305609.15

图 9-90　融合后重塑效果图

任务四总结

　　本任务通过比较不同参数的设置导致的运行效果差异,达到完成掌握函数的目的,先后介绍 group、apply、pivot 等函数的使用,不同的目的决定不同的数据处理方法,不同的数据透视函数,有不同的参数,不同的参数形成不同的效果,为数据分析展示完整的数据链。

💡 任务四思维导图

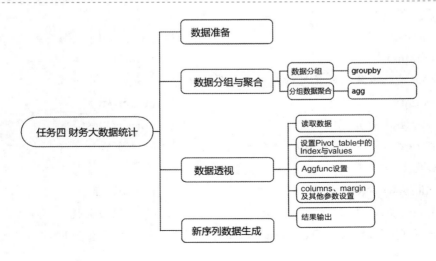

项目总结

本项目主要学习了 python 中的数据处理第三方库 Pandas 库的导入；Pandas 数据结构；Pandas 在数据分析中的读取、描述、清洗、索引、汇总、分析等函数的用法与基本参数设置，并在具体的财务数据分析项目中得以应用，为后期数据的展示与可视化奠定了基础。

技能训练

一、 单选题

1. DataFrame. apply()函数中 axis 参数默认值为（   ）。

A. 11   B. 00   C. 1   D. 0

2. （   ）函数用于查找重复项并返回布尔值，将重复项标记为 True，非重复项标记为 False。

A. drop_duplicates()   B. dropna()

C. isna()   D. duplicated()

3. Pandas 数据处理中，（   ）函数用来检测数据缺失值。

A. fillna()   B. dropna()

C. isna()   D. duplicated()

4. astype()函数语法正确的是（   ）。

A. DataFrame. astype(dtype,copy＝True,errors＝' raise')

B. DataFrame. astype(dtype,to_replace,np. nan)

C. DataFrame. astype(keys,drop＝True,append＝False)

D. DataFrame. astype(keys, drop＝True, append＝False, inplace＝False, verify_
    integrity＝False)

5. 用于累计总和的函数（   ）。

A. cumsum()   B. cumprod()

C. cummax()   D. cummin()

6. 按照某行或某列的值进行升序或降序排序的函数是（   ）。

A. count()   B. cumprod()

C. sort_index()   D. sort_values()

7. 两个或多个 DataFrame 进行横向（列拼接）或纵向合并（行拼接）需要使用（   ）函数。

A. merge()函数   B. concat()函数

C. join()函数   D. append()函数

8. 无重复列名的两个 DataFrame 基于行索引进行列拼接需要使用（   ）函数。

A. merge( )函数　　　　　　　　　　B. concat( )函数

C. join( )函数　　　　　　　　　　　D. append( )函数

9. 两个 DataFrame 纵向连接,是 concat(axis＝0)的简略形式的是(　　　)函数。

A. merge( )函数　　　　　　　　　　B. concat( )函数

C. join( )函数　　　　　　　　　　　D. append( )函数

10. 以下不属于 apply 函数的参数:(　　　)。

A. function　　　　　B. na_action　　　　C. args　　　　D. axis

二、 实操题

1. 结合科云数智化财务云平台中实战演练 4,结合章节内容,完成数据的处理。

2. 请完成科云数智化财务云平台【项目三　大数据分析-数据处理 Pandas】的章节练习的客观题和 Python 程序题的代码编辑及运行。

项目十 财务大数据分析与可视化

学习目标

☆ 知识目标 ///

1. 了解 Matplotlib、Pyecharts 绘图库,掌握环境配置和画图步骤。
2. 了解画布设计、图形设计、数据处理函数的基本结构与使用。
3. 掌握 Matplotlib、Pyecharts 绘图流程,理解创建画布、创建绘图区、指定数据和生成图形、设置参数、添加标签、保存图形基本工作流程。
4. 掌握 page()大屏函数结构与基本图形添加方法。

☆ 技能目标 ///

1. 能够使用 Matplotlib、Pyecharts 绘制 line、pie、scatter、bar、radar 等图形绘制。
2. 会利用 timeline、tab、overlap 设计交互式多图、能够完成图形全局与数据系列变量设置。
3. 会利用 page 函数绘制经营数据大屏、并在大屏中添加数据与图表。

☆ 素养目标 ///

1. 具有必备的审美素养,养成自主学习新技术,不断挑战自我的习惯。
2. 具备工匠精神、展现参与企业管理的职业道德意识。
3. 培养数字技能,养成科学、严谨、细致的工作态度。

☆ 思政目标 ///

1. 了解数据分析师岗位职责,培养爱岗敬业的工作态度,激发学习数据可视化技术的信心与兴趣。
2. 提高学生学习的主动性与创造性,养成严谨客观的学习态度,培养团结协作的意识和吃苦耐劳的精神。
3. 具备数据保密意识,遵守相关法规,恪守职业道德,养成尊重数据、务实严谨的科学态度。

导入案例

大数据使企业能够确定变量,预测自家公司的员工离职率。——《哈佛商业评论》

员工流失分析就是评估公司员工流动率的过程,目的是预测未来的员工离职状况,减少员工流失情况。——《福布斯》

企业培养人才需要大量的成本,为了防止人才再次流失,应当注重员工流失分析。员工流失分析是评估公司员工流动率的过程,目的是找到影响员工流失的主要因素,预测未来的员工离职状况,减少重要价值员工流失情况。

如图 10-1 所示的员工流失预警分析就是采用 Python 的第三方库 Pandas、Matplotlib 做出的,数据取自于 kaggle 平台分享的数据集,共有 10 个字段 14 999 条记录。数据主要包括影响员工离职的各种因素(员工满意度、绩效考核、参与项目数、平均每月工作时长、工作年限、是否发生过工作差错、5 年内是否升职、部门、薪资)以及员工是否已经离职的对应记录。

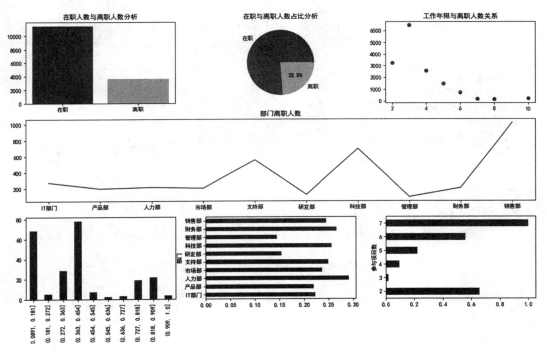

图 10-1　员工流失数据可视化效果展示

登录网站,查看上图,简要说明,上图中使用了哪些图表? 这些图表中包括了哪些图表工具?

基础数据:员工流失预警模型分析.csv;Python 进行员工流失预警分析.ipynb。

结合基础数据、Python 处理过程以及最终的效果图,请对该公司的员工流失情况做简单的分析。

任务一 / 初识绘图工具库 Matplotlib

任务描述

　　江苏美乐商贸公司连续几年业务发展迅速,公司为了考核员工工作业绩,也为了找出公司找出利润来源以及经营发展趋势,准备将四个分部的业务汇总,做一个整体的分析报告,公司财务人员在认真研究 Pandas 后进一步开拓了 Matplotlib 库等可视化工具库,希望将数字转换为图表以增强数据的展示能力。经过几天的努力,财务人员做出如图 10-2 数据展示效果。

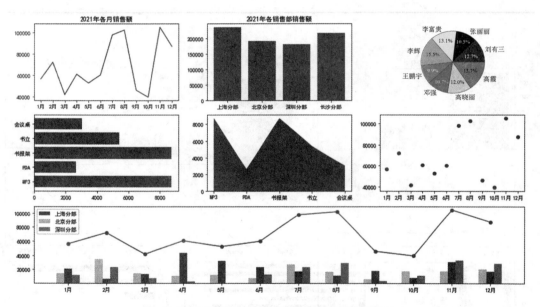

图 10-2　江苏美乐商贸公司销售数据可视化效果展示

　　资料:销售情况分析表——合并资料修改.xlsx,内含上海分部、深圳分部、背景分部、长沙分部的 2020—2023 年销售数据。

　　请问:

1. Matplotlib 还可以做什么图?

2. 该图中含有图的哪些元素,在 Python 中,这些元素通过哪些参数来设置?

任务实施

一、折线图的生成

在 Matplotlib 可视化视图中,最能显示趋势的自然是折线图,折线图可以显示随时间(根据常用比例设置)而变化的连续数据,因此非常适用于显示在相等时间间隔下数据的趋势。当然在时间序列折线图中,一项重要的工作就是调整时间格式。折线图的绘制一般要按以下步骤进行。

(一) 读取 Excel 文件

本处采用迅驰商贸有限公司各分部的汇总表完成各种可视化图表的生成。首先读入汇总数据,代码与效果如图 10-3 所示。

```
import pandas as pd
df= pd.read_excel(r'C:/Users/hzy/Desktop/财务大数据基础第九章/基础数据资料/销售情况分析表------合并资料修改.xlsx',
sheet_name ='案例1',converters = {'出库号':str})
df
```

	出库号	销售部	销售员	销售时间	商品名称	单价	销售数量	销售金额
0	1	北京分部	张丽丽	2020-08-01	单片夹	48	75	3600
1	2	北京分部	刘有三	2020-08-01	纽扣袋拉链袋	17	147	2499
2	3	长沙分部	高霞	2020-08-02	信封	30	248	7440
3	4	上海分部	李富贵	2020-08-06	信封	30	213	6390
4	5	北京分部	刘有三	2020-08-06	报刊架	45	241	10845
...	...	...	...	...	...	...	...	...
285	286	深圳分部	王鹏宇	2022-03-12	硬面抄	48	216	10368
286	287	上海分部	李富贵	2022-03-13	硒鼓	26	114	2964
287	288	深圳分部	高晓丽	2022-03-14	传真纸	14	133	1862
288	289	深圳分部	王鹏宇	2022-03-15	光盘	34	275	9350
289	290	上海分部	李富贵	2022-03-15	装订机	14	227	3178

290 rows × 8 columns

图 10-3　Excel 表单读取与显示

(二) 时间维度设置

很多时候我们需要对时间序列进行处理,提取年、月、季度等信息,增加时间汇总的方式,于是需要在时间序列中生成新的数据系列,且需要保障年月转换为 str 格式,否则无法生成"年-月"的形式,且容易在一些处理中对年月进行加总,对时间序列进行维度转换的命令与效果如图 10-4 所示。

	出库号	销售部	销售员	销售时间	商品名称	单价	销售数量	销售金额	月	年	期次
0	1	北京分部	张丽丽	2020-08-01	单片夹	48	75	3600	8	2020	2020-8
1	2	北京分部	刘有三	2020-08-01	纽扣袋拉链袋	17	147	2499	8	2020	2020-8
2	3	长沙分部	高霞	2020-08-02	信封	30	248	7440	8	2020	2020-8
3	4	上海分部	李富贵	2020-08-06	信封	30	213	6390	8	2020	2020-8
4	5	北京分部	刘有三	2020-08-06	报刊架	45	241	10845	8	2020	2020-8
...	...	...	...	...	...	...	...	...	...	...	...
285	286	深圳分部	王鹏宇	2022-03-12	硬面抄	48	216	10368	3	2022	2022-3
286	287	上海分部	李富贵	2022-03-13	硒鼓	26	114	2964	3	2022	2022-3
287	288	深圳分部	高晓丽	2022-03-14	传真纸	14	133	1862	3	2022	2022-3
288	289	深圳分部	王鹏宇	2022-03-15	光盘	34	275	9350	3	2022	2022-3
289	290	上海分部	李富贵	2022-03-15	装订机	14	227	3178	3	2022	2022-3

290 rows × 11 columns

```
import pandas as pd
import numpy as np
from datetime import datetime
import matplotlib.pyplot as plt
df= pd.read_excel(r'C:/Users/hzy/Desktop/财务大数据基础第九章/基础数据资料/销售情况分析表------合并资料修改.xlsx',
sheet_name='案例1',converters = {'出库号':str})
#调整时间维度
df['月']=df['销售时间'].dt.month
df['年']=df['销售时间'].dt.year
#转换数据格式
df['年']=df['年'].astype(str)
df['月']=df['月'].astype(str)
#生成月份时间维度
df['期次']=df['销售时间'].dt.year
df['期次'] = df['期次'].map(str).str.cat([df['月']],sep='-')
```

图 10-4 Excel 时间维度代码设置与效果

（三）折线图的绘制

Matplotlib 库绘制各种可视化图形，都要完成基本参数的设置，这些参数设置包括：画布大小、数据系列设置、坐标轴标签、刻度设置，图名等信息，折线图绘制命令为 plt()，使用上述案例绘制折线图，代码与效果如图 10-5 所示。

在 Matplotlib 绘图中经常会遇到中文无法正常显示的问题，解决方法就是设置图片中的中文字体，命令如下：

```
plt.rcParams["font.sans - serif"] = ["SimHei"]
plt.rcParams["axes.unicode_minus"] = False
```

```
import pandas as pd
import numpy as np
from datetime import datetime
import matplotlib.pyplot as plt
df= pd.read_excel(r'C:/Users/hzy/Desktop/财务大数据基础第九章/基础数据资料/销售情况分析表————合并资料修改.xlsx',
sheet_name ='案例1', converters = {'出库号':str})
#调整时间维度
df['月']=df['销售时间'].dt.month
df['年']=df['销售时间'].dt.year
#转换数据格式
df['年']=df['年'].astype(str)
df['月']=df['月'].astype(str)
#生成月份时间维度
df['期次']=df['销售时间'].dt.year
df['期次'] = df['期次'].map(str).str.cat([df['月']], sep='-')
#绘制画布
plt.figure(1,figsize=(24,8),facecolor='y',edgecolor='red')
#设置折线图X轴、y轴数据序列
x=df['期次']
sales=df.groupby('期次')['销售金额'].sum()
#绘制月度销售额数据
plt.plot(sales,'o-',color='r',alpha=0.8,linewidth=1,label='各月度销售额')
#绘制坐标轴名称
plt.xlabel('月份',fontsize=20)
plt.ylabel('销售金额',fontsize=20)
#绘制坐标轴标签数据
plt.xticks(fontsize=20,rotation=45)
plt.yticks(fontsize=20)
plt.title('各月度物资销售额',fontsize=20)
#解决生成折线图中中文无法显示的问题
plt.rcParams["font.sans-serif"]=["SimHei"]
plt.rcParams["axes.unicode_minus"]=False
```

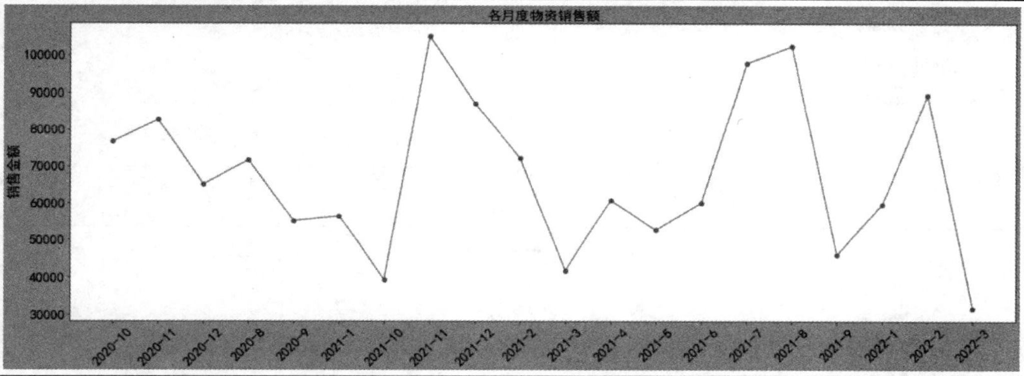

图 10-5　line 折线图代码设计与效果图示

(四) 其他时间维度数据的生成

1.季度数据折线图

在本处季度数据生成中我们采用函数转换的方式生成季度数据,其他设置与上面相同,命令如下:

```
df['期次']=df['销售时间'].apply(lambda x: str(x.year)+ 'Q'+ str(x.quarter))
```

代码与效果如图 10-6 所示。

```
import pandas as pd
import numpy as np
from datetime import datetime
import matplotlib.pyplot as plt
df= pd.read_excel(r'C:/Users/hzy/Desktop/财务大数据基础第九章/基础数据资料/销售情况分析表———合并资料修改.xlsx',
sheet_name ='案例1', converters = {'出库号':str})
#绘制画布
plt.figure(figsize=(24,8))
#组合字符串为年季度格式
df['期次']=df['销售时间'].apply(lambda x: str(x.year)+' Q'+str(x.quarter))
sales=df.groupby('期次')['销售金额'].sum()
#折线图绘制
plt.plot(sales)
#坐标轴标签设置
plt.xlabel('季度',fontsize=20)
plt.ylabel('销售金额',fontsize=20)
#坐标轴刻度与图名设置
plt.xticks(fontsize=20,rotation=45)
plt.yticks(fontsize=20)
plt.title('各季度物资销售额',fontsize=20)
#解决生成折线图中文无法显示的问题
plt.rcParams["font.sans-serif"]=["SimHei"]
plt.rcParams["axes.unicode_minus"]=False
```

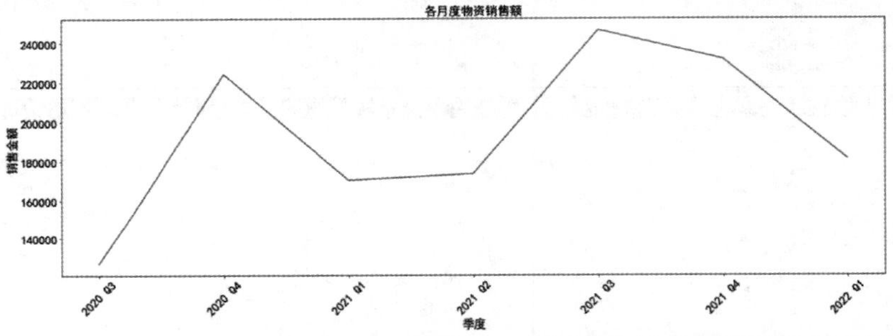

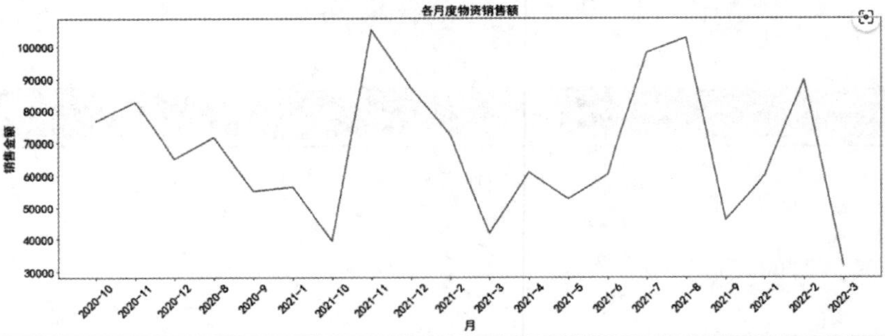

图 10-6 季度、月度数据折线图代码设计与效果图示

当然在上面月度销售额数据绘制中也可以采用这种方式生成新的月度数据系列,命令如下:

```
df['期次']= df['销售时间'].apply(lambda x: str(x.year)+ '-'+ str(x.
month))
```

效果如图 10-6 所示。

2. 按销售时间折线图

如果仅仅按照销售时间绘制折线图,折线图会更为复杂,且难以得出有效的结论,这也是修改时间维度的必要性。

在本处,我们采用了两种数据维度设置方法。因为第二张图中同一时间几种商品都产生销售形成销售额,在同一时间刻度上连续画折线,所以第二张图显得更加混乱,如图 10-7 所示。

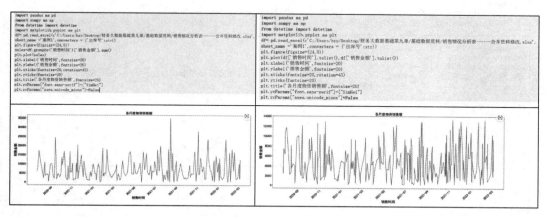

图 10-7　日期维度折线图代码设计与图示

二、柱形图与条形图绘制

折线图给出一种看待数据的视角,它反映数据变化的趋势特征,一般与时间序列相关,有时分析的目的不是想看趋势,而是想看对比:商品之间、销售员之间、月份之间的数据对比,甚至有可能是某个月份中商品的对比,条形图、柱形图的绘制就成为一个重要的选择。

(一)柱形图绘制

1. 按商品绘制柱形图

因为商品种类很多,所以在做数据透视处理后因为商品数量的问题,导致 X 轴刻度大量重合,因此对生成的数据透视表只取 10 个数据后,形成柱形图,代码与效果如图 10-8 所示。

在这个处理的基础上,我们可以加入排序与抽取一定年度来加强分析的科学性,处理方法与效果如图 10-8 所示。

(二)按销售员、销售部绘制柱形图

绘制柱形图采用 series 数据格式绘制,需要将 DataFrame 转换为 series,然后绘制,实际上 Pandas 中生成的数据透视可以直接用于柱形图的绘制,处理方法与效果如图 10-9 所示。

```
import pandas as pd
import numpy as np
import matplotlib.pyplot as plt
df= pd.read_excel(r'C:/Users/hzy/Desktop/财务大数据基础第九章/基础数据资料/销售情况分析表——合并资料修改.xlsx',
sheet_name ='案例1', converters = {'出库号':str})
bar=df.pivot_table(index='商品名称', values='销售金额', aggfunc=np.sum)
plt.bar(bar.index, bar['销售金额'], width=0.4)
```

```
import pandas as pd
import numpy as np
import matplotlib.pyplot as plt
df= pd.read_excel(r'C:/Users/hzy/Desktop/财务大数据基础第九章/基础数据资料/销售情况分析表——合并资料修改.xlsx',
sheet_name ='案例1', converters = {'出库号':str})
bar=df.pivot_table(index='商品名称', values='销售金额', aggfunc=np.sum).head(10)
plt.bar(bar.index, bar['销售金额'], width=0.4)
```

```
import pandas as pd
import numpy as np
import matplotlib.pyplot as plt
df= pd.read_excel(r'C:/Users/hzy/Desktop/财务大数据基础第九章/基础数据资料/销售情况分析表——合并资料修改.xlsx',
sheet_name ='案例1', converters = {'出库号':str})
df['年']=df['销售时间'].dt.year
df['月']=df['销售时间'].dt.month
df=df[df['年']==2021]
bar=df.pivot_table(index='商品名称', values='销售金额', aggfunc=np.sum)
bar=bar.sort_values(by='销售金额', ascending=True).tail(10)
plt.bar(bar.index, bar['销售金额'], width=0.4)
plt.title('2021年各商品销售汇总分析')
```

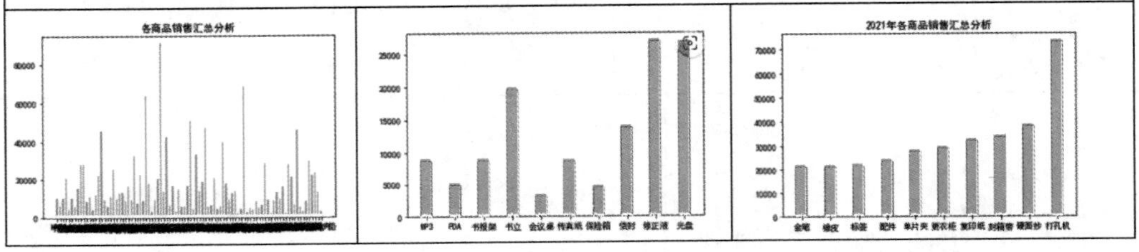

图 10-8　bar 图形代码设计与效果图示

```
df= pd.read_excel(r'C:/Users/hzy/Desktop/财务大数据基础第九章/基础数据资料/销售情况分析表——合并资料修改.xlsx',
sheet_name ='案例1', converters = {'出库号':str})
df['年']=df['销售时间'].dt.year
df['月']=df['销售时间'].dt.month
df=df[df['年']==2021]
bar=df.pivot_table(index='销售员', values='销售金额', aggfunc=np.sum)
plt.bar(bar.index, bar['销售金额'], width=0.4)
plt.title('2021年各销售员销售业绩分析')
```

```
bar=df.pivot_table(index='销售部', values='销售金额', aggfunc=np.sum)
plt.bar(bar.index, bar['销售金额'], width=0.4)
plt.title('2021年各销售部销售业绩分析')
```

```
bar=df.pivot_table(index='销售部', values='销售金额', aggfunc=np.sum)
pl=plt.bar(bar.index, bar['销售金额'], width=0.4)
plt.bar_label(pl, label_type='edge')
plt.title('2021年各销售部销售业绩分析')
```

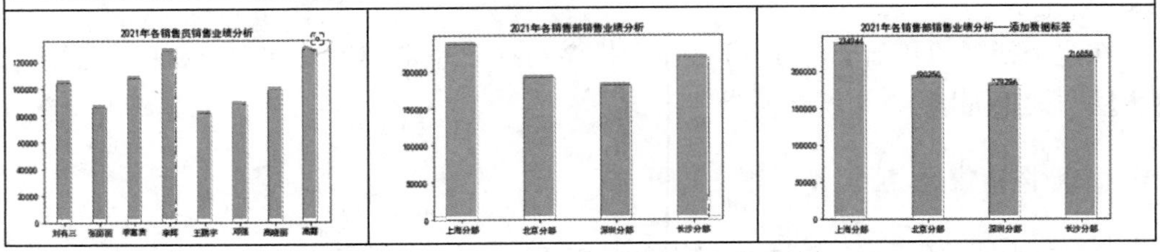

图 10-9　不同分组下 bar 图形代码设计与效果图示

（三）条形图绘制

柱形图能够绘出，那么条形图只是转换一下坐标轴，但在 Matplotlib 中不需要设置坐标轴，只需要转换一下函数名为 barh 就可以了，在数据透视之后形成月度，因为只有数字，可以通过下面的命令来完成添加月的处理：bar. index＝[(str(x)＋'月') for x in bar. index]，处理方法与效果如图 10-10 所示。

```
import pandas as pd
import numpy as np
import matplotlib.pyplot as plt
df= pd.read_excel(r'C:/Users/hzy/Desktop/财务大数据基础第九章/基础数据资料/销售情况分析表————合并资料修改.xlsx',
sheet_name ='案例1', converters = {'出库号':str})
df['年']=df['销售时间'].dt.year
df['月']=df['销售时间'].dt.month
df=df[df['年']==2021]
bar=df.pivot_table(index='商品名称', values='销售金额', aggfunc=np.sum)
bar=bar.sort_values(by='销售金额', ascending=True).tail(10)
plt.barh(bar.index,bar['销售金额'])
plt.title('2021年各商品销售汇总图示')
```

```
bar=df.pivot_table(index='销售部', values='销售金额', aggfunc=np.sum)
colors = ['red', 'green', 'blue', 'cyan']
plt.barh(bar.index,bar['销售金额'],color=colors)
plt.title('2021年各销售员销售业绩分析')
```

```
bar=df.pivot_table(index='月', values='销售金额', aggfunc=np.sum)
colors = ['red', 'green', 'blue', 'cyan']
bar.index=[(str(x)+'月') for x in bar.index]
plt.barh(bar.index,bar['销售金额'],color=colors)
plt.title('2021年各月份销售业绩图示')
```

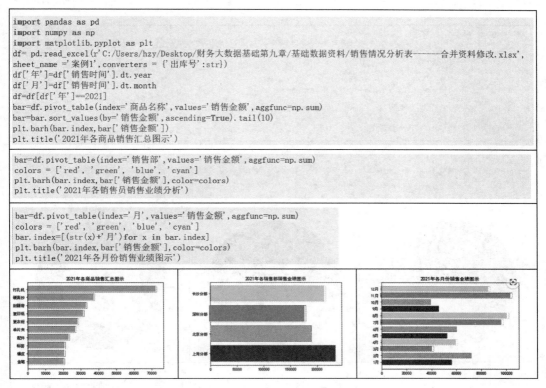

图 10-10　barh 图形代码设计与效果图示

三、饼图与圆环图绘制

柱形图、条形图反映出各部门、各销售人员、各商品数量大致差异，比较难看出各种产品的销售占比，在 Matplotlib 可视化图表中，饼图、环图能够准确说明各项的大小与各项在总和中的占比，处理方法与效果如图 10-11 所示。

其命令如下：

```
plt. pie ( bar ['销售金额'], labels =bar.index,autopct ='% 1.1f% %',
textprops ={'fontsize':13,'color':'k'},shadow =True,startangle =100).
```

圆环图只是在 pie 函数中增加了 wedgeprops ={' width':4,'linewidth':1},其中 width 参数表示环的宽度。

```
plt.pie(bar['销售金额'], labels = bar.index, autopct = '% 1.1f% % ',
pctdistance =0.85, radius =10,
        wedgeprops ={' width':4,'linewidth':1},shadow =True,startangle
        =100)
```

```
import pandas as pd
df= pd.read_excel(r'C:/Users/hzy/Desktop/财务大数据基础第九章/基础数据资料/销售情况分析表------合并资料修改.xlsx',
sheet_name ='案例1',converters = {'出库号':str})
df['年']=df['销售时间'].dt.year
df['月']=df['销售时间'].dt.month
df1=df[df['年']==2021]
bar=df1.pivot_table(index='销售员',values='销售金额',aggfunc=np.sum)
plt.figure(figsize=(16,9))
plt.pie(bar['销售金额'],labels=bar.index,autopct='%1.1f%%',textprops={'fontsize':13,'color':'k'},shadow=True,startangle=100)
plt.axis('equal')
plt.title('2021年销售人员销售情况图示')
```

```
bar=df1.pivot_table(index='月',values='销售金额',aggfunc=np.sum)
plt.figure(figsize=(16,9))
plt.pie(bar['销售金额'],labels=bar.index,autopct='%1.1f%%',textprops={'fontsize':13,'color':'k'},shadow=True,startangle=100)
plt.axis('equal')
plt.title('2021年月度销售情况图示')
```

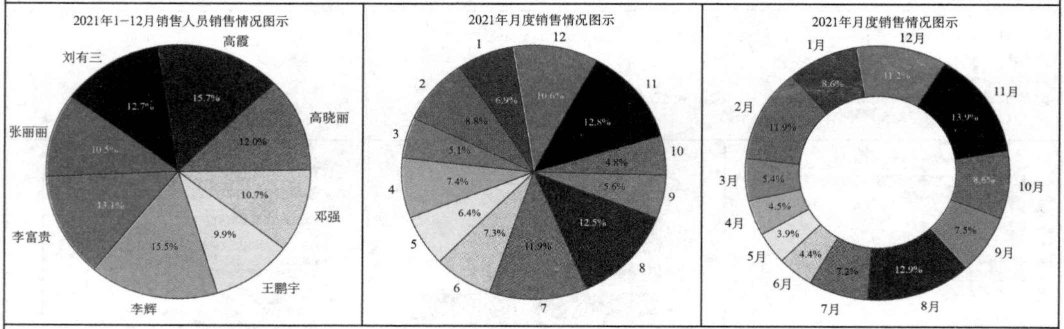

```
import pandas as pd
df= pd.read_excel(r'C:/Users/hzy/Desktop/财务大数据基础第九章/基础数据资料/销售情况分析表------合并资料修改.xlsx',
sheet_name ='案例1',converters = {'出库号':str})
df['年']=df['销售时间'].dt.year
df['月']=df['销售时间'].dt.month
df1=df[df['年']==2021]
bar=df.pivot_table(index='月',values='销售金额',aggfunc=np.sum)
bar.index=[(str(x)+'月')for x in bar.index]
plt.figure(figsize=(16,9))
plt.pie(bar['销售金额'],labels=bar.index,autopct='%1.1f%%',pctdistance=0.85,radius=10,
        wedgeprops={'width':4,'linewidth':6},shadow=True,startangle=100)
plt.axis('equal')
plt.title('2021年月度销售情况图示')
```

图 10-11　pie 图形代码设计与效果图示

四、散点图与堆积图绘制

Matplotlib 可视化图表中可以绘制散点图与堆积图,一般使用散点图来反映数据集中度,查看数据集中在哪个区域,如公司中员工的年龄段、学历等;堆积图用来反映多个数据的贡献度与变化趋势。

(一) 散点图

Matplotlib 中散点图的绘制函数为 scatter(),处理方法与效果如图 10-12 所示。

```
plt.scatter(bar.index,bar['销售金额'])
```

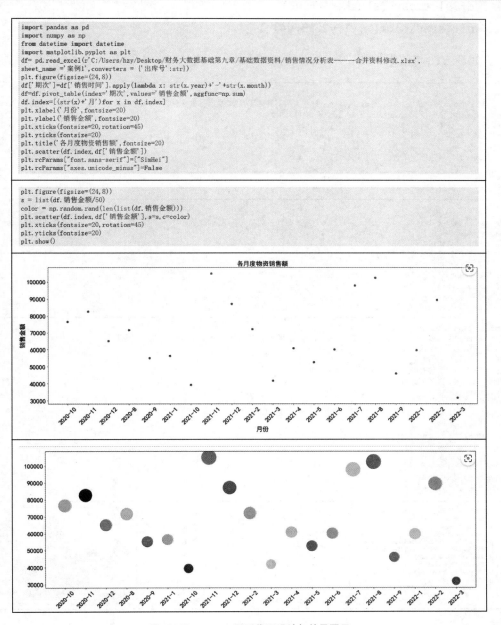

```
import pandas as pd
import numpy as np
from datetime import datetime
import matplotlib.pyplot as plt
df= pd.read_excel(r'C:/Users/hzy/Desktop/财务大数据基础第九章/基础数据资料/销售情况分析表————合并资料修改.xlsx',
sheet_name ='案例1',converters = {'出库号':str})
plt.figure(figsize=(24,8))
df['期次']=df['销售时间'].apply(lambda x: str(x.year)+'-'+str(x.month))
df=df.pivot_table(index='期次',values='销售金额',aggfunc=np.sum)
df.index=[(str(x)+'月') for x in df.index]
plt.xlabel('月份',fontsize=20)
plt.ylabel('销售金额',fontsize=20)
plt.xticks(fontsize=20,rotation=45)
plt.yticks(fontsize=20)
plt.title('各月度物资销售额',fontsize=20)
plt.scatter(df.index,df['销售金额'])
plt.rcParams["font.sans-serif"]=["SimHei"]
plt.rcParams["axes.unicode_minus"]=False
```

```
plt.figure(figsize=(24,8))
s = list(df.销售金额/50)
color = np.random.rand(len(list(df.销售金额)))
plt.scatter(df.index,df['销售金额'],s=s,c=color)
plt.xticks(fontsize=20,rotation=45)
plt.yticks(fontsize=20)
plt.show()
```

图 10-12　scatter 图形代码设计与效果图示

（二）堆积图

堆积图可以是柱状图堆积、条形图堆积、折线图堆积，堆积图可以直接在分组的基础上生成，可以大大简化堆积图绘制的代码，条形图与直方图只需在绘制的参数中录入 stacked＝True，就可以将多系列的直方图与条形图转换为堆积图，折线堆积图可以使用命令：

```
plt.stackplot(bar.index,bar['销售金额'])
df.plot.barh(stacked =True)
plt.stackplot(x,y1,y2,y3,y4)
```

处理方法与效果如图 10-13 所示。

```
import pandas as pd
df= pd. read_excel(r'C:/Users/hzy/Desktop/财务大数据基础第九章/基础数据资料/销售情况分析表——合并资料修改.xlsx',
sheet_name ='案例1', converters = {'出库号':str})
df['年']=df['销售时间'].dt.year
df['月']=df['销售时间'].dt.month
df=df[df['年']==2021]
df=df.groupby(['月','销售部'])['销售金额'].sum()
df=df.unstack()
df.index=[(str(x)+'月')for x in df.index]
df.plot.barh(stacked=True)
```

```
import pandas as pd
df= pd. read_excel(r'C:/Users/hzy/Desktop/财务大数据基础第九章/基础数据资料/销售情况分析表——合并资料修改.xlsx',
sheet_name ='案例1', converters = {'出库号':str})
df['年']=df['销售时间'].dt.year
df['月']=df['销售时间'].dt.month
df=df[df['年']==2021]
df=df.groupby(['月','销售部'])['销售金额'].sum()
df=df.unstack()
df.index=[(str(x)+'月')for x in df.index]
df.plot.bar(stacked=True)
```

```
import pandas as pd
df= pd. read_excel(r'C:/Users/hzy/Desktop/财务大数据基础第九章/基础数据资料/销售情况分析表——合并资料修改.xlsx',
sheet_name ='案例1', converters = {'出库号':str})
df['年']=df['销售时间'].dt.year
df['月']=df['销售时间'].dt.month
df=df[df['年']==2021]
df=df.groupby(['月','销售部'])['销售金额'].sum()
df=df.unstack()
df=df.T
df=df.fillna(0)
x=[(str(x)+'月')for x in df.columns]
y1=df.loc['上海分部']
y2=df.loc['北京分部']
y3=df.loc['深圳分部']
y4=df.loc['长沙分部']
plt.stackplot(x, y1, y2, y3, y4)
```

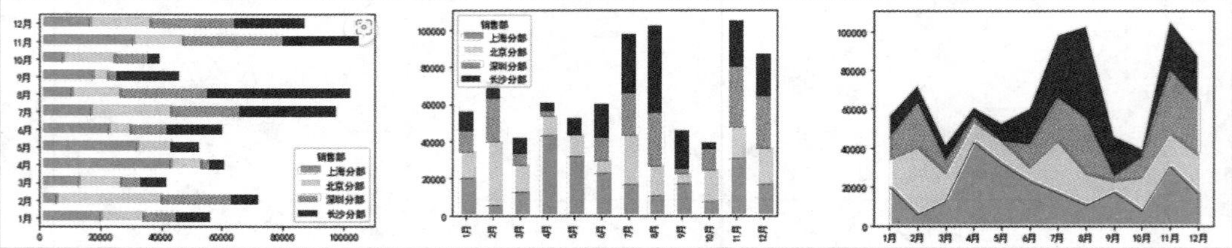

图 10-13　stack 图形代码设计与效果图示

五、雷达图与直方图绘制

Matplotlib 也可以绘制一些复杂的图表如：雷达图、直方图，在财务中经常用雷达图反映不同公司各个财务指标的差异；直方图更多地用于统计描述，比如顾客消费水平的集中程度等。

（一）雷达图

雷达图也称为网络图，被认为是一种表现多维数据的图表。它将多个维度的数据量映射到坐标轴上，每一个维度的数据都分别对应一个坐标轴，这些坐标轴以相同的间距沿着径向排列，并且刻度相同。连接各个坐标轴的网格线通常只作为辅助元素，将各个坐标轴上的数据点用线连接起来就形成了一个多边形。Matplotlib 绘制雷达图的函数为 radar()，函数命令格式与参数如下：

```
plt.polar(angles,td,color ='red',label =指标)
plt.polar(angles,标准企业,color ='green',label =指标)
```

雷达图的绘制相对比较复杂，在绘制时要注意两点：第一，要将第一个指标值添加到指标系列中，否则雷达图出现缺口：如下面代码中的：angles＝np. append(angles, angles [0])；第二，保证指标是相对值而不是绝对值，因为个别指标太大，导致其他指标显示没有意义，处理方法与效果如图 10-14 所示。

```
import pandas as pd
import matplotlib.pyplot as plt
import numpy as np
import xlwings as xw
plt.rcParams["font.sans-serif"]=["SimHei"]
plt.rcParams["axes.unicode_minus"]=False
df=pd.read_excel('C:/Users/hzy/Desktop/财务大数据基础第十章/典型案例/可视化处理2/雷达图.xlsx',header=1)
df.dropna(axis=0,inplace=True,how='all')
df.fillna(method='ffill',inplace=True)
fig = plt.figure(figsize=(8, 6), dpi=100)
df['对比值']=round(df['对比值'],2)
dflenght=len(df['对比值'])
angles=np.linspace(0,2*np.pi,dflenght,endpoint=False)
angles=np.append(angles,angles[0])
td=pd.Series(df['对比值'].values)
td=np.append(td,td[0])
标准企业=pd.Series(df['标准企业'].values)
标准企业=np.append(标准企业,标准企业[0])
指标=pd.Series(df['指标名称'].values)
指标=np.append(指标,指标[0])
plt.polar(angles,td,color='red',label=指标)
plt.polar(angles,标准企业,color='green',label=指标)
plt.thetagrids(angles*180/np.pi,指标,fontproperties='simhei')
labels = ('种花家芯片公司', '英特尔芯片公司')
legend =plt.legend(labels, loc=(0.9, .95),labelspacing=0.1,fontsize='small')
plt.title('雷达图之财务能力分析')
```

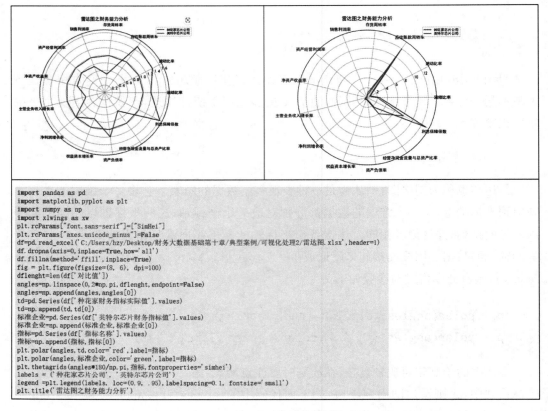

```
import pandas as pd
import matplotlib.pyplot as plt
import numpy as np
import xlwings as xw
plt.rcParams["font.sans-serif"]=["SimHei"]
plt.rcParams["axes.unicode_minus"]=False
df=pd.read_excel('C:/Users/hzy/Desktop/财务大数据基础第十章/典型案例/可视化处理2/雷达图.xlsx',header=1)
df.dropna(axis=0,inplace=True,how='all')
df.fillna(method='ffill',inplace=True)
fig = plt.figure(figsize=(8, 6), dpi=100)
dflenght=len(df['对比值'])
angles=np.linspace(0,2*np.pi,dflenght,endpoint=False)
angles=np.append(angles,angles[0])
td=pd.Series(df['种花家财务指标实际值'].values)
td=np.append(td,td[0])
标准企业=pd.Series(df['英特尔芯片财务指标值'].values)
标准企业=np.append(标准企业,标准企业[0])
指标=pd.Series(df['指标名称'].values)
指标=np.append(指标,指标[0])
plt.polar(angles,td,color='red',label=指标)
plt.polar(angles,标准企业,color='green',label=指标)
plt.thetagrids(angles*180/np.pi,指标,fontproperties='simhei')
labels = ('种花家芯片公司','英特尔芯片公司')
legend =plt.legend(labels, loc=(0.9, .95),labelspacing=0.1, fontsize='small')
plt.title('雷达图之财务能力分析')
```

图 10-14 polar 极坐标图形代码设计与效果图示

（二）直方图

直方图，又称质量分布图，是一种统计报告图，由一系列高度不等的纵向条纹或线段表示数据分布的情况。一般用横轴表示数据类型，纵轴表示分布情况。它是一种条形图。为了构建直方图，第一步是将值的范围分段，即将整个值的范围分成一系列间隔，然后计算每个间隔中有多少值。这些值通常被指定为连续的，不重叠的变量间隔。间隔必须相邻，并且通常是（但不是必须的）相等的大小。其命令格式为：

```
nums,bins,patches = plt.hist(x,bins = 10,edgecolor = 'k')
s.hist(bins =30,density =True,alpha = 0.5,ax = ax2)
s.plot(kind = 'kde', secondary_y =True,ax = ax2)
```

通过绘制直方图，我们可以了解到该公司出差差旅费基本耗费在 2 000 元左右，为企业差旅资金管控提供依据，处理方法与效果如图 10-15 所示。

```
import pandas as pd
import numpy as np
import matplotlib.pyplot as plt
df= pd.read_csv(r'C:/Users/hzy/Desktop/财务大数据基础第十章/基础数据/差旅费.csv', encoding = "gbk")
s = df['总差旅费']

fig = plt.figure(figsize = (10,6))
ax1 = fig.add_subplot(2,1,1)    # 创建子图1
ax1.scatter(s.index,  s.values)
plt.grid()
# 绘制数据分布图

ax2 = fig.add_subplot(2,1,2)    # 创建子图2
s.hist(bins=30, alpha = 0.5, ax = ax2)
s.plot(kind = 'kde',  secondary_y=True, ax = ax2)
plt.grid()
```

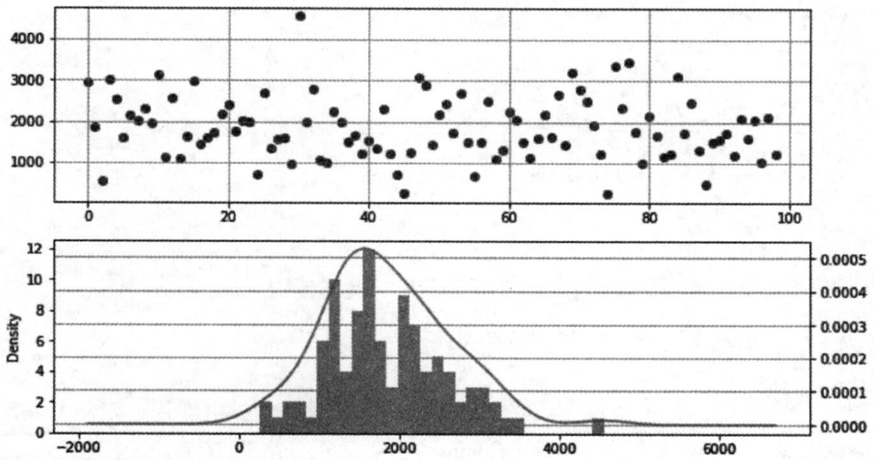

图 10-15　hist 图形代码设计与效果图示

六、并列子图设置

Matplotlib 可以绘制很多的图表，每种图表给使用者一个看待数据的角度，很多时候需要多角度取审视数据，才能得出全面的结论，于是也就出现了并列子图的设置的要求，并列子图，需要绘制画布，并将画布分割区域，其命令格式为：

```
plt.figure(figsize = (16,9))
ax1 = plt.subplot(3,3,1)
plt.plot(sales)
```

处理方法与效果如图 10-16 所示。

```
import pandas as pd
df= pd.read_excel(r'C:/Users/hzy/Desktop/财务大数据基础第九章/基础数据资料/销售情况分析表————合并资料修改.xlsx',
sheet_name ='案例1',converters = {'出库号':str})
df[df.duplicated(subset=['出库号'], keep='first')]
df['年']=df['销售时间'].dt.year
df['月']=df['销售时间'].dt.month
df=df[df['年']==2021]
sales=df.groupby('月')['销售金额'].sum()
sales.index=[(str(x)+'月')for x in sales.index]
plt.figure(figsize=(16,9))
ax1=plt.subplot(3,3,1)
plt.plot(sales)
plt.title('2021年各月销售额')
bar=df.pivot_table(index='销售部',values='销售金额',aggfunc=np.sum)
ax2=plt.subplot(3,3,2)
plt.bar(bar.index,bar['销售金额'])
plt.title('2021年各销售部销售额')
bar2=df.pivot_table(index='销售员',values='销售金额',aggfunc=np.sum)
ax3=plt.subplot(3,3,3)
plt.pie(bar2['销售金额'],labels=bar2.index,autopct='%1.1f%%')
bar4=df.pivot_table(index='商品名称',values='销售金额',aggfunc=np.sum).head()
ax3=plt.subplot(3,3,4)
plt.barh(bar4.index,bar4['销售金额'])
bar4=df.pivot_table(index='商品名称',values='销售金额',aggfunc=np.sum).head()
ax4=plt.subplot(3,3,5)
plt.stackplot(bar4.index,bar4['销售金额'])
bar5=df.pivot_table(index='月',values='销售金额',aggfunc=np.sum)
ax5=plt.subplot(3,3,6)
bar5.index=[(str(x)+'月')for x in bar5.index]
plt.scatter(bar5.index,bar5['销售金额'])
ax6 = plt.subplot2grid(shape=(3, 3), loc=(2, 0), rowspan=1, colspan=3)
bar_width=0.2
df=pd.pivot_table(df,index=['月'],columns=["销售部'],values=['销售金额'],aggfunc='sum',margins=False)
df.columns=df.columns.droplevel(0)
plt.bar(df.index-1,df['上海分部'],bar_width,0.2,label='上海分部')
plt.bar(df.index-bar_width-1,df['北京分部'],bar_width,0.2,label='北京分部')
plt.bar(df.index+bar_width-1,df['深圳分部'],bar_width,0.2,label='深圳分部')
plt.legend()
df2.index=[(str(x)+'月')for x in df.index]
plt.plot(sales,linestyle='-',marker='o')
```

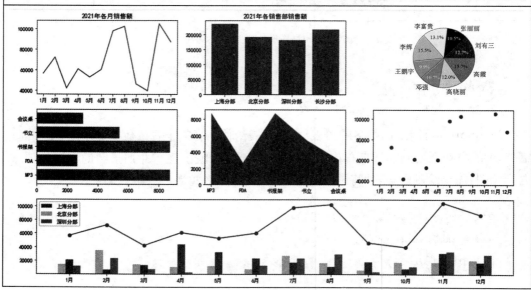

图 10-16　合并多图代码设计与效果图示

📖 相关知识

Matplotlib 命令与参数设置如下。

一、绘图函数

（一）plt. hist( )参数设置

plt. hist 是 Python 中 Matplotlib 库中的一个函数，用于绘制直方图。其格式为：

```
plt.hist(x,bins =None,range =None,density =None,cumulative =False,
bottom =None, histtype ='bar',color =None)
```

其基本参数及用法如表 10-1 所示。

表 10-1　hist 参数设置

参数	说明	示例
x：	绘制直方图所要用的数据系列	plt. hist(data, bins＝10)
bins：	直方图的柱数，即数据要分的组数，默认为 10	bins＝10
range：	制定参与分组统计的数据范围，不在此范围的数据被忽略	plt. hist (data, bins ＝ 10, histtype ＝' bar ', range＝(150,170))
density：	布尔值。如果为 true,绘制频率直方图；否则绘制频数直方图	plt. hist(data,bins＝10,density＝True)
cumulative：	布尔值；如果为 True,则计算累计频数；否则，计算累计频率	plt. hist(data,bins＝10,cumulative＝True)

例如，plt. hist(s,30,density＝False,cumulative＝False,histtype＝' bar')。

（二）plt. plot( )、plt. scatter( )参数设置

plt. plot()在 Matplotlib 库中用于绘制线图，其基本格式为：

```
plt.scatter(x,y,color ='green', marker ='o', linestyle ='dashed',
linewidth =1, markersize =6)
```

其基本参数及用法如表 10-2 所示。

表 10-2 plot、scatter 参数设置

参数	说明	示例
x,y	表示 x 轴与 y 轴对应的数据	plt. scatter(x, y, s＝area, c＝colors, alpha＝0.5)
color	表示折线的颜色	color=' green'
marker	表示折线上数据点处的类型	marker＝' o', marker＝"s"
linestyle	表示折线的类型	plt. plot([1, 2, 3, 4], [1, 4, 9, 16])
linewidth	线条粗细	linewidth＝1. ＝5. ＝0. 3
label	数据图例内容	label='实际数据'

典型示例：plt. plot(df['开始时间'], s, color=' r', ' o-', alpha＝0. 8，linewidth＝1，label='各月度销售额')。

实际工作中大部分时候需要添加数据标注，其命令通过绘制数组来完成：

```
x = [1, 2, 3, 4]
y = [1, 4, 9, 16]
for a,b in zip(x,y):
    plt.text(a,b,b,fontsize = 10,va = 'bottom',ha = 'center')
```

（三）plt. pie( )参数设置

在 python 的 matplotlib 画图函数中，饼状图的函数为 pie 函数，其基本格式为：

```
plt.pie(x,explode,labels,colors =None,autopct,pctdistance,shadow,
labeldistance,startangle,radius, counterclock,center, frame)
```

其基本参数及用法如表 10-3 所示。

表 10-3 pie 参数设置

参数	说明	示例
x	饼图块的数据系列值	plt. pie(sizes)
explode	突出显示的部分，突出部不为 0	explode ＝ (0, 0.1, 0, 0)
labels	（每一块）饼图外侧显示的说明文字	labels ＝[' Frogs', ' Hogs', ' Dogs', ' Logs']
startangle	起始绘制角度，默认图是从 x 轴正方向逆时针画起，如设定＝90 则从 y 轴正方向画起	startangle＝90
shadow	在饼图下面画一个阴影	shadow＝True

（续表）

参数	说明	示例
labeldistance	label 标记的绘制位置，相对于半径的比例，默认值为 1.1，如<1 则绘制在饼图内侧	labeldistance＝2
autopct	控制饼图内百分比设置	autopct='％1.1f％％'表示显示百分比
wedgeprops	通过此参数将饼图转换为环图	wedgeprops＝{' width'：0.5}

如：plt.pie(df['销售金额'],labels= df.index,autopct= '％ 1.1f％ ',radius = 0.1,textprops ={' fontsize ':13,' color ':' k '},pctdistance = 0.4,shadow = True, startangle =20)

plt.pie (sizes, explode = explode, labels = labels, colors = colors, autopct ='％ 1.1f％ ', labeldistance =2,shadow =True, startangle =90,radius = 10,rotatelabels =True)

（四）**plt. bar( )、plt. barh( )参数设置**

使用 matplotlib 绘制柱图，一般语法格式为：

```
bar(x,height,width,bottom,align,color,edgecolor,linewidth)
```

其基本参数设置方法如表 10-4 所示。

表 10-4　bar、barh 参数设置

参数	说明	示例
x, y	一个标量序列，代表柱状图的 x 坐标，默认 x 取值是每个柱状图所在的中点位置，或者也可以是柱状图左侧边缘位置	y = [20,10, 30, 25, 15] x = np. arange(5)
height	一个标量或者是标量序列，代表柱状图的高度	height＝y
width	可选参数，标量或类数组，柱状图的默认宽度值为 0.8	width＝0.5
bottom	可选参数，标量或类数组，柱状图的 y 坐标默认为 None	first＝[500,1000,2000,200,500] bottom＝first
align	有两个可选项 { " center"," edge"}，默认为' center'，该参数决定 x 值位于柱状图的位置	align=' edge'
color	柱子的填充色	color='green'
edgecolor	柱子边缘的颜色	edgecolor='red'

如：plt.bar(df.index,df['销售金额'],width =0.4,bottom =10000,align =' edge', color ='red',edgecolor ='green',linewidth =2)

    p1 = plt.bar(x, height = y,width = 0.5, align =' edge ', color =' green ', edgecolor ='red')

    p1 = plt.barh(y, left =0, height =0.5, width =x)

    5.stackplot()参数

matplotlib 堆积柱形图,其命令格式为:

```
stackplot(x, y..., labels = (), colors = None,)
```

如:labels = ['成本','费用','损失']

stackplot(x,y1,y2,y3,labels = labels)

二、 图形元素参数

(一) plt. title( )函数参数

matplotlib 用于添加标题的命令为:plt. title(),其命令格式为:

```
plt.title(label, fontdict = None, loc = ' center ', pad = None, **
kwargs)
```

如:plt.title(' 2021 年各销售部销售额',fontdict = {' fontsize': 18,' fontweight': 100,' color': ' green',' verticalalignment':' bottom',' horizontalalignment':' left'}, pad = 20)

(二) plt. xlabel( )、plt. ylabel( )参数

matplotlib 用于添加坐标轴名称的命令为:plt. xlabel(),其命令格式为:

```
plt.xlabel(xlabel, fontdict = None, labelpad = None, loc = None)
```

其基本参数设置方法如表 10-5 所示。

表 10-5　xlabel、ylabel 参数设置

参数	说明	示例
label	坐标轴标题文本内容	plt. ylabel("y")
fontdict	坐标轴标题字体、字号、颜色	fontdict=font，backgroundcolor=' grey')
rotation	标签倾斜的方向	rotation=30

（续表）

参数	说明	示例
Labelpad	坐标轴标题到坐标系顶端的距离	labelpad＝－20

如:plt.xlabel("月份",fontdict = {' fontsize ': 18,' fontweight ':100,' color ': ' green ',' verticalalignment ':' bottom ',' horizontalalignment ':' left '}, labelpad = - 20)

fontdict = {' fontsize ': 18,' fontweight ': 100,' color ': ' green ',' verticalalignment ':'bottom','horizontalalignment ':' left '}为字体的详细信息,以字典格式显示。

(三) plt. text( )参数

matplotlib 中 plt. text( )作用是给图中的点加标签,其命令格式为:

plt.text(x, y, s, fontdict = None, withdash = False, ** kwargs)

其基本参数设置方法如表 10-6 所示。

表 10-6　text 参数设置

参数	说明	示例
x,y	数据标签放置的 x 坐标、y 坐标	for a,b in zip(x,y)
s	数据标签的文本内容	y = [235,150,222,150,333,180]
fontdict	数据标签的字体、字号、颜色	fontdict={' family':' SimSun',' color':' green',' size':10}

```
import matplotlib
import matplotlib.pyplot as plt
plt.rcParams['font.sans-serif']=['SimHei']
x = ['衬衫', '羊毛衫', '雪纺衫', '裤子', '高跟鞋', '袜子']
y = [235, 150, 222, 150, 333, 180]
# 数字标签
for a,b in zip(x,y):
    plt.text(a, b+2, ha='center', va='bottom',
            fontsize=12,color=(0.1, 0.2, 0.5),
            backgroundcolor='red',rotation=30,
            alpha=0.5)
plt.bar(x,y)
plt.show()
```

如:for a,b in zip(x,y):

plt.text(a,b,b,fontdict ={' family':' SimSun',' color':' green',' size':10})

（四）**plt. legend( )**参数

Matplotlib 中 plt. legend()用于绘制图例,其命令格式为:

```
plt.plot(x, y, label = 'sinx', color ='blue')
plt.plot(x, z, label ='cosx', color ='red')
plt.legend(loc ='upper right')
```

其基本参数设置方法如表 10-7 所示。

表 10-7　legend 参数设置

参数	说明	示例
loc	图例显示位置,一般为:upper right、upper left、lower left、lower right、upper center 等	loc= "upper right"
fontsize	图例名字号	fontsize=10
facecolor	图例框背景颜色	facecolor= "red"
edgecolor	图例框边框颜色	edgecolor=' green'
shadow	给图例框添加颜色	shadow=False

如:

```
    plt. legend (loc = "upper right", fontsize = 10, facecolor = "red",
edgecolor ='green', title ="班级",shadow =False,fancybox =True)
    5.plt.grid()、plt.xticks()、plt.yticks()
```

plt. grid()在 Matplotlib 中用于绘制网格线,其默认按照 Python 内置的间距进行设置,如果想按照自己的意愿添加网格线,可以使用命令:plt. axvline(x) 及 plt. axhline() ;plt. xticks()、plt. yticks()为绘制 X、Y 轴刻度。

```
plt.grid(b,which,axis,color,linestyle,linewidth)
plt.axhline(y = 0.0, c = 'r', ls ='--', lw =2)
plt.xticks(True,labels,rotation = 30)
```

其基本参数设置方法如表 10-8 所示。

表 10-8　plt. grid 参数设置

参数	说　明	示例
True	取值:True 显示网格线,False 不显示	True

（续表）

参数	说　明	示例
which	取值：major、minor、both，表示显示主要、次要网格线	which=' major',
axis	取值：x,y,both，表示显示 x 轴、y 轴网格线	axis＝"both"
color	网格线的颜色	color＝"gray"
linestyle	网格线型设置	linestyle='-.'
linewidth	网格线粗细	linewidth＝2

如：

```
plt.grid(b = 1, which = 'major',axis = 'x',color = 'red',linestyle =
'- .',linewidth = 2)
    plt.grid(True,linestyle = " --",color = "gray",linewidth = "0.5",
axis = "both")
```

三、画布参数设置

（一）plt. figure( )画布参数设置

绘图要在一定的区域内，Matplotlib 中 plt. figure()命令就像取一块画板一样，在此区域内进行创作，其命令格式为：

```
plt.figure(num = None,figsize = None,dpi = None,facecolor = None,
edgecolor = None,frameon = True,clear = False)
```

其基本参数设置方法如表 10-9 所示。

表 10-9　figure 参数设置

参数	说　明	示例
num	设置窗口的编号或名称	1 或者"折线图"
figsize	figure 的宽和高，单位为英寸	figsize＝(4，3)
dpi	绘图对象的分辨率，即每英寸多少个像素，缺省值为 80	Dpi＝300
facecolor	设置窗口的背景颜色	facecolor＝'blue'
edgecolor	边框颜色	Edgecolor＝' red '
frameon	是否显示边框	Frameon＝1

如：plt. figure(1,[12,9],300,' y',' red',1)

折线图在 Jupyter 中无法显示，在 Python 中才会呈现。

（二）subplots( )、plt. subplot2grid( )参数设置

Matplotlib 提供了多图创作命令，plt. subplots( )、plt. subplot2grid( )，其命令格式为：

```
fig, ax = plt.subplots(nrows = 2, ncols = 3)
plt.subplot2grid(shape, location, rowspan, colspan)
```

其基本参数设置方法如表 10-10 所示。

表 10-10　subplot、subplot2grid 参数设置

参数	说明	示例
nrows	子图网格行数，默认为 1	nrows＝2
ncols	子图网格列数，默认为 1	Ncols＝3
Sharex、sharey	设置 x、y 轴是否共享属性，默认为 false	sharex ＝ axl
shape	把该参数值规定的网格区域作为绘图区域	(3,3)，表示画布分为三行三列
location	在给定的位置绘制图形，初始位置 (0,0)表示第 1 行第 1 列	(1,0)，在第 2 行，第 1 列的位置绘图
rowsapan/colspan	子图跨越网格的行数与列数	rowspan＝ 2, colspan ＝ 2

处理方法与效果如图 10-17 所示。

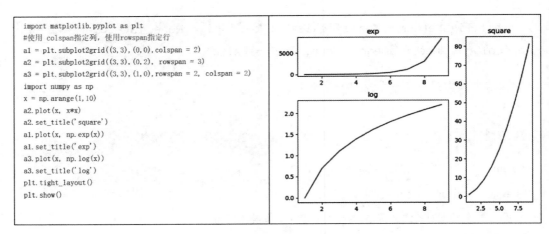

图 10-17　画布布局代码设计与效果图示

在 Matplotlib 库绘制图表时，还有更多的命令与参数设置，如：plt. xticks( )、plt. xlim( )等，每个命令都会为图表添加不同的元素，增强视觉效果，限于篇幅不再赘述，

读者可以到 CSDN 专业开发者社区(https://www.csdn.net/)查找 Matplotlib 绘图,会有更多的收获。

任务一总结

本任务通过 Matplotlib 库完成基本图表的设置,掌握基本图形绘制 plt.bar()、plt.pie()、plt.plot()、plt.title()、plt.scatter()等函数的使用,能通过 figure、subplot 设置画布,以及结合 dataframe 数据的绘制图形,设置绘图函数的参数,比较不同参数的设置导致的运行效果差异,达到完成掌握函数的目的,并完成目标企业财务数据的可视化处理。

任务一思维导图

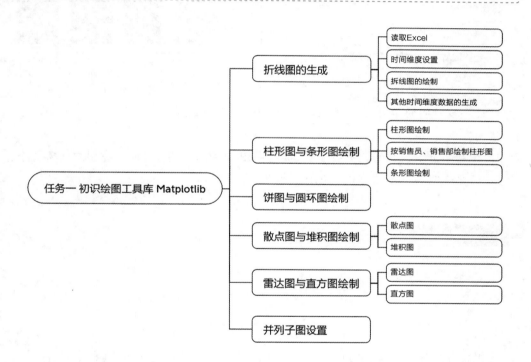

任务二 / Pyecharts 交互式图形绘制

任务描述

迅驰商贸有限公司财务人员,通过 Matplotlib 完成各分部销售数据可视化展示后,得到同事们的良好评价。同事们说能时刻感受到企业发展变化提升了个人在企业的归宿感,当然也又一部分同事提出不同的意见:感觉可视化效果似乎并不那么美观,数据的交互性远远不够。在一次企业财务交流中,财务部门的同事们反馈了一个重要信息:关联企业通过数据电子大屏展示差旅费用情况,可以实现,按要求可以按月份和出差地查询差旅费,大家被可视化效果惊艳到。经过咨询了解到这些效果是在 Python 中采用第三方库 Pyecharts 来实现的,并且 pyechart 中多图效果会有更多的选择:并行多图、顺序多图、选项卡多图、时间线多图等等,时间线多图处理效果如图 10-18 所示。

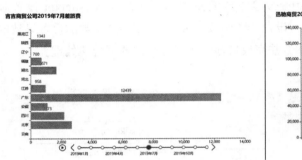 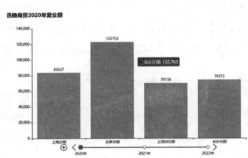

图 10-18 "bar+时间轮"代码设计与效果图示

经过一段时间的学习,终于做出了如图 10-18 效果的图。

请问:

1. 请判断上图使用的是并行多图、顺序多图、选项卡多图、时间线多图中的哪一个?
2. 简要说明第二个图可以实现什么效果?

📄 任务实施

一、 基本图形绘制

(一) 堆积直方图

堆积直方图其本质是直方图,因此堆积直方图中重要的是堆积,堆积参数是 stack,bar。函数的基本命令格式为:

```
Bar().add_xaxis(df1.index.tolist())
Bar().add_yaxis("北京分部", df1['北京分部'].tolist(),bar_min_width =1,
bar_max_width =50,color ="# 749f83", stack ="stack")
Bar().add_yaxis("上海分部", df1['上海分部'].tolist(),bar_min_width =1,
bar_max_width =50,color ="green", stack ="stack")
```

接迅驰数据,生成月度各分部销售数据堆积图,代码与效果如图 10－19 所示。

```
from pyecharts.charts import Bar
import pandas as pd
import pandas as pd
from pyecharts.charts import Bar,Grid
from pyecharts import options as opts
df= pd.read_excel(r'C:/Users/hzy/Desktop/财务大数据基础第九章/基础数据资料/销售情况分析表——————合并资料修改.xlsx',
sheet_name ='案例1',converters = {'出库号':str})
df['年']=df['销售时间'].dt.year
df['月']=df['销售时间'].dt.month
df1=df[df['年']==2021]
df1=df1.groupby(['月','销售部'])['销售金额'].sum()
df1=df1.unstack()
df1.index=[(str(x)+'月') for x in df1.index]
#定义柱形堆积图
stack_bar = (
        Bar(init_opts=opts.InitOpts(width="900px", height="500px")) #设置图表画面布定度
        .add_xaxis(df1.index.tolist())
        .add_yaxis("北京分部", df1['北京分部'].tolist(),bar_min_width=1,bar_max_width=50,color="#749f83", stack="stack")
        .add_yaxis("上海分部", df1['上海分部'].tolist(),bar_min_width=1,bar_max_width=50,color="#2f4554", stack="stack")
        .add_yaxis("深圳分部", df1['深圳分部'].tolist(),bar_min_width=1,bar_max_width=50,color="#ca8622", stack="stack")
        .add_yaxis("长沙分部", df1['长沙分部'].tolist(),bar_min_width=1,bar_max_width=50,color="#d48265", stack="stack")
```

```
#设置标签属性
        .set_series_opts(
            label_opts=opts.LabelOpts(position="inside",
                                    color="white",
                                    font_size=10,
                                    font_style="normal",
                                    font_weight='normal',
                                    font_family='Times New Roman', formatter="{c}"))
        .set_global_opts(
            legend_opts=opts.LegendOpts(textstyle_opts=opts.LabelOpts(font_size=16,
                                                    font_family='Times New Roman',
                                                    font_weight='bold')), #设置图例属性
```

```
#设置横纵坐标属性
        xaxis_opts=opts.AxisOpts(name_textstyle_opts=opts.TextStyleOpts(
            font_weight='bold',
            font_size=17,
            font_family='Times New Roman'),
                            name="月份",
                            axislabel_opts=opts.LabelOpts(font_size=18,font_family='Times New Roman',
                                    font_weight="normal", rotate=0),
                            interval=115,
                            boundary_gap=['50%', '80%']),
        yaxis_opts=opts.AxisOpts(name_textstyle_opts=opts.TextStyleOpts(font_weight='bold',
                                                    font_size=17,
                                                    font_family='Times New Roman'),
                            name="各销售部销售额",
                            axislabel_opts=opts.LabelOpts(font_size=18,
                                    font_style="normal",
                                    font_weight="normal",
                                    font_family='Times New Romanrial',
                                    formatter="{value}"))
        )
)
grid=Grid()
stack_bar=grid.add(stack_bar,grid_opts=opts.GridOpts(pos_top="10%")) #设置图例相对位置
stack_bar.render_notebook()
```

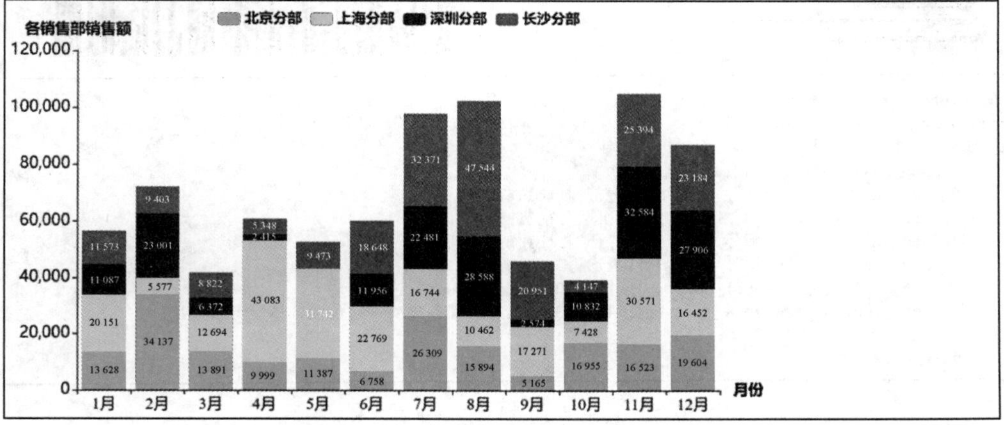

图 10-19　stack_bar 代码设计与效果图示

（二）条形图与直方图

Pyecharts 中条形图的绘制相对较为简单，只需在 bar 直方图的基础上增加一个参数：

```
Bar().add_xaxis(df1.index.tolist())
Bar().add_yaxis("北京分部", df1['北京分部'].tolist())
Bar().add_yaxis("上海分部", df1['上海分部'].tolist())
Bar().reversal_axis()
```

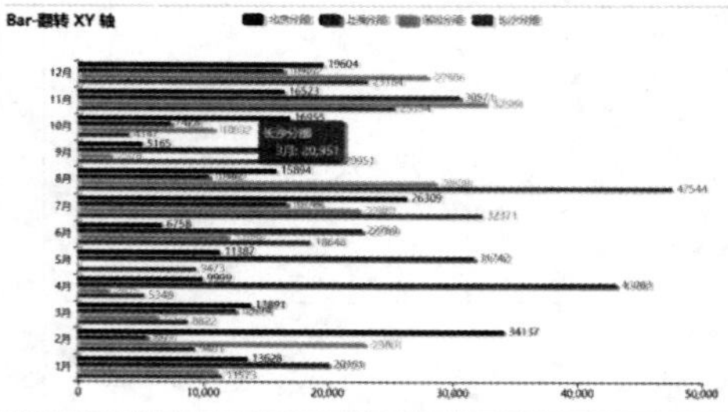

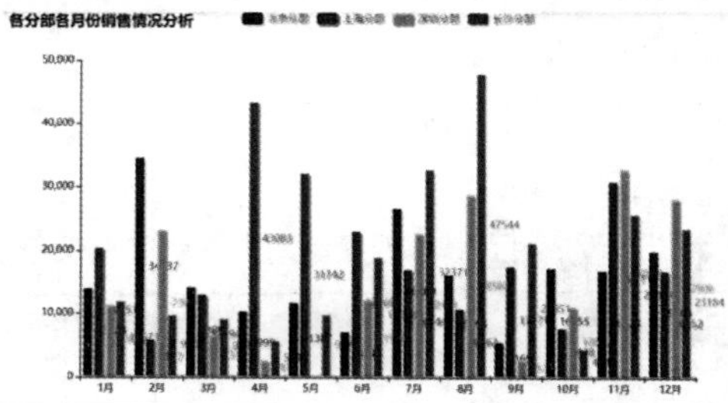

其他的参数设置与直方图设置方法一样。接迅驰数据，生成月度各分部销售数据簇状条形图与柱状图，代码与效果图如 10-20 所示。

图 10-20　barh 与 bar 代码设计差异与效果图示

（三）折线图与气泡图

折线图、气泡图从主要参数上说，x、y 轴数据系列设置与直方图是相同的，两个函数命令格式如下：

折线图基本命令格式为：
line＝Line（）
    . add_xaxis（x 轴系列值）
    . add_yaxis（y 轴系列值）
	散点图基本命令格式为：
	scatter＝Scatter（）
	    . add_xaxis（x 轴系列值）
	    . add_yaxis（y 轴系列值）

如：

```
Scatter().add_xaxis(df1.index.tolist())
Scatter().add_yaxis("北京分部", df1['北京分部'].tolist())
Scatter().add_yaxis("上海分部", df1['上海分部'].tolist())
Scatter().set_global_opts(title_opts =opts.TitleOpts(title ="2021 年
销售额分析图示"),visualmap_opts =opts.VisualMapOpts(type_="size",max_=
47544, min_=2415, dimension =1 ))
```

接迅驰数据，生成月度各分部销售数据折线图与散点图，代码与效果图如 10-21 所示。

```
from pyecharts import options as opts
from pyecharts.charts import Scatter
from pyecharts.commons.utils import JsCode
from pyecharts import options as opts
from pyecharts.charts import Bar
scatter=(Scatter()
        .add_xaxis(df1.index.tolist())
        .add_yaxis("北京分部", df1['北京分部'].tolist())
        .add_yaxis("上海分部", df1['上海分部'].tolist())
        .add_yaxis("深圳分部", df1['深圳分部'].tolist())
        .add_yaxis("长沙分部", df1['长沙分部'].tolist())
        .set_series_opts(label_opts=opts.LabelOpts(position="right"))
        .set_global_opts(title_opts=opts.TitleOpts(title="2021年销售额分析图示"),
                        visualmap_opts=opts.VisualMapOpts(type_="size",
                                                max_=47544,
                                                min_=2415, dimension=1 )))
scatter.render_notebook()
```

图 10-21　line 与 scatter 代码设计差异与效果图示

（四）饼图与玫瑰图

玫瑰图（nightingale rose chart），又名南丁格尔图，是极坐标化的柱图，可以将其理解为披着饼图外皮的柱状图。其制作原理是将极坐标平面分为若干等角区域，再依据数据大小不同，把相应的等角区域进行填充，使不同大小的等角区域构成一片片花瓣，玫瑰图也就由此而来。玫瑰图让饼图具备了更大的视觉张力，巨大的视觉冲击让数据变得更加直观。命令格式如下：

玫瑰图设置：

```
Pie().add(", [(a,b) for a,b in zip(df1.index.tolist(), df1['上海分部'].
tolist())],radius =["10% ", "125% "],center =["50% ", "66% "],rosetype =
"area",)
Pie().set_global_opts(title_opts =opts.TitleOpts(title ="玫瑰图设
置"),legend_opts =opts.LegendOpts(type_="scroll", pos_top ="20% ", pos_
left ="80% ", orient ="vertical"))
Pie().set_series_opts(label_opts =opts.LabelOpts(formatter ="{b}:
{c},{d}% ")))
```

饼图设置：

```
pie.add("", [list(z) for z in zip(df1.index.tolist(), df1['上海分部'].
tolist())])
pie.set_global_opts(title_opts =opts.TitleOpts(title ="Pie -基本示例"))
pie.set_series_opts(label_opts =opts.LabelOpts(formatter ="{b}: {c}"))
```

接迅驰数据，生成月度各分部销售数据玫瑰图与饼图，代码与效果如图 10-22 所示。

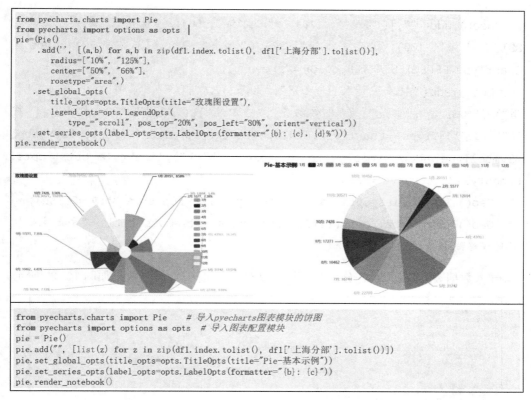

图 10-22　pie、rosetype 代码设计差异与效果图示

二、地图绘制

　　大数据分析中很多时候会显示不同地区的情况,根据不同的地区数据制定不同的发展措施与战略,比如根据不同省市销售额,判断省市发展策略等,在 Pyecharts 中使用 map 可视化工具,其命令格式为:

```
地图绘制:
map = Map()
map.add('订单省份数量',mapData,'china')
map.set_global_opts(title_opts = opts.TitleOpts(title = '订单省份数量'), legend_opts =opts.LegendOpts(is_show =False),visualmap_opts =opts.VisualMapOpts(max_=50,is_piecewise =True))
# 展示图形
map.render_notebook()动态地理坐标图:
Geo().add_schema(maptype ="china")
```

```
    Geo().add( "",[("深圳", 120), ("哈尔滨", 66), ("杭州", 77), ("重庆",
88), ("上海", 100), ("乌鲁木齐", 30), ("北京", 30), ("武汉", 70)],type_=
ChartType.EFFECT_SCATTER,color ="green",),
    Geo().add("航班统计",[("北京","上海"), ("武汉","深圳"), ("重庆","杭
州"),("哈尔滨","重庆"),("乌鲁木齐","哈尔滨"),("深圳","乌鲁木齐"),("武
汉","北京")],type_=ChartType.LINES,effect_opts =opts.EffectOpts(symbol
=SymbolType.ARROW,symbol_size = 6, color ="blue"),linestyle_opts = opts.
LineStyleOpts(curve =0.2),
    Geo().set_series_opts(label_opts =opts.LabelOpts(is_show =False))
    Geo().set_global_opts(title_opts =opts.TitleOpts(title ="全国主要城
市航班路线和数量")
```

导入数据表,生成月度各分部销售数据玫瑰图与饼图,代码与效果如图 10-23 所示。

```
# 引入相关库
import pandas as pd
import numpy as np
from pyecharts.charts import Bar, Pie, Line, Map
from pyecharts import options as opts
# 读取数据
df = pd.read_excel('C:/Users/hzy/Desktop/财务大数据基础第十章/基础数据/order.xlsx')
#查看前五行数据
# 对所在省份的按照订单号进行分类汇总
order_area_df = df.groupby("用户所在省份",as_index =False)["订单号"].agg({'订单数量':"count"})

# 数据准备 (离打包)
x = order_area_df["用户所在省份"].tolist()
y = order_area_df["订单数量"].tolist()
mapData = [z for z in zip(x, y)]
#绘制图形
map = Map()
map.add('订单省份数量',mapData,'china')
map.set_global_opts(title_opts = opts.TitleOpts(title = '订单省份数量'),
                    legend_opts=opts.LegendOpts(is_show=False),
                    visualmap_opts=opts.VisualMapOpts(max_=50,is_piecewise=True))

# 展示图形
map.render_notebook()
```

```
from pyecharts.charts import Radar
from pyecharts import options as opts
from pyecharts.charts import Radar
from pyecharts.commons.utils import JsCode
import numpy as np
from pyecharts import options as opts
from pyecharts.charts import Geo
from pyecharts.globals import ChartType, SymbolType
import pandas as pd
c = (
        Geo()
        .add_schema(maptype="china")
        .add(
            "",
            [("深圳", 120), ("哈尔滨", 66), ("杭州", 77), ("重庆", 88),
             ("上海", 100), ("乌鲁木齐", 30), ("北京", 30), ("武汉", 70)],
            type_=ChartType.EFFECT_SCATTER,
            color="green",
        )
        .add("航班统计",
            [("北京", "上海"), ("武汉", "深圳"), ("重庆", "杭州"),
             ("哈尔滨", "重庆"), ("乌鲁木齐", "哈尔滨"), ("深圳", "乌鲁木齐"), ("武汉", "北京")],
            type_=ChartType.LINES,
            effect_opts=opts.EffectOpts(
                symbol=SymbolType.ARROW, symbol_size=6, color="blue"),
            linestyle_opts=opts.LineStyleOpts(curve=0.2),
        )
        .set_series_opts(label_opts=opts.LabelOpts(is_show=False))
        .set_global_opts(title_opts=opts.TitleOpts(title="全国主要城市航班路线和数量"))
    )
c.render_notebook()
```

图 10-23　map( )与 geo( )代码设计差异与效果图示

三、 水滴图与仪表盘的绘制

会计工作以资金为主，任何财务工作都要在一定的预算下进行，会计工作人员有责任将预算执行情况以可视化手段展现出来，在可视化处理中，最好解决这一问题的方法是水滴图和仪表盘，为经营管理者提供参考，Pyecharts 中水滴图与仪表盘使用 Liquid() 函数、Gauge() 函数。函数的命令格式：

水滴图：

```
Liquid().add("交通工具消耗", [df.iloc[0,1]/df.iloc[0,0]], center =
["20% ", "50% "])#
   Liquid().set_global_opts(title_opts =opts.TitleOpts(title ="交通工
具消耗", pos_left ="15% "))
```

仪表盘：

```
Gauge().add("", [("完成率\n\n\n", 66.6)])
   Gauge().set_global_opts(title_opts =opts.TitleOpts(title ="Gauge -基本示例"))
```

导入预算执行情况分析表，生成各费用项目预算执行情况分析水滴图与仪表图，代码与效果如图 10-24 所示。

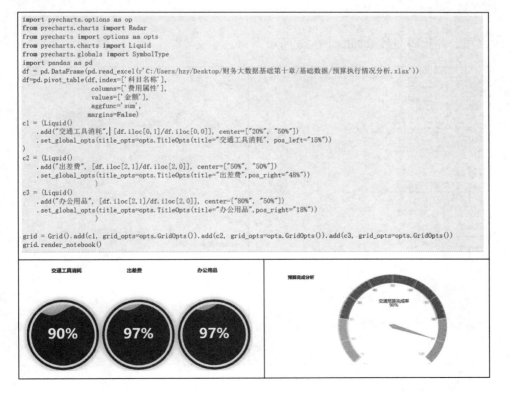

```
from pyecharts.charts import Gauge
df = pd.DataFrame(pd.read_excel(r'C:/Users/hzy/Desktop/财务大数据基础第十章/基础数据/预算执行情况分析.xlsx'))
df=pd.pivot_table(df, index=['科目名称'],
                      columns=['费用属性'],
                      values=['金额'],
                      aggfunc='sum',
                      margins=False)
x=(df.iloc[0,1]/df.iloc[0,0]).round(2)*100
def gauge_base() -> Gauge:
    c = (Gauge()
        .add("", [("交通预算完成率\n\n", x)])
        .set_global_opts(title_opts=opts.TitleOpts(title='预算完成分析'))
    )
    return c
gauge_base().render_notebook()
```

图 10-24　liquid( )与 gauge( )代码设计差异与效果图示

四、多图合并

(一) 合并多图

Pyecharts 绘图中,可是使用多图处理 grid( )函数,完成合并多图,当然合并多图的前提是对基本图的制作很熟悉,grid 的函数一般格式为:

> grid = Grid().add(bar, grid_opts =opts.TitleOpts(title ="差旅", pos_left ="20% ")).add(line1, grid_opts = opts.TitleOpts(title = "wrw2r", pos_right = "20% "))

多图合并代码与效果如图 10-25 所示

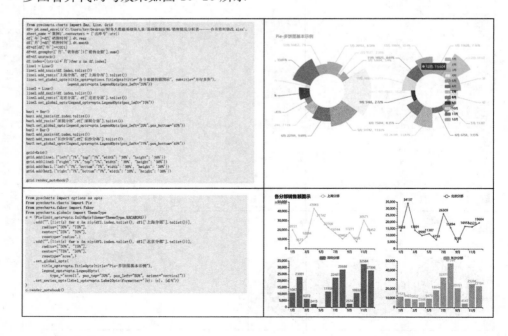

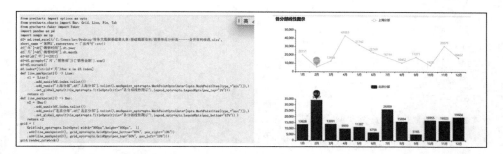

图 10-25 grid( )纵向多图与横向多图代码设计与效果图示

(二) 时间序列合并

时间序列图的制作需要使用 Timeline( )函数,然后在时间线函数上添加图形,当然这里的图形应该是同类型的图。其命令格式:

```
timeline = Timeline()
timeline.add(pie_2019,'2019 年')
timeline.add(pie_2020,'2020 年')
timeline .render_notebook()
```

时间线多图代码与效果如图 10-26 所示。

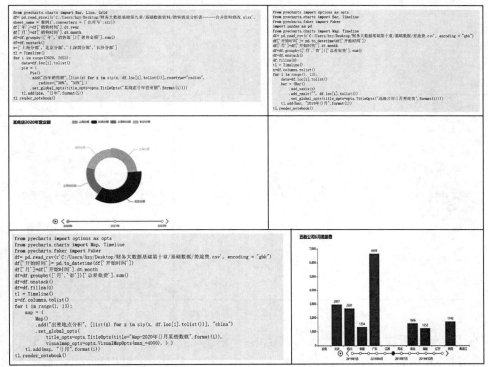

图 10-26 timeline 交互图形代码设计与效果图示

（三）选项卡多图合并

选项卡多图合并，采用 tab( )函数完成：

```
tab =Tab()
tab.add(c1,'上海分部柱状图')
tab.add(c2,'北京、上海分部柱状图')
tab.add(c3,'深圳、长沙分部柱状图')
tab.add(grid_mutil_yaxis,'三分部符合图示')
tab.render_notebook()
```

选项卡多图代码与效果如图 10-27 所示。

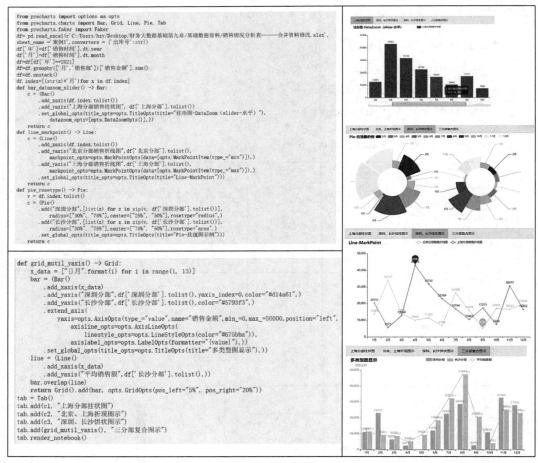

图 10-27　tab( )交互图形代码设计与效果图示

在 Pyechart 可视化处理中，还有其他的一些函数实现多图合并，并且随着 Python 与 Echarts 进一步融合，新的第三库的加入，Pyecharts 可以实现的可视化的方式会越来越多。

Pyecharts 之所以能生成强烈视觉效果的图,其主要因素在于其参数项目很多,能生成更多的效果,这么多的参数记住都需要很多时间,为 Pyecharts 的学习带来了困难,因此 Pyechart 需要日积月累各种效果设置,以便在今后工作中直接使用,因此本处只对 Pyecharts 参数做常识性的了解。

使用 Pyecharts 中的 options 子模块可实现图表样式的各种配置。根据配置内容不同,配置项可以分为全局配置项和局部配置项,并遵循"先配置后使用"的原则。

一、全局配置项

全局配置项是针对图表通用属性进行配置的配置项,包括初始化配置项、标题配置项、图例配置项、提示框配置项、工具箱配置项等。全局配置项通过 set global_opts()方法配置(初始化配置项除外),每个配置项都对应一个类,如图 10-28 所示。

各项全局配置项设置及效果如图 10-28 所示。

```python
from pyecharts.charts import Bar
from pyecharts import options as opts
from pyecharts.globals import ThemeType
from pyecharts.faker import Faker
x=["1月","2月","3月","4月","5月","6月"]
c = (
        Bar()
        .add_xaxis(x)
        .add_yaxis("商家A", Faker.values())
        .add_yaxis("商家B", Faker.values())
        .set_global_opts(legend_opts=opts.LegendOpts(selected_mode="mutiple", orient="vertical", pos_right="1px"),
                title_opts=opts.TitleOpts(title="销售表", pos_left="0", pos_bottom="10px",
                                title_textstyle_opts=opts.TextStyleOpts(**{"color":"red","font_size":20})),
                visualmap_opts = opts.VisualMapOpts(type_="size", max_=200, min_=0, range_text=['大','小']),
                toolbox_opts=opts.ToolboxOpts(pos_top="75"),
                tooltip_opts=opts.TooltipOpts(formatter=JsCode('function (params) {return params.value}')),
                xaxis_opts=opts.AxisOpts(name="商家名称",
                                axislabel_opts=opts.LabelOpts(rotate=-15),
                                axisline_opts = opts.AxisLineOpts(symbol="arrow", linestyle_opts=opts.LineStyleOpts(width=2)),
                                axistick_opts = opts.AxisTickOpts(is_inside=True, length=20),
                                axispointer_opts = opts.AxisPointerOpts(is_show=True, type_="line")),
                datazoom_opts=opts.DataZoomOpts(range_start=10, range_end=30)
                )
    )
c.render_notebook()
```

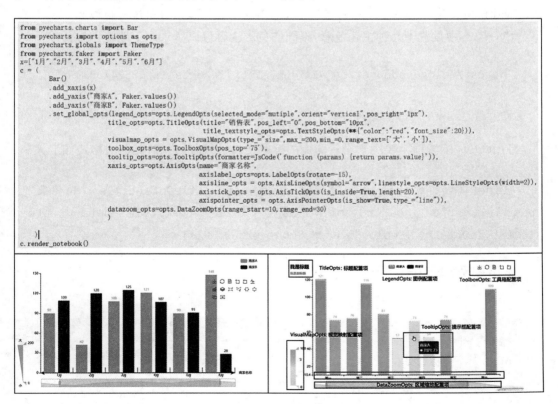

图 10-28　Pyecharts 全局变量代码设计与效果图示

（一）InitOpts：初始化配置项

InitOpts 配置项主要用于设置图表画布的大小、图表主题等，以折线图为例，其语法格式如下：

```
Line(init_opts =opts.InitOpts())
```

常用参数如表 10-11 所示。

表 10-11　InitOpts( )的常用参数

常用参数	说明	示例
width	图表画布的宽度	width='900px'
height	图表画布的高度	height='500px'
theme	图表主题	init_opts＝opts. InitOpts(theme＝ThemeType. LIGHT)

```
Line(init_opts =opts.Initopts(width ='900px',height ='500px')
```

width 和 height 参数值也可直接用 cm（厘米）、mm（毫米）等单位进行设置。Pyechart 中设置十几种主题色彩，不同的色彩读者可以登录以下地址学习：

```
https://blog.csdn.net/qq_42374697/article/details/105747391
```

（二）TitleOpts：标题配置项

TitleOpts 配置项主要用于设置图表的标题文本、标题位置等，其语法格式如下：

```
Line().set_global_opts(title_opts =opts.TitleOpts(title ="销售表",
pos_ left = "0", pos _ bottom = "10px", title _ textstyle _ opts = opts.
TextStyleOpts(** {"color":"red","font_size":20})))
```

常用参数如表 10-12 所示。

表 10-12　TitleOpts( )的常用参数

常用参数	说明	示例
title	主标题文本	title＝"Practice makes perfect"
subtitle	副标题文本	subtitle＝"subtitle,2020. 02. 15"

（续表）

常用参数	说明	示例
Pos_left	title 组件所在的区域被称为容器,该参数用于设置标题距离容器左侧的位置,参数值可以是像 2% 这样的相对于容器高宽的百分比,也可以是像 20 这样的具体值,还可以是 left、center、right	pos_left＝"10％"
Pos_right	设置标题距离容器右侧的位置,参数值可以是像 2% 这样的相对于容器高宽的百分比,也可以是像 20 这样的具体值	Pos_right＝"10％"
Pos_top	设置标题距离容器上侧的位置,参数值可以是像 2% 这样的相对于容器高宽的百分比,也可以是像 20 这样的具体值,还可以是 top、middle、bottom	pos_top＝ "100px"
Pos_bottom	设置标题距离容器下侧的位置,参数值可以是像 2% 这样的相对于容器高宽的百分比,也可以是像 20 这样的具体值	Pos_bottom＝"100px"

示例：title_opts＝opts.TitleOpts(title = '主标题', title_link = None, title_target = None, subtitle = '副标题', subtitle_link = None, subtitle_target =None, pos_left =None, pos_right =None, pos_top =5, pos_bottom =None, title_textstyle_opts = opts.TextStyleOpts(color = "red"), subtitle_textstyle_opts = opts.TextStyleOpts(color ="blue"))

（三）LegendOpts：图例配置项

opts.LegendOpts 配置项主要用于设置图例是否显示、图例位置等,其语法格式如下：

Line.set_global_opts(legend_opts =opts.LegendOpts(is_show =True, pos_top = 2%))

常用参数如表 10-13 所示。

表 10-13 opts.LegendOpts( )的常用参数

常用参数	说明	示例
type_	'scroll'可滚动翻页的图例,当图例数量较多时使用,默认是 'plain'	type_='scroll'
pos_left、pos_right、pos_top、pos_bottom	图例组件离容器边缘距离,一般设置两个即可。	pos_right='10％'
orient	:图例列表的布局	orient=' vertical '
legend_icon	图例项的 icon。'circle'（圆）,'rect'（矩形）,'roundRect'（圆角矩形）,'triangle'（三角形）,'diamond'（菱形）,'pin'（大圆饼）,'arrow'（箭头）。	orient=' vertical '

```
legend_opts =opts.LegendOpts(type_='scroll',selected_mode ='multiple',is_
show =True,pos_left =",pos_right =' 10% ',pos_top =' 20% ',pos_bottom =",orient =
'vertical',align =' left',padding =5,item_gap =20,item_width =15,item_height =
15,inactive_color ='blue',legend_icon =' circle' )
```

其他参数设置参看地址：

```
https://blog.csdn.net/weixin_42152811/article/details/128898153?ops
_request_misc =&request_id =&biz_id =102&utm_term =LegendOpts% EF% BC%
9A% E5% 9B% BE% E4% BE% 8B% E9% 85% 8D% E7% BD% AE% E9% A1% B9&utm_
medium = distribute. pc _ search _ result. none - task - blog - 2 ～ all ～
sobaiduweb～default - 0 - 128898153.142^v88^koosearch_v1,239^v2^insert_
chatgpt&spm =1018.2226.3001.4187
```

（四）DataZoomOpts：区域缩放配置项

　　DataZoomOpts 可以提供区域缩放的功能，当数据很多，我们想看某些局部数据信息时，可以通过区域缩放查看更细节的数据，具体的参数设置如表 10-14 所示。

表 10-14　DataZoomOpts( )常用参数

参数名称	默认值	说明
is_show	TRUE	默认为 TRUE,否显示组件。如果设置为 false,不会显示,但是数据过滤的功能还存在
type_	"slider"	组件类型,可选"slider""inside"
is_realtime	TRUE	拖动时,是否实时更新系列的视图。如果设置为 false,则只在拖拽结束的时候更新
range_start	20	数据窗口范围的起始百分比,范围是 0～100,表示 0％～100％
start_value	None	数据窗口范围的起始数值。如果设置了 start 则 startValue 失效
orient	"horizontal"	布局方式是横还是竖。不仅是布局方式,对于直角坐标系而言,也决定了,缺省情况控制横向数轴还是纵向数轴:可选值为:'horizontal''vertical'
pos_left	None	dataZoom-slider 组件离容器左侧的距离

```
示例:datazoom_opts =opts.DataZoomOpts(range_start =10,range_end =30)
datazoom_opts =opts.DataZoomOpts(is_show =True, # 是否显示组件
        type_='slider', # 组件的类型:slider, inside
        is_realtime =True, # 拖动时是否实时更新图表
```

```
            range_start =20, # 数据窗口的起始百分比
            range_end =80, # 数据窗口的结束百分比
            orient ='horizontal', #  horizontal 水平 或 vertical 垂直)
```

更多参数设置,参看地址:

```
https://blog.csdn.net/shi_jiaye/article/details/130347614?ops_request_
misc = &request_id = &biz_id = 102&utm_term = DataZoomOpts(range_start&utm_
medium =distribute.pc_search_result.none - task - blog - 2～all～sobaiduweb～
default - 7 - 130347614.142^v88^koosearch_v1,239^v2^insert_chatgpt&spm =1018.
2226.3001.4187
```

二、系列配置项

系列配置项是针对图表特定元素属性的配置项,包括标签配置项、标记点配置项、线型配置顶等。系列配置项通过 set series opts()方法设置,每个配置项都对应一个类。如:

```
bar.set_series_opts(label_opts = opts.LabelOpts(font_style = "
italic",font_size =20),
                markline_opts =opts.MarkLineOpts(
        data =[opts.MarkLineItem(type_="max",name ="最大值"),
            opts.MarkLineItem(type_="min",name ="最小值"),
            opts.MarkLineItem(type_="average",name ="平均值"),]))
```

在这个系列配置项中包括两个内容的配置:标签配置项和标记线配置项。

(一) LabelOpts:标签配置项

LabelOpts 配置项主要用于设置是否显示图表标签,以及设置标签的字体、字号等,其语法格式如下,其命令格式为:

```
line().set_series_opts(label_opts = opts.LabelOpts(is_show = True,
font_family ='楷体',font_size =10))
```

常用参数如表 10-15 所示。

表 10-15　LabelOpts( )的常用参数

常用参数	默认值	示例
Is_show	是否显示标签	is_show＝True
color	标签文字的颜色	color='＃FF6633'
Font_size	标签文字的大小	font_size＝10
Font_family	标签文字的字体	font_family='Arial'

典型设置示例：

```
label_opts =opts.LabelOpts(# is_show =True 是否显示标签
is_show =True,
# position 标签的位置可选'top','left','right','bottom','inside','insideLeft',
'insideRight'.....
position ='bottom',
# font_size 文字的字体大小
font_size =10,
# color 文字的颜色
color ='# FF6633',
# font_style 文字字体的风格,可选'normal','italic','oblique'
font_style ='italic',# 斜体
# font_weight 文字字体的粗细'normal','bold','bolder','lighter'
font_weight =None,
# font_family 字体'Arial','CourierNew','MicrosoftYaHei(微软雅黑)'....
font_family =None,
# rotate 标签旋转从- 90 度到 90 度。正值是逆时针
rotate ='45',
# margin 刻度标签与轴线之间的距离
margin =20,
# 坐标轴刻度标签的显示间隔,在类目轴中有效。Union[Numeric,str,None]
# 默认会采用标签不重叠的策略间隔显示标签。
# 可以设置成 0 强制显示所有标签。
# 如果设置为 1,表示"隔一个标签显示一个标签",如果值为 2,表示隔两个标签
显示一个标签,以此类推。
# 可以用数值表示间隔的数据,也可以通过回调函数控制。回调函数格式如下:
# (index:number,value:string)⇒ boolean
```

```
# 第一个参数是类目的 index,第二个值是类目名称,如果跳过则返回 false。
interval =None,
# horizontal_align 文字水平对齐方式,默认自动。可选:'left','center','right'
horizontal_align ='center',
# vertical_align 文字垂直对齐方式,默认自动。可选:'top','middle','bottom'
vertical_align =None,))
```

更多参数设置,参看地址:

```
https://blog.csdn.net/shi_jiaye/article/details/130347614?ops_request_
misc = &request_id = &biz_id = 102&utm_term = DataZoomOpts(range_start&utm_
medium =distribute.pc_search_result.none- task- blog- 2～all～sobaiduweb～
default- 7- 130347614.142^v88^koosearch_v1,239^v2^insert_chatgpt&spm =1018.
2226.3001.4187
```

（二）**MarkPointOpts**:标记点配置项

MarkPointOpts 配置项主要用于设置标记点数据项,其参数使用与效果如表 10-16 所示。如为柱形图添加标注:最大值、最小值与中值,配置方法如图 10-29 所示。

表 10-16　MarkPointOpts( )的常用参数

常用参数	说明	示例
name	标注点名称	name="最大值"
type	特殊的标注类型,用于标注最大值、最小值等。可选 min(最小值)、max(最大值)、average(平均值)	type_="max"

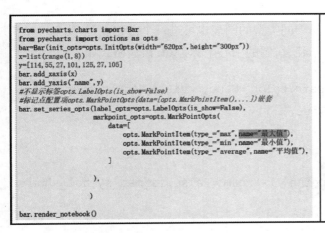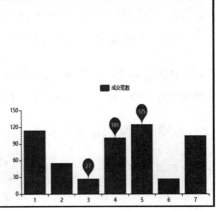

图 10-29　Pyecharts 数据系列变量代码设计与效果图示

示例：

```
   Line().set_series_opts(markpoint_opts = opts.Markpointopts(data =
[opts.MarkPointItem(type_=' max',name ='最大值'))
```

（三）LineStyleOpts：线型配置项

LineStyleOpts 配置项主要用于设置线型，其语法格式如下：

```
   Line().set_series_opts(linestyle_opts =opts.Linestyleopts(width =2,
type_=' dashed'))
   Line().set_series_opts(linestyle_opts =opts.LineStyleOpts(is_show =
True,opacity =0.5,curve =0,type_=' dashed',color ='# 33CCFF',))
```

常用参数如表 10-17 所示。

表 10-17　LineStyleOpts( )的常用参数

常用参数	说明	示例
Is_show	是否显示	is_show＝True
width	线宽	
opacity	图形透明度，支持 0～1 的数字，为 0 时不绘制该图形	opacity＝0.5
type_	线的类型，可选 solid（实线）、dashed（虚线）、dotted（点线）	type_=' dashed'
color	线的颜色	color='♯33CCFF'

三、 图表配置项

除了全局配置项和系列配置项，对不同类型的图表也可进行个性化设置，比如：
饼图，在饼图中可以设置饼图的半径、饼图的中心坐标等，其语法格式如下：

```
   Pie().add('系列名称',data =pafr,color =None,radius =None,center =None,
rosetype =None,is_clockwise =True, ...)
```

地图就需要设置地图类型：

```
   map.add(",data,maptype =' china',is_roam =False,is_map_symbol_show =
False)
```

不同的图形需要配置不同的参数，这里没有办法统一设置，如果读者有兴趣可以到：

https：//www.csdn.net/,查找相关图表,做参数的进一步学习。

四、多图中的网格配置

多图绘制时,层叠图一般不需要特殊参数设置,按照本任务中多图绘制的函数进行添加,在添加新的图表时,需要导入 opts.GridOpts(直角坐标系网格配置项)调整图形位置时,可使用 pos_left、pos_right、pos_top、pos_bottom 分别调整左、右、上、下的距离,比如上下多图中在页面相对底端 60%处添加条形图,语法如下:

```
Grid().add(bar, grid_opts =opts.GridOpts(pos_bottom ="60% "))
```

在 Pyechart 绘制图表时,参数还有更多:坐标轴配置项、图例配置项、视觉映射设置项、提示框配置项,每个配置项中都会有不同的参数设置要求,限于篇幅不再赘述,读者可以到 CSDN 专业开发者社区(https：//www.csdn.net/)查找 Pyrcharts 绘图,会有更多的收获。

任务二总结

本任务以 Pyecharts 库为工具,通过迅驰商贸有限公司业务数据,完成数据分析与可视化处理,熟悉 Pyecharts 库绘图函数:pie()、scatter()、map()、grid()、tab()、line()、render_notebook(),通过不同参数的设置,领会每种绘图函数中参数设置要求。完成交互式图表的设计。

任务二思维导图

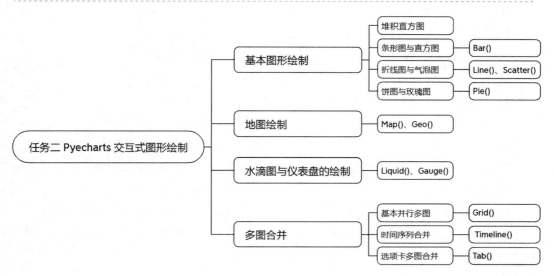

🔆 项目总结

本项目介绍了 python 重要的第三方绘图库 Matplotlib、Pyecharts 的使用,学习了直方图、条形图、散点图、折线图、饼图、雷达图等基本图表的参数设置;掌握绘图函数的使用:pie()、bar()、scatter()、line();timeline()、tab()、page()、overlap()等交互式多图添加,掌握大屏展示的方法以及各图表中参数的设置与效果的输出。通过具体的财务数据分析项目了解了整个大数据工作流程:数据采集、数据清洗、数据处理以及数据可视化。

🔆 技能训练

一、单选题

1. 创建一个 2 行 3 列的 axes 对象并选择绘图区域为 3,subplot()正确的函数语法为（   ）。

A. plt. subplot(2,2,3)　　　　　　　　B. plt. subplot(3,2,3)

C. plt. subplot(2,3,3)　　　　　　　　D. plt. subplot(3,3,2)

2. 利用 DataFrame 的数据形成柱状图,x 轴上显示的数据为"列 1",y 轴上显示的数据为"列 2,列 3",标题为"柱状图",颜色选择"黄色",以下函数 df. plot()内参数设置正确的是（   ）。

A. df. plot('列 1,['列 2'列 3']kind=' bar',title='柱状图',color=' y')

B. df. plot('列 1','列 2','列 3',title='柱状图',color=' y')

C. df. plot('列 1'列 2'列 3,kind=' barh',title='柱状图',color=' y')

D. df. plot('列 1',['列 2','列 3'],kind=' line',title='柱状图',color=' y')

3. 绘制组合图形将画布分为 2 行 1 列的绘图空间,共用 x 轴,y 轴,使用 subplots()函数语法正确的是（   ）

A. fig,ax=plt. subplots(1,2,sharex=False,sharey=False)

B. fig,ax=plt. subplots(1,2,sharex=True,sharey=True)

C. fig,ax=plt. subplots(2,1,sharex=False,sharey=False)

D. fig,ax=plt. subplots(2,1,sharex=True,sharey=True)

4. 以下可以在同一网页中按顺序展示多图的是（   ）

A. Grid()　　　　　　　　　　　　　　B. Overlap()

C. Page()　　　　　　　　　　　　　　D. Timeline()

5. y_data=[7,8,9],以下能将此数据转换成制作饼图所需要的数据格式的有（   ）。

A. zip(x_data,y_data)　　　　　　　　B. list(zip(x_data,y_data))

C. for z in zip(x_data,y_data)　　　　　D. z for z in zip(x_data,y_data)

6. 要将通过 Pyecharts 绘制的图形 line 生成 html 文件文件名为"折线图. html"),以下正确的是（   ）。

A. line. render(折线图 html')　　　　　　B. line. render_notebook ()

C. line. show()　　　　　　　　　　　　D. line. savefig()

7. 要利用 Python 通过数组绘制拟合曲线图,必须要用到的外部库是(　　)。

A. time 库　　　　　　　　　　　　B. random 库

C. turtle 库　　　　　　　　　　　　D. Matplotlib 库

8. 在用 Python 编程对数据进行分析的时候,代码 pandas. DataFrame. sum()执行的操作是(　　)。

A. 返回所有列的和　　　　　　　　B. 返回所有行的和

C. 返回所有数据中的最大值　　　　D. 返回所有数据中的最小值

9. 我们可以对文本中词频较高的分词,通过词云图给予视觉上的突出,小明打算用 Python 程序来生成词云图,程序中需要用到(　　)第三方库。

A. WordCloud　　　B. math　　　　　C. random　　　　　D. turtle

10. 下列可以导入 Python 模块的语句是(　　)。

A. import module　　　　　　　　B. input module

C. print module　　　　　　　　　D. def module

二、实操题

1. 结合科云数智化财务云平台中实战演练 5,结合章节内容,完成数据的处理。

2. 请完成科云数智化财务云平台【项目十　大数据分析-数据处理 Pandas】的章节练习的客观题和 Python 程序题的代码编辑及运行。

更多课程资源,请扫描二维码获取!